雷达组网技术

Radar Networking Technology

张翔宇　于洪波　王国宏　编著

U0375483

国防工业出版社

·北京·

内 容 简 介

本书重点介绍了当前雷达组网系统面临的电子干扰、隐身目标、反辐射导弹和低空突防“四大威胁”，以及采用的新型对抗技术。全书共8章：第1章简单介绍了本书的写作目的和背景；第2章探讨了雷达组网系统的体系结构和探测效能；第3章介绍了雷达组网中的时空对准技术；第4章全面讨论了雷达组网中的信息融合技术；第5章系统性地分析了当前雷达组网系统面临的多型有源干扰及其对抗技术；第6章讲述了雷达组网面临的隐身目标威胁及其对抗措施；第7章讲述了雷达组网抗摧毁技术；第8章讨论了雷达组网面临的低空突防威胁及其对抗措施。

本书综述了“四大威胁”及其对抗措施的最新发展，内容全面、新颖，是近年来雷达对抗领域不可多得的一本教科书式技术著作。本书可作为高等院校相关专业教材，也可作为电子战、雷达、通信等领域的工程技术、作战及管理人员参考书。

图书在版编目(CIP)数据

雷达组网技术/张翔宇等编著．—北京：国防工业出版社，2022.11

ISBN 978-7-118-12707-2

Ⅰ.①雷…　Ⅱ.①张…　Ⅲ.①雷达组网-组网技术
Ⅳ.①TN974

中国版本图书馆CIP数据核字(2022)第193888号

※

国防工业出版社出版发行
(北京市海淀区紫竹院南路23号　邮政编码100048)
莱州市丰源印刷有限公司印刷
新华书店经售

*

开本 787×1092　1/16　**印张** 14　**字数** 315千字
2022年11月第1版第1次印刷　**印数** 1—2000册　**定价** 68.00元

(本书如有印装错误，我社负责调换)

国防书店：(010)88540777　书店传真：(010)88540776
发行业务：(010)88540717　发行传真：(010)88540762

序

在新时期新军事变革的条件下，作者团队为响应习近平主席强军兴军的时代号召，坚持“面向部队、面向战场、围绕实战搞教学、着眼打赢育人才”的工作思路，先后多次到相关单位进行调研，探讨新时期下雷达组网的战场态势，分析原有技术与实际需求不适应的原因，并结合部队实际，打造了一套实时、前瞻、经典的《雷达组网技术》教学案例，力争通过教学新模式的实施，使本书内容满足部队建设和未来战争的需要。

作者团队在深入研究雷达组网理论与技术的基础上，重点开展了雷达组网抗干扰、反隐身、抗摧毁、反低空突防技术研究，思考并总结了这些理论与实践问题，结合团队对雷达组网理论的分析和理解，编著了《雷达组网技术》一书，详细阐述了雷达组网面临的“四大威胁”及其对抗措施，为今后雷达组网探测系统的研制、雷达组网岗位人才的培养奠定了技术基础。

本书具有以下三个明显的特点：

第一，实战化理念贯穿始终。本书在内容设置上紧紧围绕近 10 年内的典型案例展开，不再局限于中东战争、海湾战争等距今已 30 年的战争理念和战场案例。尽管这些典型案例在当时具有鲜明的时代特征，却不一定始终符合现代战争的需求，不能始终作为权威分析现代战争的特性。现代战争具有前瞻性、体系性和实时性等基本特征，这也意味着，现代战争理念不可能始终保持不变。本书从近 10 年内的典型案例出发，结合雷达组网技术分析了现代战争的特点，从而分析未来可能的战争理念与战术和技术手段。

第二，战术和技术相交融的内容修正。新军事变革条件下，能指挥、懂技术、善管理的复合型军兵种人才已成为当前各级部队急需的实战化人才。本书为适应新阶段人才培养的要求，力争在内容上打通指挥与技术之间的壁垒，使所培养的人才兼具指挥与技术的双重优势。本书围绕实战化案例，在内容设置上将其打造为战术和技术相交融的复合型内容，使读者在具体案例的学习中，可以兼具战术制定和技术选用的能力。

第三，理论和实践高度结合的体系构建。人才的培养不仅需要系统的理论学习，更重要的是在部队和装备上进行实操训练，检验所学知识的正确性和适用性。只有实践和理论的深度结合，才能更好地培养出面向部队、服务部队的新型军事人才。本书在体系构建上以部队典型的训练任务为载体，通过仿真情境设置、实践动手操作等方式使读者在学习知识的同时完成模拟训练任务。

综上三个特点，本书可供雷达组网领域从事教学、科研和使用的工作者参考，也可作为相关学科的研究生教材。相信本书的出版将对雷达组网技术的应用和推广具有推动作用。

编著者

2022 年 6 月 15 日

前　言

现代战争形式日新月异，使得单部雷达对各类目标的侦察、监视也更加困难，对雷达工作方式提出了新的要求。为有效提高雷达作战能力，可以将各种平台的雷达进行组网，对各部雷达数据进行融合，利用其整体的探测能力，形成体系对抗能力，从而对警戒空域实现有效探测。雷达组网将各种不同体制、不同频段、不同程式和不同工作方式的雷达进行优化部署，在战场上构成全方位、立体化、多层次的战斗体系。它在国土防空作战中首当其冲，能够有效应对"四大威胁"，克服了单部雷达的不稳定性和局限性，提高了雷达的"生存能力"，充分发挥了武器系统的整体作战效能，满足了作战需求。

雷达组网具有多雷达探测资源协同运用与探测信息融合紧密结合的技术体制特点。多雷达资源如何协同，多雷达探测信息如何融合，雷达组网系统如何获得最大的体系探测效能，如何应对当前雷达面临的"四大威胁"，这些都需要通过研究雷达组网技术与体系作战应用来解决。因此，本书以雷达组网如何应对电子干扰、隐身目标、反辐射导弹、低空突防目标为主线，来研究雷达组网的核心技术与作战运用支撑技术。本书是作者在多年来对雷达组网技术研究的基础上总结而成的，较全面、系统地介绍了雷达组网技术的发展情况与最新研究成果，以期为国内同行提供进一步从事这一理论研究和实际应用的参考。

全书章节设计分为8章：

第1章绪论。从雷达组网的必要性入手，介绍了雷达组网的定义，雷达组网面临的"四大威胁"，雷达组网的关键技术，以及雷达组网的发展历程。

第2章雷达组网体系结构。专题研究雷达组网的原则，雷达组网的集中式、分布式处理结构，雷达组网的辐射源，雷达组网的信息和数据处理手段，以及雷达组网的探测效能。进一步说明了雷达组网体系结构的合理构建是提升雷达组网探测效能的首要条件。

第3章雷达组网中的时空对准技术。专题研究雷达组网中的时间对准和空间对准技术。在时间对准领域，重点介绍了最小二乘法和内插外推法的时间对准方法；在空间对准领域，介绍了几种典型的坐标系、坐标转换方法以及雷达极坐标系到融合中心坐标系的转换方法。进一步说明了时空对准是提升雷达组网探测效能的必要条件。

第4章雷达组网中的信息融合技术。专题研究雷达组网的航迹起始、目标跟踪、航迹关联和航迹融合技术。

第5章雷达组网抗干扰技术。专题研究雷达组网面临的典型压制干扰和欺骗干扰技术，以及当前雷达网面临的新型干扰技术。在对多型有源干扰特性分析的基础上，重点探讨了雷达网抗远距离支援干扰、自卫式干扰、距离拖引干扰、距离多假目标干扰、速度欺骗干扰、分布式干扰、复合式干扰、航迹欺骗干扰等方法。进一步说明了雷达组网抗干扰技术是提升雷达组网探测效能的前提。

第6章雷达组网反隐身技术。专题研究当前雷达面临的隐身技术，以及雷达组网反隐身的优势。重点介绍了基于 Hough 变换、动态规划、粒子滤波三种典型的雷达组网反隐身技术,以及当前雷达组网反隐身的发展趋势。进一步说明了雷达组网反隐身技术是发挥雷达组网体系效能的必要条件。

第 7 章雷达组网抗摧毁技术。介绍了现代雷达面临的反辐射武器,雷达网抗反辐射武器的优势和对抗措施。进一步说明了雷达组网抗摧毁技术是提升雷达网探测效能、保护雷达网自身安全的重要条件。

第 8 章雷达组网反低空突防技术。专题研究了雷达组网反低空突防的优势和效能模式,以及雷达组网反低空突防武器的方法。进一步说明了雷达组网反低空突防技术是提升雷达组网探测效能的必要条件。

本书由海军航空大学张翔宇、于洪波、王国宏、黄婧丽编著。本书在撰写出版过程中,得到了国内著名电子学专家孙进平教授、戴树量高工的推荐和帮助,作者在此向他们表示感谢。

感谢海军航空大学修建娟教授与作者进行了很多有益的学术交流和讨论,并在百忙之中审阅本书的手稿,提出了非常宝贵的意见。在此,对修建娟教授表示深深的谢意。

书中引用了一些作者的论著及研究成果,在此向他们表示深深的谢意。笔者同样要感谢海军航空大学的领导、同仁和国防工业出版社,正是由于他们的大力支持才保证了本书按期高质量出版。

在此,还要感谢团队人员在学习和生活上给予的关心和帮助。特别是关成斌、吴巍、徐海全、李世忠、孙殿星、李迎春、吴建平、贺达超、杨忠、吉喆、白杰、杨林、张亮、李思文。难忘与他们相处的日日夜夜,科研工作中我们互相鼓励、共同进步。

我们知道,雷达组网技术是随着武器系统和设备、信号处理技术等的发展而不断发展的,由于篇幅限制,本书不可能对这些发展做出全面的介绍。为此,我们在每章都通过典型案例展开,典型案例由海军航空大学栾晓菲设计,通过对每个典型案例的归纳和总结,指出一些重要的新发展供读者进一步研究参考。由于编著者水平有限,书中难免还存在一些缺点和错误,殷切希望广大读者批评指正。

编著者

2022 年 6 月 15 日

目　录

第1章 绪 论

1.1 雷达组网的定义

1.1.1 雷达的定义

雷达，是英文 Radar 的音译，源于 radio detection and ranging 的缩写，意思为“无线电探测和测距”，即用无线电的方法发现目标并测定它们的空间位置。雷达发射电磁波对目标进行照射并接收其回波，由此获得目标至电磁波发射点的距离、距离变化率、方位、高度等信息[1]。例如，美军在韩国星州郡部署的“萨德”X 波段 AN/TPY－2 有源相控阵雷达是陆基移动弹道导弹预警雷达，可远程截获、精密跟踪和精确识别各类弹道导弹，主要负责弹道导弹目标的探测与跟踪、威胁分类和弹道导弹的落点估算，并实时引导拦截弹飞行及拦截后毁伤效果评估，如图 1－1 所示。

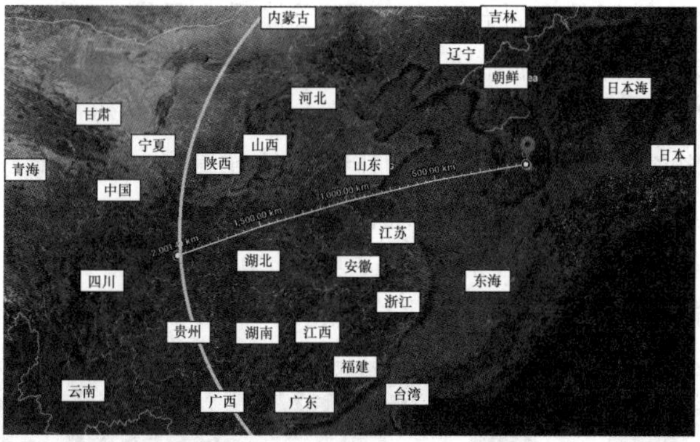

图 1－1 “萨德”X 波段 AN/TPY－2 有源相控阵雷达的探测范围

虽然各种雷达的具体用途和结构不尽相同，但基本结构是一致的，包括发射机、发射天线、接收机、接收天线、数据处理器以及显示器。

雷达发射机是指为雷达提供大功率射频信号的无线电装置。它所产生的射频能量经雷达馈线系统传输到雷达天线并辐射到空间。发射信号本身不具有信息，但为雷达获取目标和环境信息提供载体。发射机一般具有高频、高压、大功率的特点，它是雷达系统中最大、最重和最昂贵的部分。

雷达天线用来辐射和接收电磁波并决定其探测方向。雷达在发射时须把能量集中辐射到需要照射的方向；而在接收时又尽可能只接收探测方向的回波，同时分辨出目标的方位和仰角，或二者之一。雷达测量目标位置的三个坐标（方位、仰角和距离）中，有两个坐标（方位和仰角）的测量与天线的性能直接有关。因此，天线性能对于雷达设备比对于其他电子设备更为重要。

雷达接收机是指对回波信号进行放大、变换和处理的设备。大多采用超外差式接收机,并附加各种抗干扰电路。其输出信号送给显示器或计算机等终端设备。具有灵敏度高、选择性好、抗干扰能力强等优点。根据雷达体制的不同,一部雷达至少有一部接收机,有的雷达有几部甚至数千部接收机。

信号处理器通过对雷达回波信号的处理来发现目标和测定目标的坐标和速度等,形成目标点迹。

雷达数据处理是信号处理的后处理过程,雷达数据处理过程的输入为雷达信号处理形成的目标点迹。点迹信息包含目标的距离、方位和俯仰值。雷达数据处理通过对多圈扫描获得的量测集进行关联获得目标航迹。在成功起始目标航迹后,通过滤波算法,数据处理能够修正雷达对目标位置、速度的测量误差,精确地估计出目标真实信息。通过对目标的持续观测,系统能够提供目标的位置、速度、加速度、落点等信息。

雷达显示器是用于自动实时显示雷达信息的终端设备,是人－机联系的一个接口。雷达显示器通常以操纵员易于理解和便于操纵的雷达图像的形式表示雷达回波所包含的信息。

1.1.2 雷达组网的定义

雷达组网是指利用不同体制、不同程式、不同地理位置、不同极化方式的多部雷达进行组网,并在此基础上进行信息融合处理,以形成体系抗干扰、反隐身、抗摧毁和反低空突防的作战结构[2-4]。例如,美军陆基中段导弹防御系统的核心基础设施由四部大型相控阵雷达组成,它们分别是在美国北加利福尼亚比尔空军基地的升级后的“铺路爪”,以及在谢米亚岛的丹麦“眼镜蛇”雷达,丹麦格陵兰升级后的弹道导弹预警系统雷达,在英国菲林戴尔斯基地的升级后的弹道导弹预警系统雷达,还有 2 部在美国阿拉斯加科利尔和马萨诸塞州科德角的“铺路爪”雷达,分别在 2017 年和 2018 年升级并纳入到中段导弹防御系统中,这将使中段导弹防御系统核心雷达总数达到 6 部,如图 1－2 所示。

图 1－2 科德角的“铺路爪”雷达探测范围

现代战争形式日新月异,使得单部雷达对各类目标的侦察、监视也更加困难,对雷达工作方式提出了新的要求。为有效提高雷达作战能力,可以将各种平台的雷达进行组网,对各部雷达数据进行融合,利用其整体的探测能力形成体系对抗能力,从而对警戒空域实现有效探测。雷达组网将各种不同体制、不同频段、不同程式和不同工作方式的雷达进行优化部署,在战场上构成全方位、立体化、多层次的战斗体系。它在国土防空作战中首当其冲,能够有效应对"四大威胁",克服了单部雷达的不稳定性和局限性,提高了雷达的"生存能力",充分发挥了武器系统的整体作战效能,满足了作战需求。

雷达组网作为预警探测系统中重要组成部分,要研究在实际战场环境中综合考虑各种因素,利用数学方法对雷达组网的原则进行定量分析,建立相应数学模型,然后根据约束条件选择合适的优化算法求解目标函数最大值,在较短时间内得到优化部署方案。从实际运用方面看,在选定的作战区域中,将给定的雷达资源按照类别和用途,根据优化方案进行合理部署,使雷达部署更具科学性和准确性,能够提高整个预警探测系统性能。

雷达组网的指导思想是根据防空作战的基本任务和特点,针对当前敌情和组网雷达部署现状,考虑未来战场需要和可能、统一规划、平战结合、加强重点、优化部署、分步实施、配套发展。突出扩大探测范围,强调发挥整体效能,提高雷达组网在高技术战争中担负防空作战任务的综合保障能力。

1.2　雷达组网的必要性

雷达从出现起,就与目标之间存在着斗争,随着高新技术的迅猛发展,雷达与目标之间的对抗日益激烈。目前,雷达主要面临着电子干扰,隐身目标,反辐射导弹和低空突防"四大"威胁的冲击,如今"四大威胁"已经演变成了雷达的四大克星,提高雷达的抗电子干扰、抗反辐射导弹、抗隐身目标和抗低空突防的能力,以增强雷达的生存能力并充分发挥其自身作用,即提高"四抗"能力势在必行[5-6],如图1-3所示。

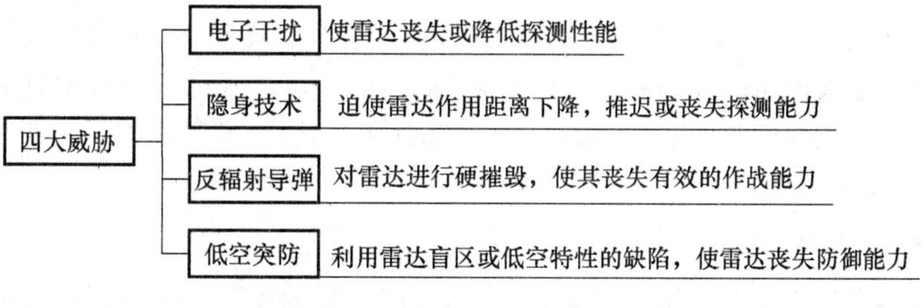

图1-3　影响雷达生存的主要因素

1.2.1　雷达面临的"四大威胁"

1. 电子干扰

电子干扰是指通过雷达干扰设备发射干扰电磁波,并利用能反射、散射、衰减以及可以吸收雷达波的材料来弱化雷达波强度,从而扰乱雷达的正常工作或降低雷达的性能。电子干扰能造成雷达迷茫,不能发现目标或判断错误,使雷达不能发布正确的预警信号。

电子干扰是对抗中常用的一种手段,从功能角度分析有压制性与欺骗性两种干扰。

压制性干扰是使雷达想要接收的有用信号被掩盖或者被混淆了其他无用的信号,目的是使雷达不能正常接收需要检测目标的正确信息。压制性干扰通常具有暴露性,实施的过程中容易被发觉。

欺骗性干扰是被检测目标模拟真实的回波特性,释放出与真实回波相同性质的虚假回波,以迷惑雷达得到确切的目标信息,或者投放运动特性和雷达截面积都和自己相同或相近的假目标装置如箔条、角反射器等,对探测雷达进行欺骗。

2. 隐身技术

隐身技术的发展提高了飞机的生存能力、突防能力和纵深攻击能力,打破了长久以来形成的攻防平衡,对现代防御体系建设产生了重大影响。同时,隐身技术也对雷达的生存提出了严峻挑战,使各国防空预警系统没有足够的反应时间实施有效拦截和摧毁,难以实现有效的早期预警。

目标隐身的实质是通过降低目标的雷达散射截面积(RCS)实现隐身的。影响 RCS 的因素主要有:

(1) 外形设计。通过采用多面体、多角体等特殊外形设计来减小 RCS,改变目标特性,缩短雷达探测距离,降低发现概率,从而使雷达难以探测到目标。F－117 隐身战机外形采取了钻石形设计,尽量避免外形出现镜面反射、角反射器等。通过采用棱边、锥体等低反射形状,从正前方看,反射面与入射方向的角度都在30°以上。

(2) 特殊材料涂层。在飞机表面涂覆特殊材料涂层,入射电磁波被吸收转换为热能而耗散,通过材料上下表面的电磁波叠加干涉而消失,或使入射电磁波迅速分散到整个装备,降低目标散射的电场强度,达到减小 RCS 的目的。

(3) 电子措施隐身技术。例如,发射与入射波频率相同的电磁波对雷达实施干扰,或释放诱饵、投放箔条,或采用吸收型无源干扰、有源对消技术等。美国 B－2 隐身轰炸机装载了有源对消电子战设备,能够主动发射电磁波来消除照射到机体上的雷达波。

(4) 等离子体隐身技术。通过等离子体发生器、发生片或放射性同位素在飞机周围产生等离子体云,利用等离子体与入射电磁波的相互作用,吸收、折射电磁波,使返回到雷达接收机的电磁波能量较少,并可以达到隐身的目的。等离子体隐身技术具有吸波频带宽、吸收率高、使用时间长、隐身效果好和维护费用低等优点,并且不需要改变飞机外形设计,不影响飞机飞行性能。

3. 反辐射导弹

随着雷达在战争中的作用日趋变大,雷达已成为战争中首要被打击的目标。反辐射武器由其雷达侦察系统截获雷达的信号,确定目标后将目标的各种参数装载给反辐射武器的引导头,引导头根据截获的雷达信号,将导弹射向辐射源,实施打击。

反辐射导弹拥有多种制导方式,一般有被动雷达/红外、电视制导以及捷联惯性制导等体制。它的飞行速度一般比其他的被监测目标快,可达马赫数 3 以上,其引导头的频段为 0.5～18GHz,已由当初的只能攻击炮瞄雷达发展到现在可以攻击很多种雷达的水平。早期的“百舌鸟”反辐射导弹使用无源比相雷达引信,现在的“哈姆”反辐射导弹使用激光有源引信,具有更强的抗干扰能力。反辐射导弹发展到第三代,加入了计算机与人工智能技术，能够记忆跟踪，即使将雷达关机也能够实施打击，且能够自动切换制导方式，自动搜索目标，大大提高了杀伤力。

4. 低空突防

低空突防是作战飞机、直升机或导弹等其他执行军事打击任务的飞行器，利用地球曲率和地形起伏所造成的防空体系的盲区，充分发挥飞机的纵向和横侧向的机动能力，利用地形作掩护，有效地回避各种威胁，提高飞行器生存能力和突防任务的成功率。航路规划是以实现地形跟随、地形回避和威胁回避飞行为目的新一代低空突防技术。

“低空飞行”和“高空飞行”不存在严格的标准，各国航空界的划分标准各不相同，有的把 1000m 以下划为低空，4000m 以下划为中空，更高为高空；欧美则常按 10000ft（1ft = 0.3048m）、20000ft 划分，各有差异。各国还会把空域进一步划分为更详细的高度层，以便分别指挥空中飞机彼此错开高度，避免发生碰撞事故。

低空突防利用地形对雷达的干扰和屏蔽实现。利用雷达的盲区，尽可能接近目标而不被发现，实现袭击的突然性。

利用地形作掩护，有效地回避各种威胁，提高飞行器生存能力和突防任务的成功率。航路规划是以实现地形跟随、地形回避和威胁回避飞行为目的新一代低空突防技术。

当雷达监测低空/超低空目标时，主要受以下影响：

（1）强表面杂波。探测低空目标时，雷达会接收到强地面/海面反射的背景杂波，对进行监测的雷达造成强烈的干扰。

（2）地球曲率。因为雷达波是直线传播的，所以地球曲率会缩减雷达的探测距离。

（3）地表多径效应。雷达的直射波、地面反射波和目标反射波的组合会产生多径干涉效应，导致仰角上的波束分裂，多发生在起伏地形地带。

（4）地物遮挡。雷达辐射的电波遇见森林、丘陵和高山等障碍物遮挡时会产生屏蔽现象，形成盲区，导致雷达的有效探测范围减小。

1.2.2　雷达组网应对“四大威胁”的优势

1. 雷达组网抗干扰

随着雷达干扰技术的不断发展和提高，现代战争中的电磁环境日趋复杂，电子对抗日趋激烈，电子干扰形式多样、手段层出不穷，但总体上，对雷达干扰主要有无源干扰和有源干扰两大类。

无源干扰是通过投放运动特性和雷达截面积相同或相近的装置，用以欺骗或降低雷达对目标的发现概率。此方法对单个雷达有作用，对组网的雷达效果会大打折扣。因为，雷达网中布置了各种不同体制的雷达，而且组网的雷达会从许多方位共同扫描目标，使得对某些方位上雷达的干扰无效，因此失去了掩护目标的作用。

有源干扰主要是压制性干扰和欺骗性干扰。从上面介绍的电子干扰中可以看出，要想实施有效的干扰，必须对雷达接收机发射干扰雷达波，所以应首先判断出目标接收机的方位。对于单个雷达，要想探测目标就需要发射雷达波，很容易被判断出雷达的方向和位置。对于组网后的雷达来说，是从各个不同的方向来探测目标的，在空中形成了电磁波网络，所以要想判断出雷达的位置非常困难，得不到很好的干扰效果。而且组网的雷达由不同频段的雷达组成，用一部干扰机不可能干扰到这么宽的频段，即使携带多部干扰机，也会使功率受到较大限制，得不到理想的干扰效果。

2. 雷达组网反隐身

由于反隐身技术在现代战争中发挥了重要作用，因此越来越受到各国重视。武器实现隐身是以牺牲其他性能为代价的，隐身性能的增强必然伴随着其他性能的削弱。雷达反隐身是以薄弱环节为突破口，采用有针对性的反隐身措施，使隐身飞机的隐身性能明显下降甚至失效，主要有以下几点：

(1) 外形隐身设计使隐身目标在鼻锥方向水平 ±45°、垂直 ±30°和尾锥方向容易被攻击，RCS 缩减了 10 ~ 30dB，而其他方向的 RCS 并无缩减或缩减不多，这就为雷达发现隐身目标提供了条件。此外，外形隐身设计需要与飞机的其他性能之间进行折中，往往以牺牲飞机的空气动力性能、载荷和突防模式为代价。

(2) 特殊材料涂层只对特定波段的电磁波有作用，通常是厘米波和分米波，对其他波段的电磁波隐身效果将大打折扣，对于这类隐身目标采用米波或更长波长的雷达可以起到很好的探测效果。

(3) 采用电子措施实现隐身的工作频段较窄，随着频率变化，RCS 减小也会消失，隐身效果大大降低，从而被工作在其他频段的雷达发现。

(4) 等离子体的隐身效果与电磁波频率、等离子体密度和等离子体云厚度有关。等离子体隐身技术只在某些频率范围内实现隐身，不是全频段隐身技术。通过利用其太赫兹波高频、宽频带和高穿透性、高分辨率的特点，可以起到反等离子体的隐身效果。

可以看出，目标的隐身性能是在一定条件下的低可探测性，不能实现全方位、全频段和全极化方式的隐身。因此，在反隐身技术研究中，可以从空域、频域和极化域的角度提高对隐身目标的探测能力。基于上述特点，雷达组网是由不同频率、不同波长、不同型号的雷达部署在某一区域的雷达网络，采集的信息交由控制中心统一管理，而且这些不同性能的组网雷达会从不同方位共同扫射目标。部署较为完善的组网雷达可以实现全方向、全频率地对目标进行探测，大大提高预警系统对隐身目标的发现概率。

3. 雷达组网抗摧毁

虽然反辐射导弹已经发展到比较先进的水平，但是它也有一些本身固有的缺陷，主要有以下五个方面：

(1) 反辐射系统是以侦察、截获和判别出雷达信号为前提进行攻击的，其侦察系统的灵敏度低，动态范围小，对信号的分选识别能力有限。

(2) 受自身体积的限制，威力有限，不能摧毁具有防护措施的雷达。

(3) 引头天线孔径的限制，尺寸较小，对工作频段低的米波雷达，或更长波的目标很难进行侦测和定位，因此反辐射导弹还不能攻击这种类型的雷达。比较常见的反辐射导弹的最低频率为 390MHz。

(4) 反辐射导弹采用的是灵敏度和运动范围有限的制导头，对于超低波瓣雷达不能精确跟踪。

(5) 反辐射导弹的引导头不具备目标识别能力，不能区分出虚假信号。

组网后的雷达具有多频段、多波束、多方位的特点，可以使用交替开机的方式工作，虽然反辐射导弹具有记忆功能,但是组网后的雷达能够形成复杂多变的信号辐射场,造成反辐射导弹接收机频率、波束和判断方位时混乱,以至于无法准确跟踪辐射源,难以对雷达造成毁灭性打击。

4. 雷达组网反低空突防

低空突防是雷达的一个很大威胁,但是也相应地有很多解决方案,多雷达的组网就是一个非常有效的方式。

雷达组网是将不同性能的雷达进行有效组网,雷达发射出的雷达波形成了一个很强的探测网络,探测的信息交由指挥中心处理。组网后的雷达可以通过"接力"的方式实现对低空/超低空目标的完全监测。同时,在雷达组网范围内的盲区可以设置补盲雷达来扩大雷达网络的探测范围,使用预警机也是很好的补盲手段,利用高度优势对目标进行实时监控。

通过以上介绍的组网雷达"四抗"的优势可以看到,雷达组网是对付"四大威胁"的强有力的手段,所以建立一个功能强大的雷达网络是必不可少的。

1.3　雷达组网的关键技术

为有效应对电子干扰、隐身飞机、反辐射导弹和低空突防目标所带来的威胁和挑战,传统的防空雷达网已逐步发展为基于信息融合和共享的雷达组网预警防御系统[7-8]。

1.3.1　雷达组网的体系结构构建

根据雷达网配置的指导思想、配置原则和建设目标,从系统工程角度出发,采取定量与定性相结合、战术与技术手段相结合,提出了以陆基雷达网、空基雷达网和海基雷达网为一体的预警探测模型体系结构,形成了严密、可靠、高效、多功能的防空雷达网。

1. 陆基雷达网配置结构设计

为了担负空中作战攻防兼备,以攻为主的雷达预警和引导保障任务,陆基雷达网宜根据当面敌情和未来可能的战场态势分析,采用线状配置形式。为了加大预警纵深,便于实施接替引导,完成远距离突击的保障引导任务,在整个作战区域雷达网配置应采用梯次配置,构成一、二、三道预警线的线状配置形式。

2. 空基雷达网配置结构设计

陆基雷达网的最大弱点是超低空与低空探测能力相对薄弱;而且其机动性能相对较弱,易遭受敌方反辐射导弹(ARM)的攻击。与此相反,以预警飞机为代表的现代空基雷达网具有陆基雷达网无法比拟的优点。因此,为了克服陆基雷达网探测性能的不足,有效应对敌方飞机低空突防的威胁,并引导我方飞机开展低空突防,不断监视敌方的动态,必须在指定区域配置一定数量的空中预警机,形成空基雷达网。

3. 海基雷达网配置结构设计

由于海基雷达配置环境条件的特殊性,海基雷达网的配置结构设计与空基和陆基雷达网配置结构有所不同。针对这种特殊情况,海基雷达网的配置主要由岸基雷达、舰载雷达和气球载雷达构成。

岸基雷达能沿海面绕射实现对海面和中低空目标的探测，具有远程警戒、反隐形、反超低空突防、抗 ARM 等优点，使得它在防空武器系统中占有重要的地位。岸基雷达的主要任务是对指定区域的海面和中低空目标进行监视，实现远程警戒、发现目标、引导航空兵指挥部进行战斗部署，为航空兵的作战行动方案提供准确的目标情报信息。

为了争夺未来海上作战的制电磁权，保证舰载雷达作用的有效发挥，编队或单舰在雷达频段合理分布、配置方式、雷达技术体制以及性能选择等方面，应综合考虑和优化组合，提高雷达系统的整体效能。

气球载雷达具有许多岸基雷达不可比拟的优越性，虽然在某些性能上与高空雷达平台存在着一定的差距，但在执行区域探测、警戒和监视任务时又有许多优于高空平台的特点。因此，气球载雷达完全可以用来弥补高空雷达平台的缺陷，从而实现全时域、全空域、全海域的探测、警戒和监视，在对台封锁战役中必将发挥巨大作用。

1.3.2 雷达组网的时空对准技术

在进行雷达组网时，多雷达情报信息融合的前提是各雷达探测情报必须在同一个时空坐标系下描述，这是通过数据时空对准实现的。时空对准分为时间对准和空间对准。

1. 时间对准

时间对准是将同一目标的各雷达不同步的量测信息同步到同一时刻。因为各雷达对目标的量测是相互独立进行的，且采样周期往往不同，所以它们向融合中心报告的时刻往往不同。

多雷达工作时，时间不同步主要由以下三方面的原因造成：

(1) 每部雷达的开机时间不一样，即多个雷达开始采集数据的时间不一致；

(2) 它们也可能有不同的脉冲重复周期和扫描周期，即有不同的采样率；

(3) 在扫描过程中，来自不同雷达的观测数据的采样时刻不同，存在着观测数据的时间差。

在融合之前，必须将这些观测数据进行同步处理，或者称作时间对准，即统一"时基"。

通常选出一部雷达作为融合中心平台，以该融合中心平台的时间作为标准时间，把基站雷达的时间都统一到该融合中心平台的时间上。时间对准用一句话概括，就是获得多雷达信息在同一时刻的数据。

2. 空间对准

空间对准是将雷达基于自身坐标系的量测转换到同一坐标系中，并对转换之后的信息误差进行分析。

在多雷达组网系统中，各雷达位于地球表面的位置不同，也就是说具有不同的经度、纬度和高度。对于舰载雷达来说，其还处于不断变化的运动状态，也就是说具有自己的纵摇角、横摇角和航向角。各雷达的目标量测数据都是以各站当前位置为中心获得的，这样对于空中同一目标的量测，各雷达得到的数据将会有各自的方位角、俯仰角和距离。这时，空间对准技术就是选择一个基准坐标系，一般是以融合中心为基准，通过坐标转换把来自不同雷达的点迹数据统一到该坐标系下，实现对同一时刻不同雷达的点迹数据的对准。

1.3.3 雷达组网的信息融合技术

信息融合也就是对雷达捕获的多维量测信息进行提取，并采用航迹起始、目标跟踪、航迹关联和航迹融合等处理方式，获取高精度的估计值，实现对目标的状态估计与跟踪，以此完成最后的态势评估[9]。

1. 航迹起始

航迹起始是指探测系统在还没有进入可靠的跟踪维持之前所进行的一系列航迹确立过程。它是目标跟踪的第一步，也是非常关键的环节，能否在复杂环境下实现航迹的高质量起始是保证能否实现高效目标跟踪的重要因素。航迹起始环节处理得当，不仅能够快速有效地排除杂波，减轻后续环节的计算负担，还能够及时地察觉新的航迹目标，降低航迹漏检带来的风险。

2. 目标跟踪

目标跟踪是雷达系统的一个举足轻重的功能，通过对目标的跟踪可以预判目标的位置和轨迹，可以做出相应的对策。比如，某客机可以通过雷达扫描建立其他飞行目标的运动轨迹，避免发生飞机空中相撞事故；在战斗中，某战斗机可以通过雷达跟踪系统得到敌人战斗机的飞行轨迹，提前预判敌人下一时刻的位置，并进行打击。因此，雷达跟踪系统性能的高低直接决定整个雷达工作系统的优劣。

目标跟踪是由雷达来获得目标的观测数据，并建立目标的运动模型（如匀速运动模型、常加速度运动模型、协同转弯模型等），然后通过特定的滤波算法对目标的相关运动参数进行预测和估计，为拦截、躲避、射击等后续工作提供参考。目标跟踪在军事领域、民用领域以及社会生产领域等多个领域都有重要的应用。特别是在军事领域，雷达目标跟踪性能直接决定军事技术的发展能力，对运动目标定位的精确程度是后续拦截或躲避等动作能否成功的决定因素。因此，在杂波背景和人为干扰下通过特定的雷达跟踪方法实现对运动目标的精确跟踪尤为重要。

3. 航迹关联

在多雷达信息融合系统中，航迹关联的任务是确定两部或多部雷达所获得的航迹信息是否对应同一个目标。它是信息融合技术中的关键内容，在多雷达信息融合过程中，正确的航迹关联是后续信息融合处理的重要基础。如果错误地将来自不同目标的航迹关联在一起，后续的状态融合就没有意义，反而会浪费计算资源，对各目标的飞行状态做出错误判断。同样地，如果没有准确判断出跟踪同一个真实目标的不同接收站点的滤波航迹，不仅不能更高效地利用两站融合的优势提高目标跟踪精度，反而在融合中心认为是同一空域距离较近的两个目标，对目标的数量做出错误判断。这种错误关联和漏关联的判断在稀疏目标、虚警概率较小的战场环境下是较少发生的。

4. 航迹融合

对多雷达获得的目标航迹信息，如何使来自同一个目标的信息融合为一体，并减少所提供目标信息的噪声值，就是航迹融合。其目的是利用多部雷达的测量数据更准确地估计系统状态，解决航迹求精，提高目标的跟踪精度。航迹融合是多源信息融合理论的一个重要领域，基于航迹状态估计的航迹融合算法也日趋完善和发展。

以融合中心为标准可以分为基于观测值的集中式航迹融合和基于各个局部雷达状态估计值的分布式航迹融合两类。集中式航迹融合是将观测数据不经过预先处理而直接传送到唯一一个融合中心进行融合。分布式航迹融合是把一个总的系统分解成若干个小系统,充分结合现今计算机能够高速并行处理任务的优点。

1.4 雷达组网的发展历程

随着当前战场环境和战场态势的不断变化,电子战威胁已成为影响战争性质、军队作战方式和作战规划的重要因素。日益严峻的电子战威胁倒逼雷达组网技术的不断发展。特别是,在新时期“四大威胁”的影响加剧的环境下,以雷达组网技术为核心的预警防御系统构建,已成为当前夺取电子战胜利的有力保证[10]。

1.4.1 第二次世界大战

电子战威胁和雷达网的首次交锋可归结为轰炸机和“本土链”雷达网的对抗。

第二次世界大战期间,空军和电子战威胁都取得了长足进步。有些归因于空军理论的持续发展,有些则源自技术进步。电子战威胁获得诸多关注的主要原因是战时轰炸机的使用。1932 年,英国国会议员斯坦利 · 鲍德温曾说过一句名言:“轰炸机永远都能突破防线。”这是当时英国人典型的态度,说明恐怖的轰炸机是不可阻挡的毁灭性力量。伦敦在第一次被轰炸后,鲍德温的话从恐怖主义变成了现实。

不过,轰炸机的威胁也不是绝对的。1939 年 9 月,英国在东海岸建造了世界上最早的防空预警雷达网络——“本土链”雷达网,该系统由 20 个地面雷达站组成。正是依靠“本土链”雷达网的电子战优势,英国取得了第二次世界大战期间“不列颠空战”的胜利。

在“本土链”雷达网的作战优势下,一方面,英军相对于德军具有宝贵的 20min 预警时间,可以及时报告敌军动向并指挥友军飞机作战;另一方面,英军在雷达网内采取了电子战措施,干扰了德国用于引导轰炸机到英国城市的导航和轰炸辅助设备,有效降低了英国平民的伤亡率。

实际上,英国的“本土链”雷达网是第一套综合防空系统(IADS)的一部分。虽然德国人很了解雷达,还采取了干扰措施,但他们无法成功应对这些问题。德国人低估了英国的雷达网系统的重要性,并没有分配足够的干扰资源。英国人能够更好地组织应对德国攻击的行动,减少对抗德国轰炸机所需的英国飞机数量,有效引导英国飞机实施防空作战。雷达网的发展,很大程度上使英国能够对抗数量更多的德国轰炸机。

1.4.2 朝鲜战争

朝鲜战争期间,高效防空雷达网面对战略轰炸机具有较大优势。

第二次世界大战后,美国和苏联的主要政策是强调“恐怖均衡”的核战略。这一战略反过来又影响了空军很多年的发展方向。核战略的制定促使美国和苏联空军朝可以洲际飞行的核战略轰炸机方向发展,但该战略忽略了战略轰炸机面对防空雷达网络的劣势。

朝鲜战争期间,朝鲜拥有由雷达、地空防空导弹和雷达制导高射炮组成的高效防空雷达网。在该系统中,地空防空导弹和米格 -15 战斗机可协同定位和攻击来袭的盟军飞机,使盟军机组人员伤亡惨重。其中,美国轰炸机特别容易受到攻击,因此美国迅速采用了自第二次世界大战以来尚未使用过的干扰设备。

在调整装备应对朝鲜雷达系统后,美国有效实施了系统对抗,极大降低了美国轰炸机的战损率。如果没有压制朝鲜防空的能力,那么损失将无法估量。针对朝鲜雷达威胁采用的设备和相应的战术与第二次世界大战类似,即铺设箔条走廊和实施大规模电子干扰保护轰炸机。

箔条是削弱复杂昂贵电子战系统作战效能的有效对策,在对抗苏联性能落后的雷达时,美军不需要太关注雷达和雷达制导武器,可通过高度有效避开苏联的导弹和飞机威胁。直到1960年,SA-2防空导弹系统在俄罗斯上空击落了一架U-2高空侦察机,美国才真正意识到需要采取其他反制措施。

1.4.3 越南战争

越南战争期间,防空雷达网面对电子战设备的劣势空前明显。

越南战争期间,出现了许多新型电子战设备,大规模采用防区外航空电子战平台是一个显著特点。EA-6B"徘徊者"电子战飞机(ECAV)首次参战,该型电子战飞机能够有效执行压制敌防空的任务。除专用飞机外,还采用了"百舌鸟"空地导弹,它是打击敌方现代雷达装备不可或缺的武器,目前仍在使用,比高速反辐射导弹(HARM)出现早。这两种导弹都是专用反辐射导弹,用来定位和摧毁电磁频谱中辐射特定信号的目标。

越南战争和朝鲜战争的一个重要区别是,不仅大型轰炸机采用箔条干扰,小型飞机也安装了干扰吊舱和箔条发射器,战术飞机具备了防御雷达威胁的能力。然而,当前防空雷达网系统仍采用以地对空防空火炮为主、雷达对抗为辅的对抗机制。这也使得防空雷达网面对电子战设备的劣势空前明显。例如,1965年每发射8.4枚SA-2导弹击落1架飞机,其后每击落1架飞机所需导弹的数量迅速增加,整个战争期间平均发射26枚导弹击落1架飞机。

虽然越南防空系统威胁巨大,但其按苏联体系构建,缺乏多样性,系统仅有苏制雷达制导防空导弹系统SA-2、高射炮和火控雷达(FCR)。盟军飞机只需要对抗这几种威胁类型的系统,美国工程师可以集中资源对抗这些旧系统,战争期间能快速制定较为有效的电子战对抗措施。

1.4.4 中东战争

中东战争期间,多型电子战飞机和导弹制导防御系统的对抗已成为战争的主导。

在第四次中东战争中,阿拉伯国家在与以色列空军作战时,采用了一系列现代机动式雷达制导防御系统。以色列空军无法对抗这些新威胁,导致以色列在冲突的第一周损失了许多架飞机。其中,萨姆-6(SA-6)导弹防御系统在第四次中东战争中有出色的表现,在历时18天的战争中,以色列被阿拉伯国家击落的114架飞机中有41架是SA-6击落的。

在第五次中东战争的贝卡谷地战斗中,由于以色列采用了新的对抗措施,仅以6min就摧毁了十几个以SA-6为主体的导弹防空网。战争中,叙利亚向贝卡谷地派遣19个低空导弹连,建立起以SA-6为骨干,以SA-2、SA-3地空导弹和ZSU-23/4苏制23mm口径四管自行高射炮相配合的高、中、低防空网。但是,在波音-707、CH-53、AS-202

等电子战飞机的全面压制下,叙利亚军队完全失去电子战时信号情报的来源,其警戒雷达、引导雷达、无线电指挥通信系统全面瘫痪。以色列空军能够在贝卡谷地作战中一举全歼叙利亚军队,引起各国关注。

中东战争凸显了有效实施电子战时信号情报的重要性。如果不知道敌人采用的电磁频谱,电子战系统就不能应对新威胁。和平时期,如果不能收集敌方系统的信息,并针对性分配干扰资源,就会导致战时无法应对具体威胁。

从中东战争可以看到,战争期间技术研发的快速循环性质确保了不断的作用和反作用。不论是电子战飞机,还是防空雷达网系统,有效获得战时信号情报是取得战争胜利的关键因素。

1.4.5 信息化战争

在信息化时代,电子战威胁空前严峻,雷达网系统的升级换代势在必行。

中东战争之后,战争的模式发生了空前变化,制信息权的获取已成为战争取得胜利的决定性因素。在信息化时代,美军先后经历了海湾战争、科索沃战争、阿富汗战争和伊拉克战争的洗礼,数次战争表明,电子战飞机和雷达网的对抗正呈一边倒的局面在发展,这也使得现代战争的模式正由互有攻防向不对称作战的悄然转变。其中,电子干扰、隐身飞机、反辐射导弹和低空突防技术已成为决定战争胜利的关键因素,对当前雷达网防御系统带来严重的威胁,使其不能有效发挥战场预警防御作用。这也意味着,雷达网系统的升级换代势在必行。

面对日益加剧的电子战威胁,美国国防高级研究计划局(DARPA)提出了雷达组网计划,并在俄克拉荷马州锡尔堡地区进行了一项雷达组网功能演示。该演示通过电话线实现了5部雷达的联网与数据融合,初步展示了基于航迹融合雷达组网的优点与效能。从此,拉开了基于信息融合的雷达组网预警防御系统的研究与应用。

从应用视角看,雷达组网技术主要应用于国家预警网的建设,目前已广泛用于空中目标预警探测、弹道导弹预警探测、空间目标侦察监视等系统,从预警普通的空中目标到针对隐身飞机、巡航导弹、弹道导弹等非合作军用特种目标的专用组网系统。

从组网形态看,从早期的单一预警监视雷达组网到预警监视雷达、火控雷达,以及红外、声、光等异类传感器的组网,从地面雷达组网到陆、海、空雷达组网,从单一通信方式组网到有线、无线、有线无线混合等多种通信方式组网。

从技术体制看,有四种典型的技术体制与典型系统:一是传统的基于“单雷达 + C^4I”结构的松散预警系统;二是基于闭环控制的控制与报知中心(CRC)紧耦合组网系统;三是基于“CRC + C^4I”结构的新型预警系统;四是基于扁平处理的特种组网系统。

总之,以雷达组网技术为核心的预警防御系统的升级换代势在必行,已成为扭转当前非对称作战态势的一个必要条件。

参考文献

[1] 丁鹭飞,耿富录,陈建春. 雷达原理[M]. 5版. 北京:电子工业出版社,2014.
[2] 丁建江,许红波,周芬. 雷达组网技术[M]. 北京:国防工业出版社,2017.

[3] Guo J, Zhao N, Richard F, et al. Disrupting anti - jamming interference alignment sensor networks with optimal signal Design[J]. IEEE Sensors Letters, 2017, 1(3): 2472 - 2475.
[4] Zhao W, Han Y, Wu H, et al. Weighted distance based sensor selection for target tracking in wireless sensor networks[J]. IEEE Signal Processing Letters, 2009, 16(8): 647 - 650.
[5] Lee E H, Song T L. Multi - sensor track - to - track fusion with target existence in cluttered environments[J]. IET Radar, Sonar & Navigation, 2017, 11(7): 1108 - 1115.
[6] 吴顺君,梅晓春. 雷达信号处理与数据处理技术[M]. 北京:电子工业出版社,2008.
[7] 何友,修建娟,张晶炜,等. 雷达数据处理及应用[M]. 北京:电子工业出版社,2006.
[8] Butt F A, Naqvi J H, Riaz U. Hybrid phased - MIMO radar: a novel approach with optimal performance under electronic countermeasures[J]. IEEE Communications Letters, 2018, 22(6): 1184 - 1187.
[9] Hadi T, Hemmatyar A M. Asynchronous track - to - track fusion by direct estimation of time of sample in sensor networks[J]. IEEE Sensors Journal, 2014, 14(1): 210 - 217.
[10] 陈永光. 组网雷达作战能力分析与评估[M]. 北京:国防工业出版社,2006.

第2章 雷达组网体系结构

组网雷达是一种新体制雷达系统，它将多部雷达系统进行合理的分布，采用有效的通信方式相互链接，并通过融合处理中心对各雷达获取的情报进行综合的分析处理，从而组成一个有机的整体系统。与单部雷达系统相比，雷达组网系统可以提高对空间目标的侦测和识别概率，而其最大的优势是能够有效地抵抗电子干扰、隐身技术、反辐射导弹和低空突防这“四大威胁”。伊朗的 S－300PMU2 系列雷达组网系统是否为击落美军“全球鹰”无人机的主要原因[1]？

如图 2－1 所示，卫星图像证实伊朗现在有 4 个 S－300PMU2 系统，每个系统有 4 个 5P85TE2 拖曳发射器和 1 个 96L6E 目标搜索雷达。这 4 个组件由 2 部 64N6“Big Bird D”战斗管理雷达支持，可以使用 FL－95 通信桅杆连接到最远 200km 的系统。

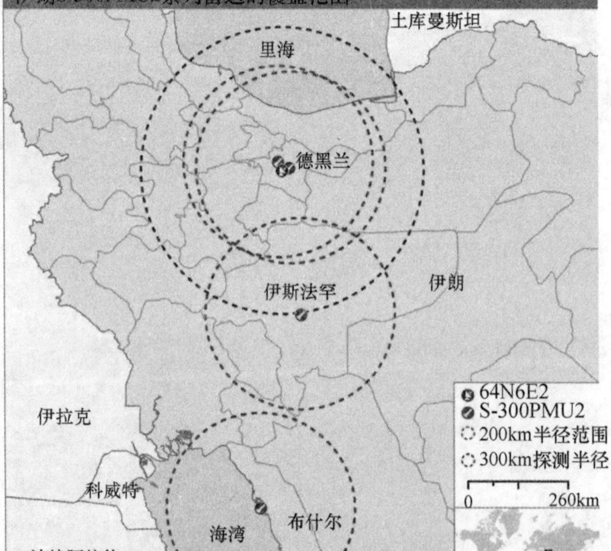

图 2－1　伊朗的 S－300PMU2 系列雷达组网系统

两个系统位于德黑兰附近的防空基地，另外两个系统驻扎在伊朗中部的伊斯法罕空军基地和墨西哥湾沿岸的布什尔，其具体如图 2－2 所示。使用 48N6E2 导弹，在布什尔的系统几乎可以在海湾北部的任何地方对付高空目标；但由于雷达视距的影响，它无法在更远的距离对付低空目标。

美国中央司令部司令约瑟夫沃特将军指出：“沿着其沿海地区的伊朗地空导弹对美国在国际空域作战的情报、监视和侦察构成了严重威胁。”他补充说：“2017 年，伊朗通过部署先进的 S－300 远程 SAM 系统提高了防空能力。”

图 2 - 2　伊朗 S - 300PMU2 系列雷达组网系统的卫星图像

在 S - 300PMU2 到来之前，伊朗就接收了俄罗斯雷达，增加了探测目标的能力。2010 年 4 月，首次出现了 1L119 Nebo - SVU 低频监视雷达。其他的设计目的是探测隐身飞机。伊朗还展示了 Kasta - 2E2 雷达，该雷达经过优化，可以探测和跟踪巡航导弹等低空飞行目标。伊朗 IEI 将 Kasta - 2E2 称为半长距离空中监视雷达，是一种高机动性、全固态、中等高度的监视雷达。伊朗还在开发自己的监视雷达，以补充其外国引进的雷达。

尽管订购了 S - 300PMU2，但伊朗官员一再表示，将继续开发自己的远程 SAM 系统——Bavar - 373。伊朗还公布了有助于建立全面综合防空网络的各种 C^4I 系统。

案例分析：伊朗成功击落美国“全球鹰”无人机离不开 S - 300PMU2 系列雷达组网系统的合理配置。伊朗利用 S - 300PMU2 系列雷达，形成了覆盖高、中、低空，以及远、中、近程的多层次防御区域，并通过扁平化的信号处理和数据处理系统有效抑制了敌对国家的侦测和打击威胁，很好地防护了自身的领土和国家安全。可见，雷达组网系统的合理构建是未来作战中防御敌方威胁和保护自身安全的有力保障。

2.1　雷达组网原则

在现代电子战中，S - 300PMU2 等电磁装备都处在高科技武器装备所构成的电子干扰和硬摧毁环境中，随时都可能被电子战装备干扰，甚至被超低空、隐身武器或反辐射导弹摧毁。为此，预警防御系统一般采用优化的组网方案，将不同频段、不同体制乃至不同功能的雷达依照一定的准则进行合理的部署，形成覆盖高、中、低空，以及远、中、近程的大范围多层次保障区域，并且注重对低空雷达和远程警戒雷达的部署，提高低空目标探测能力和远程警戒能力。此外，还需要通过设置闪烁诱饵和顶空补盲来防御反辐射导弹的攻击，从而实现整个雷达网的“四抗”目的。即使雷达网内的某一部雷达或者小区域范围内的雷达受到干扰甚至被摧毁，整个雷达网仍能保持相对的完整性，继续完成侦测任务[2]。

雷达组网的原则有很多，主要涉及以下方面：

（1）“四抗”能力提升；

（2）全频段覆盖；

（3）盲区补盲，如频域补盲、空域补盲、距离补盲；

（4）重叠系数；

（5）地形因素；

（6）安全性；

（7）效能费用。

进行雷达组网时，在权衡利弊的基础上，可根据某一条原则或综合多条原则进行部署，或者满足某些具体的组网要求。比如：雷达网在重点方位、重点高度层或主要距离范围内对目标覆盖的冗余数尽可能多；网内雷达的工作频段、极化方式、工作方式的种类尽可能多；网内单部雷达对目标的覆盖重叠系数尽可能大；在干扰环境下主要探测区域的盲区尽可能小等。

2.2 雷达组网的体系结构

根据组网雷达之间的工作关系，雷达组网的方式可以分为单基地集中式、单基地分布式、双（多）基地和引导交接班四种类型[3]。

2.2.1 单基地集中式组网

单基地集中式雷达组网的示意图如图2－3所示。该雷达组网方式一般包含多部雷达，各分雷达单独工作或只进行探测处理，探测的原始点迹数据全部上传给融合中心，在融合中心集中进行时空对准、数据互联、跟踪滤波并形成统一航迹。融合中心滤波后一般需要进行实时反馈，以便引导分雷达进行照射。单基地集中式组网一般是同体制或测量精度相当的雷达之间组网，雷达数量不宜过多，同时为了保证系统的稳定性，各雷达布站距离不宜太远。局部探测区域的雷达系统（例如同一平台，同一区域）采用单基地集中式融合方式较佳。

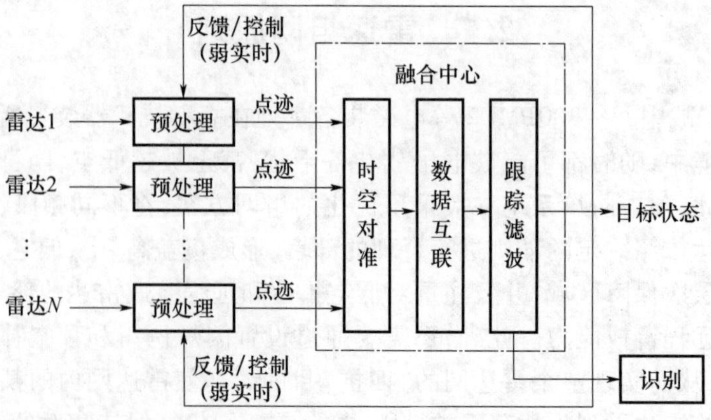

图2－3　单基地集中式雷达组网示意图

2.2.2　单基地分布式组网

单基地分布式雷达组网的示意图如图 2-4 所示。该雷达组网方式一般包含多部雷达，每部雷达是完整的雷达系统，各雷达单独工作，由各自的处理器生成局部目标的跟踪航迹数据，并将已处理的数据发送给融合中心，融合中心再根据各节点的航迹数据进行航迹的关联与融合，最终形成全局航迹。单基地分布式组网一般适用于欺骗干扰场景和多目标场景，如编队飞机突防。雷达一般是相近体制雷达，探测精度相当，多为警戒雷达。

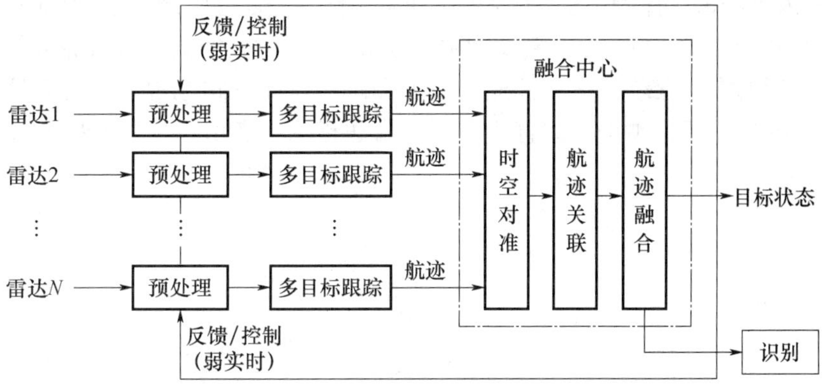

图 2-4　单基地分布式雷达组网示意图

单基地集中式组网与单基地分布式组网的网内各部雷达均为单基体制，系统结构比较相似。在单基地组网方式下，彼此独立的各部雷达通过组网构成一个有机的整体，网内各雷达在空间位置上相互分离，并且工作方式灵活多变，因此具有一定的“四抗”能力，即使网内雷达与融合中心失去联系，也能够独立完成部分侦察工作，从而避免整个雷达组网系统瘫痪。

2.2.3　双基地组网

双(多)基地雷达组网的示意图如图 2-5 所示。该雷达组网方式由发射站(T 站)发射信号，各接收站(R 站)接收信号进行探测。探测的原始数据全部上传给处理中心，通过定位算法定出点迹再进行跟踪滤波处理。处理结果实时传递给各分系统。各站之间还要通过同步数据链实现相位同步、空间同步和时间同步。该方式一般适用于制导雷达之间的组网。

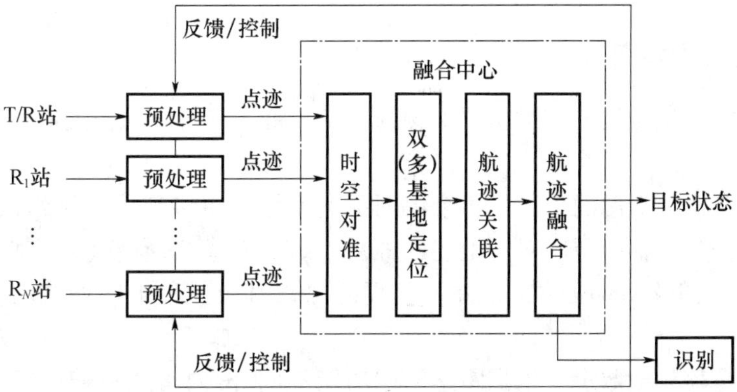

图 2-5　双(多)基地雷达组网示意图

双(多)基地雷达组网中的雷达为双(多)雷达工作体制,一般是对同一个雷达发射站部署一个或多个空间分离的接收站。这种组网方式不仅可以充分发挥双(多)基地的特性,有效地抵抗电子干扰、隐身目标和反辐射导弹,与空中平台相结合还能显著地增强抗低空突防的能力。

2.2.4 引导交接班

引导交接班的示意图如图2-6所示。该雷达组网方式一般由多部区域防空雷达组成。由于网内单部雷达探测范围、探测容量和可用性等方面的限制,为了保证对目标跟踪的连续性和稳定性,当目标到达某部雷达探测区域的边界时,需要对该目标进行引导交接班,转为由邻近的雷达继续对该目标进行探测和跟踪。此方式也常用于精度较低的雷达与制导雷达交接,一般由预警雷达直接向制导雷达指示或者由指控中心向制导雷达完成引导交接[4]。

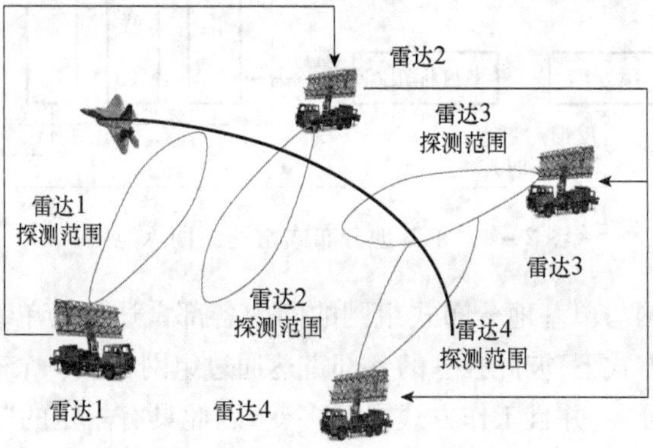

图2-6 引导交接班示意图

2.3 雷达组网的辐射源

雷达组网电子探测信息的来源有很多,主要包括雷达辐射源信息和通信辐射源信息两大类[5]。

2.3.1 雷达辐射源信息

雷达辐射源信息是组网雷达协调探测的重点。雷达辐射源的相关信息主要包括以下五个方面:

(1) 网内雷达辐射源的个数。每个组网雷达系统都由多部雷达站组成,但并非网内所有的站点都是雷达辐射源。对于上述四种雷达组网方式,只有双(多)基地组网仅含一部雷达辐射源(发射站,接收站雷达并不是辐射源),其余三种组网方式均含有多部雷达辐射源。

(2) 雷达覆盖频段数量。根据雷达组网功能不同,网内雷达覆盖的频段范围也有所区别。比如:为了实现对某目标的精确探测与跟踪,网内的多部雷达可能都工作于同一频段；而为了达到较大的频率覆盖范围，探测更多的目标，或者为了探测不同的区域，网内的多部雷达则工作于不同的频段，甚至有的组网雷达系统达到全频段覆盖。

(3) 雷达布站方式。为了达到最优的系统性能，会对组网雷达进行合理的部署，不同的雷达组网方式也会采用不同的布站方式，常见的雷达组网布站方式有线性布站（正面和纵深）、环形布站以及多道防线布站等。上述四种组网方式中，单基地集中式组网和单基地分布式组网一般采用环形布站，引导交接班一般采用线性布站，而双（多）基地组网由于仅能探测到单部雷达辐射源，因此难以探测其布站方式。常见的组网雷达布站方式如表 2－1 所列。

表 2－1　常见的组网雷达布站方式

布站方式	优点	缺点	应用场景
线性（正面）	正面探测范围大；探测区域重叠大，对目标发现概率大	其他方向探测能力弱；受通信能力和火力衔接的影响	来敌方向确定
线性（纵深）	便于提供空情信息，避免脱节，防范差错发生	整体探测效能因通信距离远而降低；抗干扰能力较弱	来敌方向确定
环形	便于信息的传递，搜索死角小，静态配置面积大，受通信能力和火力衔接的影响小	不分主次，无法对重点区域进行加强搜索	敌主攻方向不明确
多道防线	便于集中侦察力量；受地形地物影响较小，便于信息传递；比单道防线更强的抗入侵能力	布站复杂，资源需求较多	已判断敌主攻方向

(4) 雷达天线的扫描特性。雷达的天线扫描特性是雷达工作特性的重要体现，不同雷达组网方式中的雷达所呈现出的天线扫描特性也有所不同。天线波束形状方面，可以采用扇形波束、笔状波束等；天线扫描方式方面，可以采用机械扫描、电扫描等。

(5) 雷达的工作方式。根据雷达功能定位的不同，不同组网方式下雷达的工作方式也有所区别。单基地集中式组网和双（多）基地组网中的雷达一般需要向融合中心上传目标点迹，因此常工作在搜索模式；单基地分布式组网和引导交接班中的雷达一般需要向融合中心上传目标航迹，因此常工作在跟踪模式。

2.3.2　通信辐射源信息

通信辐射源相关信息主要包括两个方面[6]：

(1) 网内通信电台的个数。在雷达组网中，由于信息传输的需要，同类型的通信电台的数量则一般与雷达站点的数量相同。

(2) 通信传输特性。组网雷达之间进行通信的方式有很多种，常见的通信方式优、缺点及适用情况如表 2－2 所列。应该采取何种通信方式，一般需要综合考虑距离、速度、带宽、安全性等多种因素。当雷达站的间距小于 30km 时，一般采用短波、超短波通信；当雷达站的间距约为 60km 时，一般采用光缆通信，或者采用中继站接力的微波通信。通信数据流量方面，单站基集中式组网和双（多）基地组网中的雷达，一般需要向融合中心上传目标点迹，因此通信数据流量较大；单站基分布式组网和引导交接班中的雷达，一般需要向融合中心上传目标航迹，因此通信数据流量较小。

表 2-2　常见的通信方式

通信方式	优点	缺点	适用情形
有线电缆	可靠,保密	架设工程量大,机动性差,损耗大	短距离通信
光纤	可靠,保密,容量大,抗干扰,容量小	架设工程量大,机动性差,成本高	固定点中、短距离通信
短波通信	简单,机动灵活	误码率高,易受干扰	超视距通信
微波通信	容量大,频段宽	超过 50km 需设中继站	近距离通信
卫星通信	容量大,机动性好	有一定时延	较大组网系统

2.4　雷达组网信息的处理

2.4.1　信号层处理

雷达的基本工作原理是首先向空间发射某种特定的信号,然后接收并处理目标的回波信号。对于雷达而言,雷达信号处理的对象主要是雷达本身所要发射的信号以及回波信号;而对于雷达探测而言,所处理的信号主要是接收机截获到的雷达辐射源信号。由于辐射源信号也是进行雷达探测最原始的信息载体,因此,雷达探测的首要任务是对截获的雷达信号进行处理,提取信号的参数[7]。

雷达信号传输过程会受到各种外界干扰及内部噪声的影响,雷达信号处理就是通过对接收信号进行加工,从而消除或降低各种各样的干扰、噪声及由这些干扰、噪声引起的不确定性,以提取所需信息并提高信息质量。早期雷达整机中没有专门的信号处理设备,也不具备现代雷达意义上的数字信号处理分系统。早期雷达的干扰抑制能力和在复杂环境中的目标检测能力十分有限,限制了其威力范围、目标参数估计精度及多目标跟踪能力等重要指标和性能的进一步提高。

随着现代雷达理论的逐渐成熟以及数字信号处理技术、超大规模集成数字电路技术、计算机技术和通信技术的高速发展,人们在早期雷达的接收机和显示器之间加入专门的信号处理设备。通过全硬件或硬件加软件的形式,实现对目标回波与各种干扰、噪声的混合信号进行加工处理,从而最大程度地剔除无用信号,保证以最大概率发现目标并提取目标的相关信息。

2.4.2　数据层处理

雷达数据处理与雷达信号处理都是现代雷达系统中的重要组成部分。信号处理用来检测目标,利用一定的方法获取目标的各种有用信息,如距离、速度和目标的形状等。数据处理可以进一步对目标的点迹和航迹进行处理,预测目标未来时刻的位置,形成可靠的目标航迹,从而实现对目标的实时跟踪[8]。

雷达信号处理后的数据一般是受污染的数据,而且每一批处理的数据之间的关系是不确定的。雷达数据处理是雷达信号处理的后续处理,常看成是继雷达信号处理后的对雷达信息的二次处理。雷达信号处理是在同一扫描周期中的若干相邻的雷达观测中进行的,而雷达数据处理是在若干次雷达扫描周期上进行的。

雷达数据处理包括点迹凝聚、航迹起始、目标跟踪、多目标关联等主要环节。它研究的两个基本问题是不同环境下的点迹与点迹、点迹与航迹的关联问题。前者涉及航迹起始,注重点迹相关范围的控制和相关算法的选取;后者则涉及目标跟踪,注重目标运动模型和滤波算法的应用。

雷达数据处理的目的是利用雷达提供的目标信息估计目标航迹,并给出目标在下一时刻的位置。在实际工程中,估计目标航迹并不是最终目的,而是需要根据估计的信息做出判决,执行相应动作。雷达数据处理系统的应用非常广泛,一般分为军用和民用两类,军用方面主要的是防空、拦截制导等,民用方面主要是海上导航和空中交通管制等。

在不同的应用系统中,雷达数据处理系统完成的功能是不相同的。比如:在空中交通管制系统中,对目标航迹的预测是为了检测各飞机在航路上的间距是否符合安全标准,以维护空中交通的正常;在防空系统中,对目标航迹的预测则是用于帮助完成计算预测位置、武器制导等。

2.4.3　信息层处理

雷达探测的目的是获取敌方雷达相关的有用信息。对于信息,很多研究者给出了不同的定义:信息论奠基人香农认为“信息是用来消除随机不确定性的东西”;控制论创始人 Norbert Wiener 指出“信息是人们在适应外部世界,并使这种适应反作用于外部世界的过程中,同外部世界进行互相交换的内容和名称”;信息资源管理专家 F. W. Horton 给信息下的定义是“为了满足用户决策的需要而经过加工处理的数据”。

在进行雷达探测时,有的雷达辐射源信息可以通过对雷达信号参数进行处理得到,但是有的信息需要通过对多部雷达或者其他辐射源的相关信息进行综合处理才能得到,如组网雷达系统的雷达组网方式。组网雷达系统将多部雷达系统进行合理的分布,采用有效的通信方式相互链接,并通过融合处理中心对各雷达获取的情报进行综合的分析处理,从而组成一个有机的整体系统。雷达组网系统可以提高对空间目标的探测和识别概率,并且能够有效地抵抗雷达生存的“四大威胁”。但是,组网雷达的出现也给雷达探测带来了新的问题。与单部雷达系统相比,雷达组网的优势关键在于可以对各雷达获得的探测信息进行融合,从而克服单雷达体制作用距离有限、存在探测盲区、容易被干扰等不足。

此外,随着现代电子战中干扰设备数量和种类越来越多,雷达面临的挑战也急剧增加,可以说干扰器的信号参数、型号和体制、工作模式和用途,乃至干扰设备的平台载体、武器作战系统、威胁级别等信息都是组网雷达抗干扰研究的范畴。如何对信号处理和数据处理所获得的干扰信息进行深入的处理和利用,从大量的信息中挖掘隐藏于其中的关系和规则,以便剔除干扰影响提高雷达性能,是当前雷达组网探测领域非常关心的问题。

2.5　雷达组网的体系探测效能

2.5.1　预警体系

体系是多个相对简单系统的集成,是复杂的大系统,即多个系统集成的复杂大系统。预警体系通常包括五个基本要素,即“目标、装备、人员、环境、情报”。

目标是预警探测体系的探测对象,或者是作战对象,是首先要研究透彻的要素,空、天、海目标特性与作战方式总在牵引预警装备的发展。装备是预警探测系统的前提和物质条件,通常由多个预警装备组成,是预警手段实现的技术平台,是预警体系探测效能产生的物质基础要素。人员是预警探测系统的主体,是预警体系探测效能产生的能动要素。环境是预警探测系统产生体系探测效能的客观条件,是实际作战中必须考虑的,是影响预警体系探测效能产生的客观要素。情报是预警体系探测效能的集中体现,是核心要素[9]。

从预警体系的对象看,预警目标包括水下、海面、空中、临近空间、空间、深空所有运动目标,即空、天、海动目标。

从预警体系的手段看,采用电、磁、光、声、网等多种能谱,包括跨越陆、海、空、天、电、网等多维空间探测手段的预警装备。

从预警体系面临的环境看,既要考虑人为或无意的电磁有源干扰,也要考虑人为或无意的空、地、海各种无源干扰。实际上,对预警探测装备有影响的环境都要考虑,包括温度、湿度等气候环境。

从预警情报综合和运用看,需要融合和印证来自不同预警探测系统的预警情报。预警情报来源通常要跨越昼夜界限、军地界限、军兵种界限、不同装备界限,是一种联合预警力量对联合作战力量的联合情报保障。

从预警体系的指挥员看,预警体系作战需要战技结合、紧密融合的研究型指挥员,他们不仅要了解预警体系内的各型装备作战使用性能,更要熟练掌握多装备探测资源协同运用预案设计与实际应用的方法。

因此,要在预警体系中获得最大的体系探测效能,在战前,必须深化研究空天海目标特性和作战方式,设计和推演合理的多装备资源协同运用预案;在实战中,实时感知目标和环境的变化,实时调整多装备探测资源的使用,使体系探测资源匹配与目标和环境的变化,实现匹配探测。

2.5.2 体系探测

雷达组网系统是对多雷达探测资源的协同运用,实现多雷达的“体系探测”。体系探测表达了雷达组网系统的核心探测机理与技术体制,即用组网的多雷达探测资源,实现整体优化探测之目的,与传统预警探测系统单雷达平台独立探测有理念上、本质上的差别。“组网”的优势就是来源于多雷达的协同探测。这从另一个侧面也解释了雷达组网的难点是“组”字。

作为一种空天目标体系探测技术体制,体系探测的特点不是多种探测传感器简单地堆积,也不是简单的传感器松散联网,而是预警体系“目标、装备、环境、人员、情报”五要素的有机统一,通过指挥员的探测资源协同运用体系战法的设计,实现探测装备资源与目标和环境相匹配,获得最佳的情报。从网络中心战的理论看,“体系探测”是物理域、信息域、认知域、社会域的多域融合,即物理域的雷达装备探测资源、信息域的信息优化处理、认知域的认知能力来实现高度一体化,就是网络中心战思想和理念在预警探测体系中的具体表现和实现。

2.5.3 体系探测效能

对应“体系探测”就有“体系效能”，体系效能就是表达复杂系统的整体效能或集成效能，强调的是所集成系统紧密协同下的整体效能，它与这个体系所集成系统的效能既有联系又有区别，既不是所集成装备各自效能的简单相加，通常又与集成装备内部闭环控制有着较为复杂的关系。也就是说，体系效能获得是有条件的，一般会出现 1 +1 大于 2，大于 3，甚至更大，但也可能出现 1 +1 小于 2 的极端情况。因此，研究体系效能必须考虑与之相关的环境和条件。

在预警探测领域，体系效能的范畴缩小到体系探测效能，是指由多预警装备集成的预警探测系统中，多预警装备协同探测获得的整体效能。雷达组网系统通过多雷达协同探测是获得体系探测效能的典范工程。

雷达组网系统的终极目标是获取优质情报，其体系探测效能就是表达获取情报的能力。从预警体系的“五要素”视角看，体系探测效能与目标对象、组网雷达和通信设备、战场环境、指挥员及其所采用的体系战法有关；从网络中心战理论“多域融一”的视角看，体系探测效能与物理域装备、目标和环境匹配程度、认知域体系战法的有效程度、信息域的多雷达信息融合程度密切有关。

1. 体系探测效能的描述

体系探测效能的描述方法与一般效能基本相同，典型采用定性和定量相结合的方法，只因为体系探测效能产生与多个所集成的预警装备或系统有关，定量描述指标模型较为复杂，边界条件变量比较多，定量计算比较难。在雷达组网的体系探测效能定量描述中，明确边界条件是前提之一。边界条件主要明确以下七个方面：一是探测目标的特性和作战方式，如 RCS、作战空间、空间分布与运动特性等；二是组网雷达的数量、型号、部署方式、工作模式、可控的探测资源等；三是组网雷达的输出信息质量，如点/航迹信息质量、误差信息等；四是信息传输链路、速率、时延、误码率等；五是信息处理系统及其信息融合的算法和参数；六是组网雷达面临的探测环境，即电子干扰强度、分布、变化等环境；七是预警体系作战预案，即指战员设计的多雷达探测资源协调的人员素质和水平。

在这些边界条件中，目标和环境是客观的，是不可控的；但在体系战法设计、仿真推演研究中是需要假设的，在实际作战中需要指战员准确预测分析可能的目标和环境条件。组网雷达数量、型号、部署方式、工作模式、性能参数、战法流程、选择策略是主观的，是可选可控，这也是指战员设计体系战法要涉及的核心要素。研究雷达组网的体系探测效能，就是依据客观变化，由指战员选择装备、部署方式、工作模式、战法、算法，设置参数，控制可用的探测资源，来实现最大的体系探测效能。因此，雷达组网的体系探测效能描述实际上就是对“目标、装备、环境、人员、情报”的量化、建模、仿真、测试、验证等。

2. 提升体系探测效能的关键

信息融合与体系探测资源优化管控是雷达组网系统不可分割的两项关键。从产生体系探测效能的视角看，体系探测资源优化管控是提升和挖掘体系探测效能的前提条件，体系探测资源优化管控是增强型关键点，是产生增量的前提。信息融合是产生体系探测效能的必要条件，雷达组网的体系探测效能通过信息融合体现出来，据此获得增量。

信息融合是一种组网融控系统的固有技术,在组网融控中心设计研制时已经实现,与指战员耦合度较小,对指战员的依赖与技术要求较低。实现体系探测资源优化管控,与信息融合还有较大差别。体系探测资源优化管控的实现不单单是组网融控中心设计研制的事,而且与指战员耦合度较大,对指战员的依赖与智慧要求较高,需要指战员紧密结合装备技术与作战使用,可以认为体系探测资源优化管控是雷达组网体系作战运用的支撑技术,需要在组网融控中心设计研制的基础上进行体系作战运用的二次开发。

因为需要指战员的二次开发,对指战员提出了较高的技术要求和体系作战素养,这也是目前影响与制约雷达组网系统体系探测效能发挥和挖掘的重要原因。因为作战员往往只重视信息融合的实现,而轻视体系探测资源优化管控的实现及其条件,甚至不理解雷达组网闭环控制的作用和意义,也难以正确运用体系探测资源优化管控技术,使雷达组网系统闭环控制变成开环,不能依据目标和环境的变化实时调整探测资源,难以实时匹配探测,体系探测效能较低。

因此,要获得、发挥、挖掘、提升雷达组网系统的体系探测效能,必须依据目标和环境的客观变化,由指战员来选择装备、部署装备、设计体系探测资源优化管控预案,设置装备工作模式和参数,控制可用的探测资源,最终获得最大的探测效能。

参考文献

[1] Jane's. 伊朗击落美军"全球鹰"无人机靠的是"S-300PMU2"[EB/OL]. 雷达通信电子战,2019-06-30.

[2] 何友,等. 多传感器信息融合及应用[M]. 北京:电子工业出版社,2007.

[3] 李程. 雷达电子侦察的多层次处理关键技术研究[D]. 长沙:国防科技大学,2015.

[4] 郑海洋. 雷达组网资源优化研究[D]. 南京:南京航空航天大学,2017.

[5] 程之刚. 警戒雷达组网的几个关键技术研究[D]. 长沙:国防科技大学,2007.

[6] 赵锋. 弹道导弹防御跟踪制导雷达探测技术研究[D]. 长沙:国防科技大学,2007.

[7] Chen X L, Chen B X, Guan J, et al. Space-range-doppler focus-based low-observable moving target detection using frequency diverse array MIMO radar[J]. IEEE Access, 2018, 6(1): 43892-43904.

[8] Mohammad H G, Zhang G F, Richard J D. Ground clutter detection for weather radar using phase fluctuation index[J]. IEEE Transactions on Geoscience and Remote Sensing, 2019, 57(5): 2889-2895.

[9] Su J, Xing M, Wang G, et al. High-speed multi-target detection with narrowband radar[J]. IET Radar, Sonar & Navigation, 2010, 4(4): 595-603.

第 3 章　雷达组网中的时空对准技术

2018 年 4 月 14 日 4 时左右，叙利亚首都大马士革响起巨大爆炸声，美英法联军对叙利亚发动空袭[1]。美国国防部公布的打击目标如图 3－1 所示。

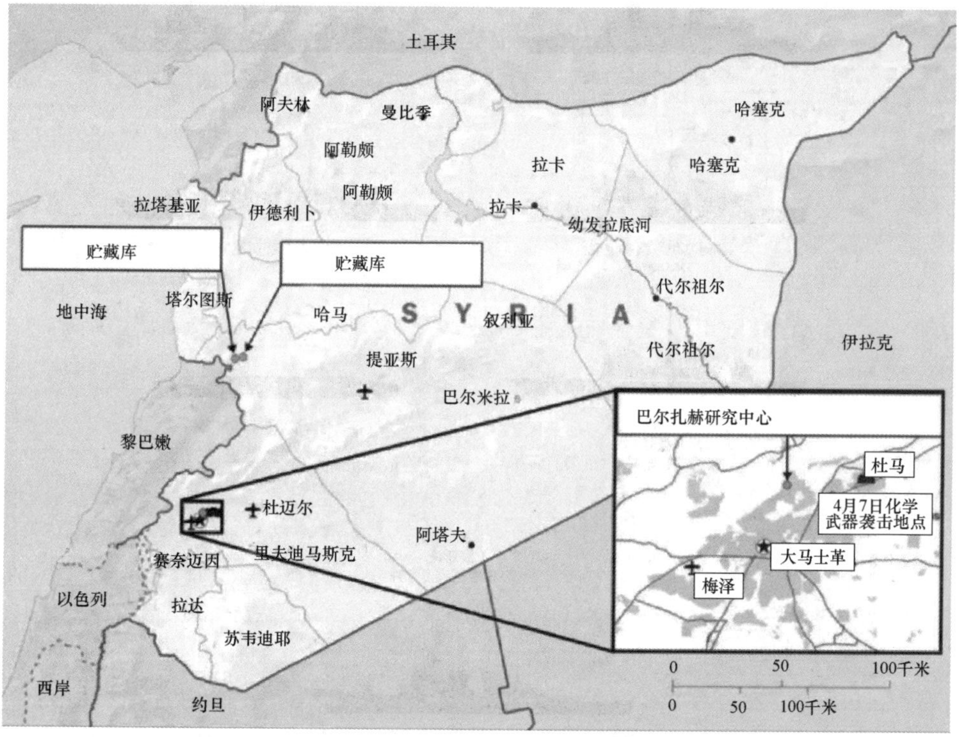

图 3－1　美英法联军对叙利亚的空袭

美英法联军对叙利亚空袭的海上兵力和空中兵力分别如图 3－2 和图 3－3 所示[2]。

海上：美国“蒙特利”号“提康德罗加”级巡洋舰，发射 30 枚“战斧”导弹；美国“拉布恩”号“阿利·伯克”级导弹驱逐舰，发射 7 枚“战斧”导弹；美国“希金斯”号“阿利·伯克”级导弹驱逐舰，发射 23 枚“战斧”导弹；美国 John Warner 号“弗吉尼亚”级潜艇，发射 6 枚“战斧”；法国 Languedoc 护卫舰发射 3 枚 MdCN 舰载远程对地巡航导弹。

空中：美国 B－1 战斗机，发射 19 枚联合空对地防区外导弹(JASSM)；英国“狂风”GR4 战斗机，发射 8 枚“风暴影子”导弹；法国“阵风”和“幻影”2000 战斗机，发射 9 枚 Scalp 导弹；美国 F－16 和 F－15 进行空中防御和对敌防空压制；美国 EA－6B 电子战飞机进行电子战攻击和防御。

图3-2　美英法联军对叙利亚空袭的海上兵力

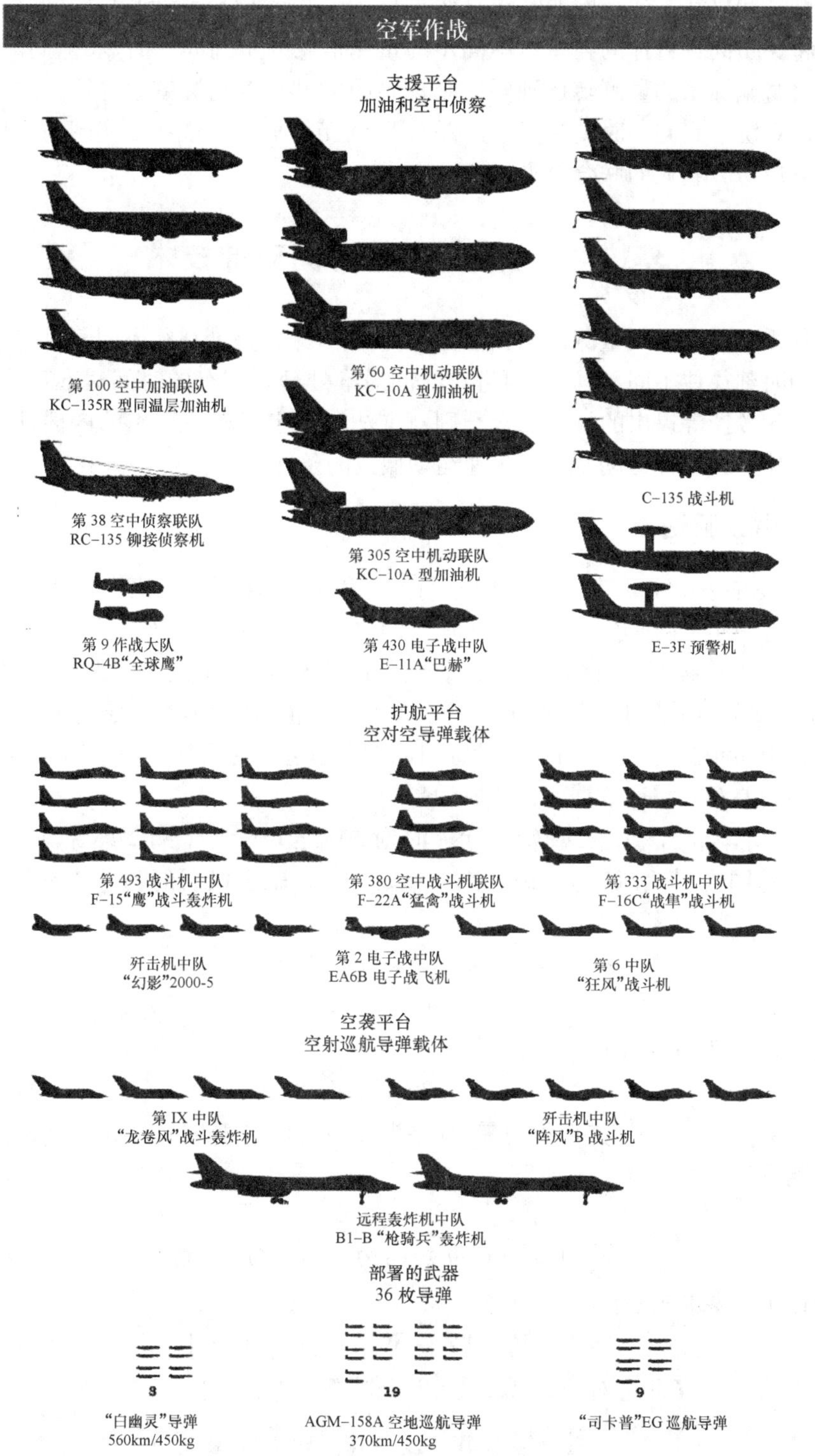

图 3-3　美英法联军对叙利亚空袭的空中兵力

案例分析：美英法联军对叙利亚的空袭是现代战争中海空一体化联合作战的典型案例。在海空一体化作战时，首先要解决的是美英法联军的情报融合问题，而情报融合的前提却又是舰载和机载雷达组网的时空对准问题。时空对准分为时间对准和空间对准。时间对准是将关于同一目标的各雷达不同步的量测信息同步到同一时刻,空间对准是将各雷达基于自身坐标系的量测转换到同一坐标系中。只有将舰机雷达进行组网,将不同雷达的情报信息统一到同一时刻和同一坐标系下,美英法联军才能有效实现情报融合,才能更高效地完成对叙利亚的联合打击。

3.1 雷达组网中的时间对准技术

因为各雷达对目标的量测是相互独立进行的,且采样周期往往不同,所以它们向融合中心报告的时刻往往不同,为此必须进行时间对准处理。现有的时间对准算法方法主要有 W. D. Blair 教授等提出的最小二乘准则对准法和王宝树教授提出的内插外推法,这两种方法都是建立在目标运动模型为匀速运动假设的条件下[3]。

3.1.1 最小二乘法

设有两部雷达 A 和 B,其采样周期分别为 τ 和 T,并且两者之比为整数,若雷达 A 对目标状态最近一次更新时刻为$(k-1)\tau$时刻,下一次更新时刻为$(k-1)\tau+nT$时刻,这就意味着在雷达 A 连续两次目标状态更新之间雷达 B 有 n 次测量值。因此,可采用最小二乘法,将雷达 B 这 n 次测量值融合成一个虚拟的测量值,作为 k 时刻雷达 B 的测量值,再与雷达 A 的测量值进行融合,就可以消除时间偏差引起的对目标状态量测值的不同步,从而消除时间偏差对多雷达数据融合造成的影响[4]。

用 $\boldsymbol{Z}_n=(z_1,z_2,\cdots,z_n)^{\mathrm{T}}$ 表示 $k-1$ 至 k 时刻的雷达 B 的 n 个测量集合,z_n 和 k 时刻雷达 A 的测量值同步,若用 $\boldsymbol{U}=(z,\dot{z})^{\mathrm{T}}$ 表示 $z_1,z_2,\cdots,z_n$ 融合以后的测量值及其导数,则雷达 B 的测量值 z_i 可以表示为

$$z_i=z+(i-n)T\dot{z}+v_i(i=1,2,\cdots,n) \tag{3-1}$$

式中:v_i 为测量噪声。

将式(3-1)改写向量形式

$$\boldsymbol{Z}_n=\boldsymbol{W}_n\boldsymbol{U}+\boldsymbol{V}_n \tag{3-2}$$

式中:$\boldsymbol{V}_n=(v_1,v_2,\cdots,v_n)^{\mathrm{T}}$,其均值为零、方差为 $E[\boldsymbol{V}_n,\boldsymbol{V}_n{}^{\mathrm{T}}]=\mathrm{diag}(\sigma_{\mathrm{r}}^2,\sigma_{\mathrm{r}}^2,\cdots,\sigma_{\mathrm{r}}^2)$,$\sigma_{\mathrm{r}}^2$ 为融合以前的测量噪声方差;$\boldsymbol{W}_n$ 表示为

$$\boldsymbol{W}_n=\begin{bmatrix}1 & 1 & \cdots & 1\\(1-n)T & (2-n)T & \cdots & (n-n)T\end{bmatrix}^{\mathrm{T}} \tag{3-3}$$

根据最小二乘准则,有

$$\boldsymbol{J}=\boldsymbol{V}_n{}^{\mathrm{T}}\boldsymbol{V}_n=[\boldsymbol{Z}_n-\boldsymbol{W}_n\hat{\boldsymbol{U}}]^{\mathrm{T}}[\boldsymbol{Z}_n-\boldsymbol{W}_n\hat{\boldsymbol{U}}]$$

要使 $\boldsymbol{J}$ 为最小,$\boldsymbol{J}$ 两边对 $\hat{\boldsymbol{U}}$ 求偏导数,并令其等于零,可得

$$\frac{\alpha\boldsymbol{J}}{\alpha\hat{\boldsymbol{U}}}=-2(\boldsymbol{W}_n{}^{\mathrm{T}}\boldsymbol{Z}_n-\boldsymbol{W}_n{}^{\mathrm{T}}\boldsymbol{W}_n\hat{\boldsymbol{U}})=0 \tag{3-4}$$

则有

$$\hat{\boldsymbol{U}}=(\hat{z},\hat{\dot{z}})^{\mathrm{T}}=(\boldsymbol{W}_n{}^{\mathrm{T}}\boldsymbol{W}_n)^{-1}\boldsymbol{W}_n{}^{\mathrm{T}}\boldsymbol{Z}_n \tag{3-5}$$

其方差估计值为

$$R_{\hat{U}}=(W_n{}^{\mathrm{T}}W_n)^{-1}\sigma_{\mathrm{r}}^2 \tag{3-6}$$

对雷达 B 的 n 个测量值进行融合，得 k 时刻的测量值以及噪声方差分别为

$$\hat{z}(k)=c_1\sum_{i=1}^{n}z_i+c_2\sum_{i=1}^{n}iz_i \tag{3-7}$$

$$\mathrm{var}[z(k)]=\frac{2(2n+1)\sigma_{\mathrm{r}}^2}{n(n+1)} \tag{3-8}$$

式中：$c_1=-2/n$；$c_2=6/[n(n+1)]$。

3.1.2　内插外推法

当雷达采样周期不为整数倍数关系时，采用在同一时间片内对各雷达采集的目标观测数据进行内插、外推。将高精度观测时间上的数据推算到低精度的时间点上。具体算法是：首先取定时间片，在同一时间片内雷达观测数据按测量精度进行增量排序；然后将各高精度观测数据分别向最低精度时间点内插、外推，从而形成一系列等间隔的目标观测数据，以进行融合处理。由于该算法具有应用限制少、计算简便等优点，在实际中应用较广。内插外推算法也存在着一些不足，例如：配准后得到的同步数据的频率不会高于传感器集合中的最低采样频率；当雷达间的采样频率相差较大时，高采样频率雷达的测量数据无法得到充分利用等[5-6]。

内插外推法就是将高精度雷达测量时间上的数据推算到低精度观测时间上，以达到两个雷达时间上的同步[7]。

设有两部雷达 H 和 L，高精度雷达 H 的采样周期为 2s，低精度雷达 L 的采样周期为 3s，采用内插外推法步骤如下：

（1）将各类传感器的观测数据按照其测量精度进行增量排序。

（2）将高精度观测时间上的数据向低精度时间点内插、外推，得到第一次内插外推的效果图，如图 3-4 所示。

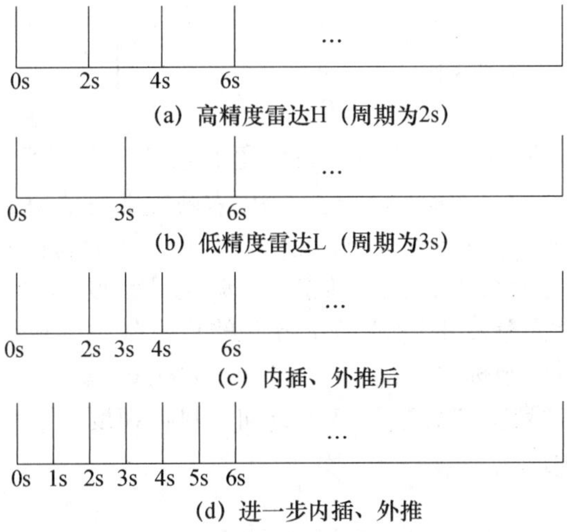

图 3-4　内插、外推

（3）取内插、外推后最小的时间间隔为基本时间单元，按照该时间单元，内插、外推其

他时间点上的数据,得到一系列等间隔的目标观测数据。

由高精度雷达 H 向低精度雷达 L 推算的公式为

$$
\begin{bmatrix} x_{\mathrm{H1L1}} & x_{\mathrm{H2L1}} & \cdots & x_{\mathrm{H}n\mathrm{L1}} \\ x_{\mathrm{H1L2}} & x_{\mathrm{H2L2}} & \cdots & x_{\mathrm{H}n\mathrm{L2}} \\ \vdots & \vdots & & \vdots \\ x_{\mathrm{H1L}m} & x_{\mathrm{H2L}m} & \cdots & x_{\mathrm{H}n\mathrm{L}m} \end{bmatrix} = \begin{bmatrix} T_{\mathrm{L1}}-T_{\mathrm{H1}} & T_{\mathrm{L1}}-T_{\mathrm{H2}} & \cdots & T_{\mathrm{L1}}-T_{\mathrm{H}n} \\ T_{\mathrm{L2}}-T_{\mathrm{H1}} & T_{\mathrm{L2}}-T_{\mathrm{H2}} & \cdots & T_{\mathrm{L2}}-T_{\mathrm{H}n} \\ \vdots & \vdots & & \vdots \\ T_{\mathrm{L}m}-T_{\mathrm{H1}} & T_{\mathrm{L}m}-T_{\mathrm{H2}} & \cdots & T_{\mathrm{L}m}-T_{\mathrm{H}n} \end{bmatrix}
\times \begin{bmatrix} V_{x\mathrm{H1}} & 0 & \cdots & 0 \\ 0 & V_{x\mathrm{H2}} & \cdots & 0 \\ \vdots & \vdots & & \vdots \\ 0 & 0 & \cdots & V_{x\mathrm{H}n} \end{bmatrix} + \begin{bmatrix} x_{\mathrm{H1}} & x_{\mathrm{H2}} & \cdots & x_{\mathrm{H}n} \\ x_{\mathrm{H1}} & x_{\mathrm{H2}} & \cdots & x_{\mathrm{H}n} \\ \vdots & \vdots & & \vdots \\ x_{\mathrm{H1}} & x_{\mathrm{H2}} & \cdots & x_{\mathrm{H}n} \end{bmatrix} \tag{3-9}
$$

$$
\begin{bmatrix} y_{\mathrm{H1L1}} & y_{\mathrm{H2L1}} & \cdots & y_{\mathrm{H}n\mathrm{L1}} \\ y_{\mathrm{H1L2}} & y_{\mathrm{H2L2}} & \cdots & y_{\mathrm{H}n\mathrm{L2}} \\ \vdots & \vdots & & \vdots \\ y_{\mathrm{H1L}m} & y_{\mathrm{H2L}m} & \cdots & y_{\mathrm{H}n\mathrm{L}m} \end{bmatrix} = \begin{bmatrix} T_{\mathrm{L1}}-T_{\mathrm{H1}} & T_{\mathrm{L1}}-T_{\mathrm{H2}} & \cdots & T_{\mathrm{L1}}-T_{\mathrm{H}n} \\ T_{\mathrm{L2}}-T_{\mathrm{H1}} & T_{\mathrm{L2}}-T_{\mathrm{H2}} & \cdots & T_{\mathrm{L2}}-T_{\mathrm{H}n} \\ \vdots & \vdots & & \vdots \\ T_{\mathrm{L}m}-T_{\mathrm{H1}} & T_{\mathrm{L}m}-T_{\mathrm{H2}} & \cdots & T_{\mathrm{L}m}-T_{\mathrm{H}n} \end{bmatrix}
\times \begin{bmatrix} V_{y\mathrm{H1}} & 0 & \cdots & 0 \\ 0 & V_{y\mathrm{H2}} & \cdots & 0 \\ \vdots & \vdots & & \vdots \\ 0 & 0 & \cdots & V_{y\mathrm{H}n} \end{bmatrix} + \begin{bmatrix} y_{\mathrm{H1}} & y_{\mathrm{H2}} & \cdots & y_{\mathrm{H}n} \\ y_{\mathrm{H1}} & y_{\mathrm{H2}} & \cdots & y_{\mathrm{H}n} \\ \vdots & \vdots & & \vdots \\ y_{\mathrm{H1}} & y_{\mathrm{H2}} & \cdots & y_{\mathrm{H}n} \end{bmatrix} \tag{3-10}
$$

$$
\begin{bmatrix} z_{\mathrm{H1L1}} & z_{\mathrm{H2L1}} & \cdots & z_{\mathrm{H}n\mathrm{L1}} \\ z_{\mathrm{H1L2}} & z_{\mathrm{H2L2}} & \cdots & z_{\mathrm{H}n\mathrm{L2}} \\ \vdots & \vdots & & \vdots \\ z_{\mathrm{H1L}m} & z_{\mathrm{H2L}m} & \cdots & z_{\mathrm{H}n\mathrm{L}m} \end{bmatrix} = \begin{bmatrix} T_{\mathrm{L1}}-T_{\mathrm{H1}} & T_{\mathrm{L1}}-T_{\mathrm{H2}} & \cdots & T_{\mathrm{L1}}-T_{\mathrm{H}n} \\ T_{\mathrm{L2}}-T_{\mathrm{H1}} & T_{\mathrm{L2}}-T_{\mathrm{H2}} & \cdots & T_{\mathrm{L2}}-T_{\mathrm{H}n} \\ \vdots & \vdots & & \vdots \\ T_{\mathrm{L}m}-T_{\mathrm{H1}} & T_{\mathrm{L}m}-T_{\mathrm{H2}} & \cdots & T_{\mathrm{L}m}-T_{\mathrm{H}n} \end{bmatrix}
\times \begin{bmatrix} V_{z\mathrm{H1}} & 0 & \cdots & 0 \\ 0 & V_{z\mathrm{H2}} & \cdots & 0 \\ \vdots & \vdots & & \vdots \\ 0 & 0 & \cdots & V_{z\mathrm{H}n} \end{bmatrix} + \begin{bmatrix} z_{\mathrm{H1}} & z_{\mathrm{H2}} & \cdots & z_{\mathrm{H}n} \\ z_{\mathrm{H1}} & z_{\mathrm{H2}} & \cdots & z_{\mathrm{H}n} \\ \vdots & \vdots & & \vdots \\ z_{\mathrm{H1}} & z_{\mathrm{H2}} & \cdots & z_{\mathrm{H}n} \end{bmatrix} \tag{3-11}
$$

式中:$x_{\mathrm{H}i\mathrm{L}j}(i=1,2,\cdots,n;j=1,2,\cdots,m)$为高精度雷达 H 向低精度雷达 L 对准后的 x 方向的目标坐标值;$y_{\mathrm{H}i\mathrm{L}j}(i=1,2,\cdots,n;j=1,2,\cdots,m)$为高精度雷达 H 向低精度雷达 L 对准后的 y 方向的目标坐标值;$z_{\mathrm{H}i\mathrm{L}j}(i=1,2,\cdots,n;j=1,2,\cdots,m)$为高精度雷达 H 向低精度雷达 L 对准后的 z 方向的目标坐标值;$x_{\mathrm{H}i}(i=1,2,\cdots,n)$为高精度雷达 H 在 x 方向的目标坐标值;$y_{\mathrm{H}i}(i=1,2,\cdots,n)$为高精度雷达 H 在 y 方向的目标坐标值;$z_{\mathrm{H}i}(i=1,2,\cdots,n)$为高精度雷达 H 在 z 方向的目标坐标值;$V_{x\mathrm{H}i}(i=1,2,\cdots,n)$为高精度雷达 H 在 x 方向的目标速度;$V_{y\mathrm{H}i}(i=1,2,\cdots,n)$为高精度雷达 H 在 y 方向的目标速度;$V_{z\mathrm{H}i}(i=1,2,\cdots,n)$为高精度雷达 H 在 z 方向的目标速度。

3.2 雷达组网中的空间对准技术

空间对准就是通过坐标转换将数据在以基站雷达为坐标原点的坐标系下平移到以融

合中心平台为坐标原点的坐标系下。

3.2.1 坐标系

对于雷达来说，目标的测量通常在空间极坐标系中完成，而后续的目标量测数据处理在笛卡儿坐标系中完成。当雷达安装在不同的载体上时，根据定义不同，不同雷达系统采用的坐标系又称为北东下（North East Down，NED）坐标系、东北上（East North Up，ENU）坐标系、地心地固（Earth – Centered，Earth – Fixed，ECEF）坐标系、地理坐标系等[8]。

1. 空间极坐标系

一般情况下，雷达等传感器的测量值是在空间极坐标系中获得的[9]。设 P 为已知的空间一点，由点 P 向 XOY 面作垂线，垂足为 L，用 r 表示径向距离，方位角 $\angle XOB$ 和俯仰角 $\angle POB$ 分别用 θ、φ 表示。由 r、θ 和 φ 可以确定点 P 的位置。数组 (r,θ,φ) 称为点 P 的空间极坐标，如图 3－5 所示。

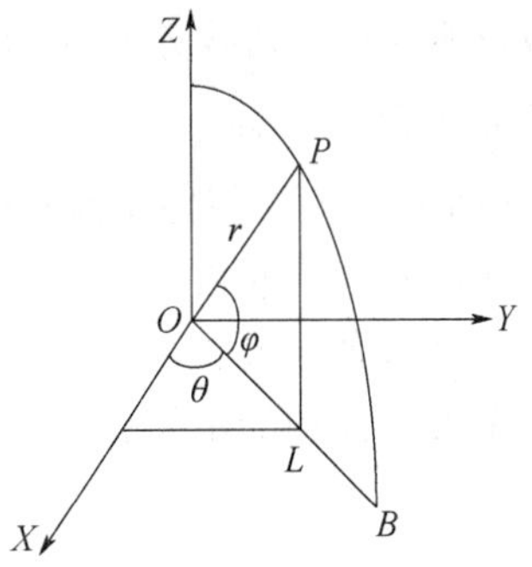

图 3－5　空间极坐标系

2. 空间笛卡儿坐标系

在空间内选定三条交于一点而又两两垂直的轴，一条是前后轴，称为横轴，即 OX 轴，简称 X 轴，它的正向是由后到前；一条是左右轴，称为纵轴，即 OY 轴，简称 Y 轴，它的正向是由左到右；一条是上下轴，称为立轴，简称 Z 轴，它的正向是由下到上。X 轴、Y 轴、Z 轴总称为坐标轴，坐标轴的交点称为原点，通常用 O 来表示。平面 YOZ、ZOX 与 XOY 总称为坐标面，简称 YZ 面、ZX 面和 XY 面。

如图 3－6 所示，设 P 为已知的空间一点，通过点 P 作与 YZ 面、ZX 面和 XY 面平行的平面，分别与 X 轴、Y 轴、Z 轴交于点 A、B、C。点 A、B、C 在各坐标轴上的坐标分别是 a、b、c 时，数组 (a,b,c) 称为点 P 的笛卡儿坐标。a、b、c 分别称为作点 P 的 X 坐标、Y 坐标和 Z 坐标。

3. NED 坐标系

NED 坐标系是一种局部坐标系，其原点设在载体质心上。N 轴为地理指北针方向，E 轴为地球自转切线方向，D 轴为载体质心指向地心的方向，如图 3－7 所示。

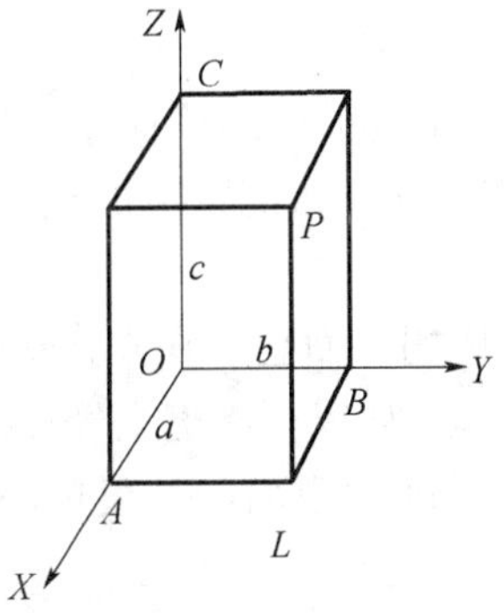

图 3－6　空间笛卡儿坐标系

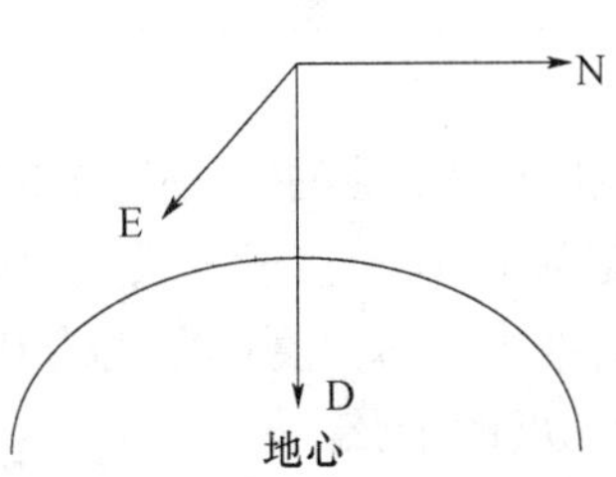

图 3－7　NED 坐标系

NED 坐标系是一种局部稳定坐标系,它不是一种严格的惯性坐标系。因为当运动平台经过地球表面时,坐标系中的 D 轴将缓慢地改变它在空间的指向。然而,除了在北极附近外,这种转动的影响可以忽略不计。因此,对运动平台来说,NED 坐标系是一个近似惯性坐标系。这种坐标系不仅特别适用于空载系统,而且适用于地面或舰载跟踪系统。

4. ENU 坐标系

ENU 坐标系是一种局部坐标系,其原点设在载体质心上。N 轴为地理指北针方向,E 轴为地球自转切线方向,U 轴为载体质心背向地心的方向,如图 3 – 8 所示。

5. ECEF 坐标系

ECEF 标系是一种惯性坐标系,坐标系的原点选在地球球心。Z 轴为地球的自旋轴,从地球球心指向北极,Y 轴被定义为在赤道平面上,从地球球心指向子午线的轴线,X 轴是 Y 轴和 Z 轴的正交结果,如图 3 – 9 所示。需要说明的是,在不同的实际应用中,ECEF 坐标系各坐标轴的定义会出现不一致的情况。

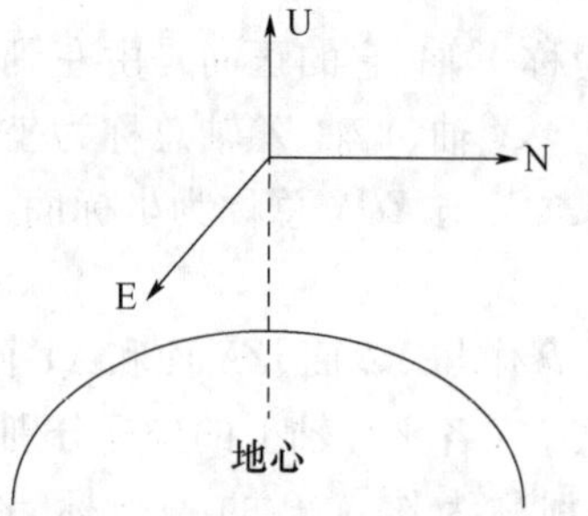

图 3 – 8 ENU 坐标系

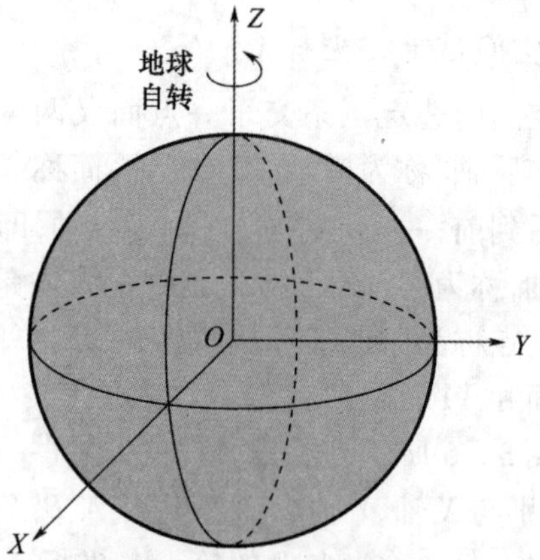

图 3 – 9 ECEF 坐标系

6. 地理坐标系

地理坐标系的坐标就是地理上所指的经度、纬度和高度,坐标原点就是子午线、赤道和地面的交界,如图 3 – 10 所示。通过该坐标系,可以准确判断目标的具体地理位置。

纬度是指过椭球面上某点作法线,该点法线与赤道平面的线面角,其数值在 0° ~ 90° 之间。位于赤道以北的点的纬度称为北纬,记为 N;位于赤道以南的点的纬度称为南纬,记为 S。

经度是指通过某地的经线面与本初子午面所成的二面角。在本初子午线以东的经度称为东经,记为 E;在本初子午线以西的称为西经,记为 W。赤道上经度的每个度大约相当于 111km,经度的每个度的距离为 0 ~ 111km。经度的距离随纬度的不同而变化,等于 111km 乘以纬度的余弦。

高度是指某地点与海平面的高度差,是现时量度一个地方的高度标准。

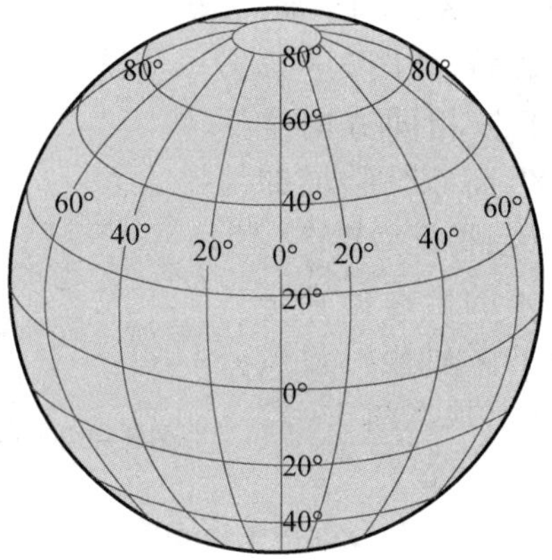

图 3-10　地理坐标系

3.2.2　坐标转换

在雷达跟踪系统中，坐标变换的问题是已知两个坐标系，根据二者之间的位置关系，可以给出同一点的两组坐标间的位置关系，并且根据这个关系式，可以把同一目标的空间位置用不同的空间坐标系表示，从而可以方便整个雷达跟踪系统的目标测量和数据处理[10]。

坐标变换主要有平移变换和旋转变换两种方式。平移变换改变原点的位置而不改变轴的方向，旋转变换改变轴的方向而不改变原点的位置，任何系统的坐标变换都可通过这两种变换或其中一种变换方式完成。

1. 平移变换

如图 3-11 所示，将坐标轴自第一位置 OX、OY 与 OZ 平行移到第二位置 $O'X'$、$O'Y'$ 与 $O'Z'$，即 $O'X'$、$O'Y'$ 与 $O'Z'$ 分别平行于 OX、OY 与 OZ，这种方法称为坐标系平移。

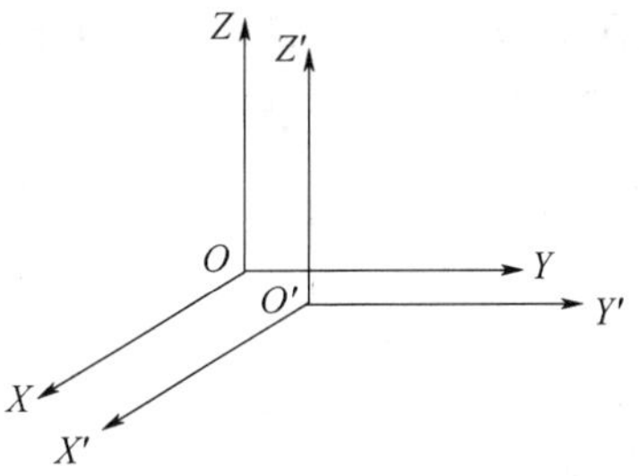

图 3-11　坐标系平移变换

假设新原点 O' 关于旧坐标系的坐标是 (a,b,c)，又 P 点关于旧坐标系和新坐标系的坐标分别是 (x,y,z) 和 (x',y',z')，于是根据图 3-11 的空间几何关系可得

$$\begin{cases} x = x' + a \\ y = y' + b \\ z = z' + c \end{cases} \tag{3-12}$$

或

$$\begin{cases} x' = x - a \\ y' = y - b \\ z' = z - c \end{cases} \tag{3-13}$$

式(3-12)和式(3-13)称为坐标轴平移下的坐标变换公式，简称平移公式。

2. 旋转变换

空间坐标系的旋转就是原点不动而坐标轴的方向变动，但单位线段不动。为了说明旋转变换的公式推导过程,假设一个坐标轴不动,另外两个坐标轴围绕这个轴旋转,如图 3-12 所示。在图 3-12 中,OX、OY 依相同方向绕 OZ 轴旋转 θ 角,得到 OX'、OY',而 OZ 不动,即坐标系 $OXYZ$ 经过逆时针旋转后得到 $OX'Y'Z$。如果一点 P 在旧、新坐标系下的坐标分别是 (x,y,z) 和 (x',y',z'),则这点的 Z 轴坐标显然不变,而 Y 轴、X 轴坐标改变了。根据图 3-12 中的各点的几何关系可得

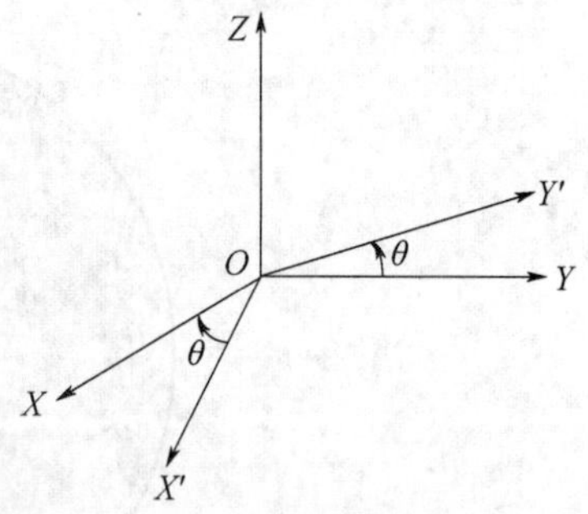

图 3-12 单坐标轴旋转空间几何关系

$$\begin{cases} x' = x\cos\theta + y\sin\theta \\ y' = -x\sin\theta + y\cos\theta \\ z' = z \end{cases} \tag{3-14}$$

同样,当坐标绕 X 轴或 Y 轴逆时针旋转时,可得

$$\begin{cases} x' = x \\ y' = y\cos\theta + z\sin\theta \\ z' = -y\sin\theta + z\cos\theta \end{cases} \tag{3-15}$$

$$\begin{cases} x' = x\cos\theta - z\sin\theta \\ y' = y \\ z' = x\sin\theta + z\cos\theta \end{cases} \tag{3-16}$$

假设空间某坐标系定义为 $OXYZ$,则该坐标系中任一点 P 的坐标 $\boldsymbol{X}$ 可用向量公式表示,$\boldsymbol{X} = [xyz]^{\mathrm{T}}$,其中 x、y 和 z 分别表示为点 P 在各坐标轴的对应位置。式(3-14)~式(3-16)可表示为

$$\boldsymbol{X}' = \boldsymbol{L}_1\boldsymbol{X} \tag{3-17}$$

$$\boldsymbol{X}' = \boldsymbol{L}_2\boldsymbol{X} \tag{3-18}$$

$$\boldsymbol{X}' = \boldsymbol{L}_3\boldsymbol{X} \tag{3-19}$$

式中

$$\boldsymbol{L}_1(\theta_1) = \begin{bmatrix} \cos\theta_1 & \sin\theta_1 & 0 \\ -\sin\theta_1 & \cos\theta_1 & 0 \\ 0 & 0 & 1 \end{bmatrix} \tag{3-20}$$

$$\boldsymbol{L}_2(\theta_2) = \begin{bmatrix} 1 & 0 & 0 \\ 0 & \cos\theta_2 & \sin\theta_2 \\ 0 & -\sin\theta_2 & \cos\theta_2 \end{bmatrix} \tag{3-21}$$

$$\boldsymbol{L}_3(\theta_3) = \begin{bmatrix} \cos\theta_3 & 0 & -\sin\theta_3 \\ 0 & 1 & 0 \\ \sin\theta_3 & 0 & \cos\theta_3 \end{bmatrix} \tag{3-22}$$

称为绕 Z 轴、X 轴、Y 轴的基本旋转矩阵。任何两坐标系的旋转变换关系可由基本旋转矩阵的合成得到。

如果坐标系 $OX'Y'Z'$ 是由坐标系 $OXYZ$ 分别绕 X 轴、Y 轴、Z 轴逆时针旋转角度 θ_1、

θ_2、θ_3 后得到，点 P 在新坐标系的坐标向量表示为 $\boldsymbol{X}'=[x'y'z']^{\mathrm{T}}$，则 $\boldsymbol{X}$ 和 $\boldsymbol{X}'$ 的坐标旋转变换关系为

$$\boldsymbol{X}'=\boldsymbol{L}\boldsymbol{X} \tag{3-23}$$

式中

$$\boldsymbol{L}=\boldsymbol{L}_1(\theta_1)\boldsymbol{L}_2(\theta_2)\boldsymbol{L}_3(\theta_3) \tag{3-24}$$

3.2.3　空间极坐标到 ECEF 坐标的转换

1. 空间极坐标到空间笛卡儿坐标的转换

点 P 在空间极坐标系中目标的位置记为 (r,θ,φ)，在空间笛卡儿坐标系中的坐标位置记为 (x,y,z)，则空间极坐标与空间笛卡儿坐标之间的变换关系为

$$\boldsymbol{X}=\begin{bmatrix} x \\ y \\ z \end{bmatrix}=\begin{bmatrix} r\cos\theta\cos\varphi \\ r\sin\theta\cos\varphi \\ r\sin\varphi \end{bmatrix} \tag{3-25}$$

或

$$\begin{bmatrix} r \\ \theta \\ \varphi \end{bmatrix}=\begin{bmatrix} \sqrt{x^2+y^2+z^2} \\ \arctan(y/x) \\ \arcsin(z/r) \end{bmatrix} \tag{3-26}$$

2. 空间笛卡儿坐标到 ENU 坐标的转换

假设载体的角度为 θ_1，纵摇的角度为 θ_2，偏航角度为 θ_3，则可以确定 3 个基本旋转矩阵为

$$\boldsymbol{L}_1(\theta_1)=\begin{bmatrix} 1 & 0 & 0 \\ 0 & \cos\theta_1 & \sin\theta_1 \\ 0 & -\sin\theta_1 & \cos\theta_1 \end{bmatrix} \tag{3-27}$$

$$\boldsymbol{L}_2(\theta_2)=\begin{bmatrix} \cos\theta_2 & 0 & -\sin\theta_2 \\ 0 & 1 & 0 \\ \sin\theta_2 & 0 & \cos\theta_2 \end{bmatrix} \tag{3-28}$$

$$\boldsymbol{L}_3(\theta_3)=\begin{bmatrix} \cos\theta_3 & \sin\theta_3 & 0 \\ -\sin\theta_3 & \cos\theta_3 & 0 \\ 0 & 0 & 1 \end{bmatrix} \tag{3-29}$$

可得 ENU 坐标系下的目标量测

$$\boldsymbol{X}_{\mathrm{ENU}}=\boldsymbol{L}_1(\theta_1)\boldsymbol{L}_2(\theta_2)\boldsymbol{L}_3(\theta_3)\boldsymbol{X} \tag{3-30}$$

3. ENU 坐标到 ECEF 坐标的转换

在获得目标 ENU 量测的基础上，ECEF 坐标系下的目标量测可对应表示为

$$\boldsymbol{Z}_{\mathrm{ECEF}}=\boldsymbol{M}\boldsymbol{Z}_{\mathrm{ENU}}+\boldsymbol{Z}_{\mathrm{O}} \tag{3-31}$$

式中

$$\boldsymbol{M}=\begin{bmatrix} -\sin L & -\sin B\cos L & \cos B\cos L \\ \cos L & -\sin B\sin L & \cos B\sin L \\ 0 & \cos B & \sin B \end{bmatrix} \tag{3-32}$$

$$\boldsymbol{Z}_0=\begin{bmatrix}x_0\\y_0\\z_0\end{bmatrix}=\begin{bmatrix}(\eta+H)\cos B\cos L\\(\eta+H)\cos B\sin L\\[\eta(1-e_1^2)+H]\sin B\end{bmatrix} \tag{3-33}$$

$$\eta=\frac{a}{\sqrt{1-e_1^2\sin^2 B}} \tag{3-34}$$

其中:$\boldsymbol{M}$ 为 ENU 坐标到 ECEF 坐标的旋转矩阵,L、B、H 为观测雷达的地理位置信息;$\boldsymbol{Z}_0$、$\boldsymbol{Z}_{\mathrm{ECEF}}$分别为 ECEF 坐标系下观测雷达和目标的位置量测,a 为地球长半轴,e_1^2 为第一偏心率。

参考文献

[1] 美英法对叙利亚首轮空袭大盘点[EB/OL]. 国际电子战,2018-04-15.

[2] 美英法空袭叙利亚兵力图[EB/OL]. 国际电子战,2018-04-30.

[3] 杨稳竞. 雷达组网时空对准研究[D]. 长沙:国防科技大学,2011.

[4] 贺席兵. 信息融合中多平台多传感器的时空对准研究[D]. 西安:西北工业大学,2001.

[5] 牟聪. 多传感器数据融合系统中数据预处理的研究[D]. 西安:西北工业大学,2006.

[6] Ankaral Z E, Alphan S, Arslan H Y. Joint time-frequency alignment for PAPR and OOBE suppression of of DM-based waveforms[J]. IEEE Communications Letters, 2017, 21(12): 2586-2589.

[7] Minyoung K. Probabilistic sequence translation-alignment model for time-series classification[J]. IEEE Transactions on Knowledge and Data Engineering, 2014, 26(2): 426-437.

[8] Rajko S, Aluru S. Space and time optimal parallel sequence alignments[J]. IEEE Transactions on Parallel and Distributed Systems, 2004, 15(12): 1070-1081.

[9] Zhang T H, Tao D C, Li X L, et al. Patch alignment for dimensionality reduction[J]. IEEE Transactions on Knowledge and Data Engineering, 2009, 21(9): 1299-1313.

[10] Raghu J, Srihari P, Tharmarasa R. Comprehensive track segment association for improved track continuity[J]. IEEE Transactions on Aerospace and Electronic Systems, 2016, 55(5): 2463-2480.

第4章 雷达组网中的信息融合技术

2018年11月12日，以色列国防军称，当天遭到了来自“哈马斯”武装组织发射的300枚火箭弹“饱和”袭击，规模之大为近年来少有，以军部署在当地的“铁穹”防御系统进行了全力迎击，成功拦截了其中的60枚[1]。

“铁穹”C-RAM防御系统，km^2 由以色列“拉斐尔”先进防务系统公司研发，于2011年服役。每套“铁穹”系统可以覆盖 $150km^2$ 区域，并同时拦截多个来袭目标。每套“铁穹”配备1部EL/M-2084有源相控阵雷达、6个拦截弹发射器(共120枚拦截弹)，每个发射器装有20枚“塔米尔”拦截弹，可拦截近至4km、远至70km内的各类飞行目标。

“铁穹”的作战流程：敌方火箭发射；探测跟踪雷达在5s内探测到目标，将数据传递至作战指挥系统，进行起始、跟踪、关联、融合等信息融合处理；指挥系统下令发射拦截弹；2枚拦截弹升空摧毁目标，全过程反应时间仅为15s。其具体如图4-1所示。其中，EL/M-2084有源相控阵雷达网对敌方火箭弹的起始、跟踪、关联和融合是“铁穹”C-RAM防御系统的核心环节，该环节的成功与否直接影响对敌方火箭弹的拦截效果。

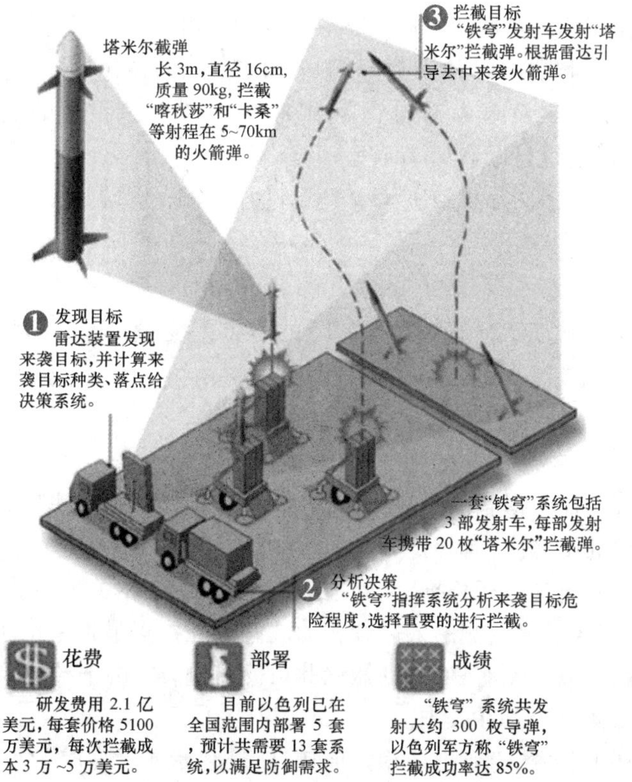

图4-1 “铁穹”防御系统以及拦截多目标示意图

案例分析:"铁穹"C - RAM 防御系统对"哈马斯"火箭弹的成功拦截,离不开EL/M - 2084有源相控阵雷达网对敌火箭弹的探测、跟踪、关联和融合等信息融合技术。EL/M - 2084 有源相控阵雷达网在对目标及时预警和精准锁定的条件下,可有效组织"塔米尔"拦截弹对敌火箭弹的拦截,成功实现了对敌方火箭弹的压制。可见,信息融合技术是雷达组网系统进行早期预警和快速决策的重要依据。

4.1 雷达组网中的航迹起始技术

航迹起始是指探测系统在还没有进入可靠的跟踪维持之前所进行的一系列航迹确立过程,它是雷达组网信息融合的第一步,也是非常关键的环节。现有的航迹起始方法可分为顺序处理技术和批处理技术两大类。顺序处理技术适用于在相对弱杂波背景中起始目标的航迹,其典型代表为逻辑法;批数据处理技术对于起始强杂波环境下目标的航迹具有很好的效果,其典型代表为 Hough 变换法[2]。

4.1.1 逻辑法

1. *m/n* 逻辑法

逻辑法是典型的顺序处理航迹起始方法,适用于航迹处理的整个过程。逻辑法是对雷达 N 次扫描时间窗的处理,当时间窗里的检测数达到指定阈值时就生成一条成功的航迹,否则就把时间窗向增加时间的方向移动一次扫描时间。

假设 $\boldsymbol{Z}_i(k)$ 为 k 时刻雷达的第 i 个量测,$i=1,2,\cdots,m$,$\boldsymbol{Z}_j(k+1)$ 分别为 $k+1$ 时刻的第 j 个量测,$j=1,2,\cdots,n$,m 和 n 分比为 k 时刻和 $k+1$ 时刻雷达的量测个数,则观测值 $\boldsymbol{Z}_i(k)$ 与 $\boldsymbol{Z}_j(k+1)$ 间的统计距离可表示为

$$D_{ij}(k)=\boldsymbol{d}_{ij}^{\mathrm{T}}\left[\boldsymbol{R}_i(k)+\boldsymbol{R}_j(k+1)\right]^{-1}\boldsymbol{d}_{ij} \tag{4-1}$$

式中

$$\boldsymbol{d}_{ij}=\boldsymbol{Z}_j(k+1)-\boldsymbol{Z}_i(k) \tag{4-2}$$

$\boldsymbol{R}_i(k)$ 和 $\boldsymbol{R}_j(k+1)$ 分别为 $\boldsymbol{Z}_i(k)$ 和 $\boldsymbol{Z}_j(k+1)$ 的协方差变量;$D_{ij}(k)$ 为服从自由度为 p 的 χ^2 概率分布的随机变量。由给定的阈值概率查自由度 p 的 χ^2 分布表可得阈值 γ,若 $D_{ij}(k)\leqslant\gamma$,则可判定 $\boldsymbol{Z}_i(k)$ 和 $\boldsymbol{Z}_j(k+1)$ 两个量测互联。

逻辑法的搜索程序按以下方式进行:

(1) 用第一次扫描中得到的量测为航迹头建立阈值,用速度法建立初始相关波门,对落入初始相关波门的第二次扫描量测均建立可能航迹。

(2) 对每个可能航迹进行外推,以外推点为中心,后续相关波门的大小由航迹外推误差协方差确定;第三次扫描量测落入后续相关波门离外推点最近者给予互联。

(3) 若后续相关波门没有量测,则撤销此可能航迹,或用加速度限制的扩大相关波门考察第三次扫描量测是否落在其中。

(4) 继续上述的步骤,直到形成稳定航迹,航迹起始才算完成。

(5) 在历次扫描中,未落入相关波门参与数据互联判别的量测(称为自由量测)均作为新的航迹头,转步骤(1)。

逻辑法一般采用滑窗法的 m/n 逻辑原理，其效果取决于真假目标性能、密集的程度及分布、搜索雷达分辨率和量测误差等，如图 4－2 所示。

序列$(z_1,z_2,\cdots,z_n)$表示含 n 次雷达扫描的时间窗的输入，如果在第 i 次扫描时相关波门内含有点迹，则元素 $z_i=1$；反之，元素区 $z_i=0$。当时间窗内的检测数达到某一特定值 m 时，航迹起始便告成功；否则，滑窗右移一次扫描，即增大窗口时间。航迹起始的检测数 m 和滑窗中的相继事件数 n 构成了航迹起始逻辑。

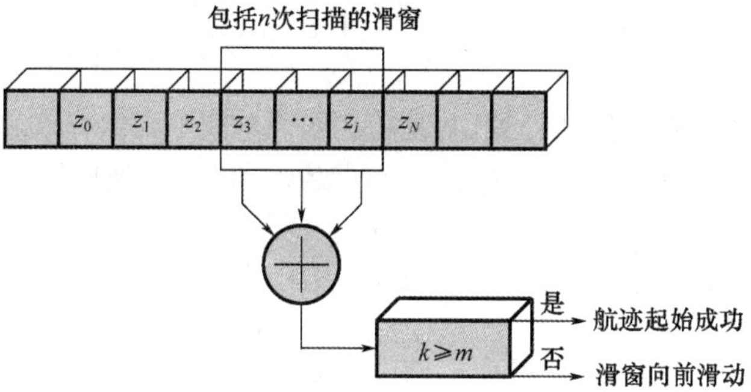

图 4－2　滑窗法的 m/n 逻辑原理

在军用飞机编队飞行的背景模拟中用 3/4 逻辑最为合适，取 $n=5$ 时改进的效果不明显。为了性能与计算复杂程度的折中，在多次扫描内，取 $1/2<m/n<1$ 是适宜的。因为 $m/n>1/2$ 表示互联量测数过半，若不然，再作为可能航迹不可信赖；若取 $m/n=1$，即表示每次扫描均有量测互联，这样也过分相信环境安静。因此，在工程上通常只取两种情况：$m/n=2/3$，作为快速启动；$m/n=3/4$，作为正常航迹起始。

2. 修正逻辑法

为了能在虚警概率较高的情况下快速起始航迹，可使用修正的逻辑航迹起始算法。这种方法计算量与逻辑法处于同一数量级，并能有效地起始目标的航迹，在工程应用中具有很大的实用价值。

这种算法的主要思想是：在航迹起始阶段，对落入相关波门中的量测加一个限制条件，剔除在一定程度上与航迹成 V 字形的测量点迹。该算法的搜索程序按以下方式进行：

(1) 设第一次扫描得到的量测集 $\boldsymbol{Z}(1)=\{\boldsymbol{Z}_1(1),\boldsymbol{Z}_2(1),\cdots,\boldsymbol{Z}_m(1)\}$，第二次扫描得到的量测集为 $\boldsymbol{Z}(2)=\{\boldsymbol{Z}_1(2),\boldsymbol{Z}_2(2),\cdots,\boldsymbol{Z}_n(2)\}$；然后按式(4－1)求得 $D_{ij}(1)$，如果 $D_{ij}(1)\leqslant\gamma$，则建立可能航迹 O_{s1}。

(2) 对每个可能航迹 O_{s1} 直线外推，并以外推点为中心，建立后续相关波门 $\Omega_j(2)$，后续相关波门 $\Omega_j(2)$ 的大小由航迹外推误差协方差确定。对于落入相关波门 $\Omega_j(2)$ 中的量测 $\boldsymbol{Z}_j(3)$ 是否与该航迹互联，还应满足：假设 $\boldsymbol{Z}_j(3)$ 与航迹 O_{s1} 的第二个点的连线与该航迹的夹角为 α，若 $\alpha\leqslant\sigma$，则认为 $\boldsymbol{Z}_j(3)$ 与该航迹互联。

(3) 若在后续相关波门 $\Omega_j(2)$ 中没有量测，则将上述可能航迹 O_{s1} 继续直线外推，以外推点为中心，建立后续相关波门 $\Omega_h(3)$，后续相关波门 $\Omega_h(3)$ 的大小由航迹外推误差协方差确定。对于第四次扫描中落入后续相关波门 $\Omega_h(3)$ 内的量测 $\boldsymbol{Z}_h(4)$，如果 $\boldsymbol{Z}_h(4)$ 与航迹 O_{s1} 的第一个点的连线与该航迹的夹角 $\beta<\sigma$，就认为该量测与航迹互联。

(4) 若在第四次扫描中，没有量测落入后续相关波门 $\Omega_h(3)$ 中，则终止该可能航迹。

（5）在各个周期中不与任何航迹互联的量测用来开始一条新的可能航迹，转步骤（1）。

当 σ 选为 360°时，修正的逻辑法就简化为逻辑法。一般来说，当目标做直线运动时，σ 可选择较小，有效降低计算量，并能有效起始目标的航迹。当目标机动运动时，σ 应适当放大，使得在航迹起始时，不至于丢失目标。在航迹起始阶段，若不知道目标的运动形式，则 σ 应取较大的值。

4.1.2 Hough 变换法

1. Hough 变换

Hough 变换最早应用于图像处理中，是检测图像空间中图像特征的一种基本方法，主要适用于检测图像空间中的直线。现在 Hough 变换法已广泛地应用于雷达数据处理中，并成为多雷达航迹起始和检测低可观测目标的重要方法。

Hough 变换法是通过下式将笛卡儿坐标系中的观测数据(x,y)变换到参数空间中的坐标(ρ,θ)：

$$\rho = x\cos\theta + y\sin\theta \tag{4-3}$$

式中：$\theta\in[0,2\pi]$，$\rho\geqslant 0$。

对于一条直线上的点(x_i,y_i)，必有两个唯一的参数 ρ_0 和 θ_0 满足

$$\rho_0 = x_i\cos\theta_0 + y_i\sin\theta_0 \tag{4-4}$$

笛卡儿空间中的一条直线可以通过从原点到这条直线的距离 ρ_0 和 ρ_0 与 x 轴的夹角 θ_0 来定义。将直线上的几个点通过式（4-3）转换成参数空间的曲线，如图 4-3 所示。从图 4-3 中可以明显地看出，直线上的几个点转换到参数空间中的曲线交于一公共点。这也就说明了，在参数空间中交于公共点的曲线所对应的笛卡儿坐标系中的坐标点一定在一条直线上。

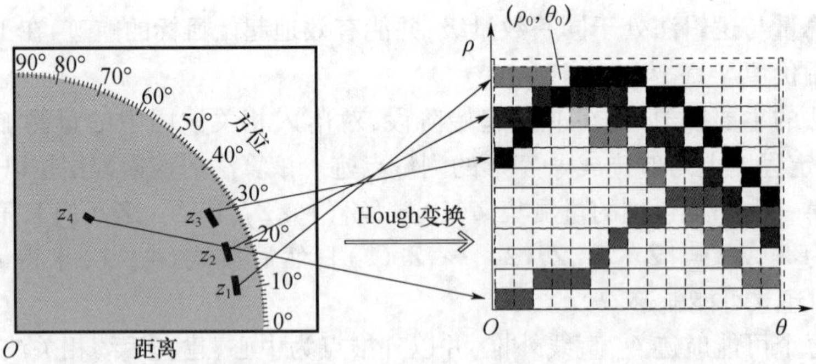

图 4-3 Hough 变换法

为了能在接收的雷达数据中将目标检测出来，需将 $\rho-\theta$ 平面离散地分割成若干个小方格，通过检测 3D 直方图中的峰值来判断公共的交点。直方图中每个方格的中心点为

$$\theta_n = \left(n-\frac{1}{2}\right)\Delta\theta, n=1,2,\cdots,N_\theta \tag{4-5}$$

$$\rho_n = \left(n-\frac{1}{2}\right)\Delta\rho, n=1,2,\cdots,N_\rho \tag{4-6}$$

式中：$\Delta\theta=\pi/N_\theta$，$N_\theta$ 为参数 θ 的分割段数；$\Delta\rho=L/N_\rho$，N_ρ 为参数 ρ 的分割段数，L 为雷达测量范围的 2 倍。

当 XY 平面上存在有可连成直线的若干点时，这些点就会聚集在 $\rho-\theta$ 平面相应的方格内。经过多次扫描之后，对于直线运动的目标，在某一个特定单元中的点的数量会得到积累。如图 4－4 给定的参数空间中的直方图，直方图中的峰值暗示着可能的航迹，但有一些峰值不是由目标的航迹产生的，而是由杂波产生的。

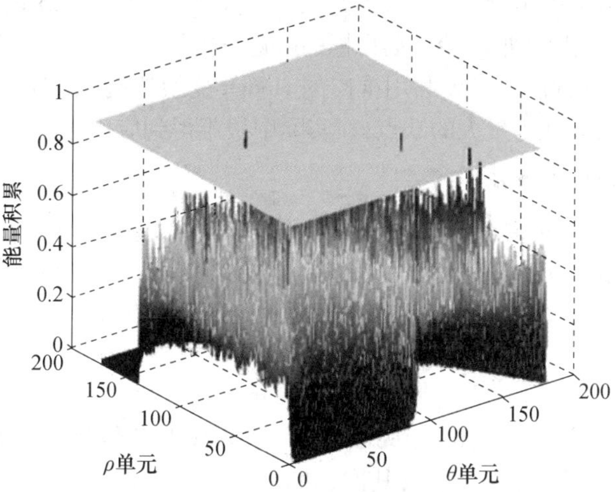

图 4－4　参数空间中的直方图

数据空间的定义形式有很多种，如斜距 R 与扫描时间 T 构成 $R-T$ 二维平面可以看作数据图像平面，也可根据斜距 R 和方位角 β，求出目标的坐标位置 (x,y)，将 $X-Y$ 二维平面作为数据图像平面。$R-T$ 二维平面的特点：静止或慢速目标呈现为垂直于 R 轴的一条直线，对于速度无穷大的目标在数据图像空间中，目标的轨迹斜率近似为零。但是，对于具有加速度运动的目标，目标的轨迹则是一条曲线。$X-Y$ 二维平面的特点：对于具有加速度运动的目标的轨迹仍然是一条直线，对于静止的目标则是一个固定的点。因此，可以根据实际的需要选择数据空间的定义形式。

首先定义数据矩阵 $\boldsymbol{D}$，L 对应笛卡儿坐标系中点的数量，即

$$\boldsymbol{D}=\begin{bmatrix} x_1 & x_2 & x_3 & \cdots & x_L \\ y_1 & y_2 & y_3 & \cdots & y_L \end{bmatrix} \tag{4-7}$$

转换矩阵的定义为

$$\boldsymbol{H}=\begin{bmatrix} \cos\theta_1 & \sin\theta_1 \\ \cos\theta_2 & \sin\theta_2 \\ \cos\theta_3 & \sin\theta_3 \\ \vdots & \vdots \\ \cos\theta_N & \sin\theta_N \end{bmatrix} \tag{4-8}$$

式中：$\theta\in[0,\pi]$。此时，$N=\pi/\Delta\theta$，$\Delta\theta$ 为参数空间中 θ 的间隔尺寸。

转换后的参数空间中的点可以表示为

$$\boldsymbol{R}=\boldsymbol{HD}=\begin{bmatrix}\rho_{1,\theta_1} & \cdots & \rho_{L,\theta_1}\\ \vdots & & \vdots\\ \rho_{1,\theta_N} & \cdots & \rho_{L,\theta_N}\end{bmatrix} \tag{4-9}$$

Hough 变换法适用于起始杂波环境下直线运动目标的航迹。Hough 变换法起始航迹的质量取决于航迹起始的时间和参数 $\Delta\theta$、$\Delta\rho$ 两个方面。航迹起始的时间越长，起始航迹的质量越高；参数 $\Delta\theta$、$\Delta\rho$ 选取越小，起始航迹的质量越高，但是容易造成漏警。参数 $\Delta\theta$、$\Delta\rho$ 应根据实际雷达的测量误差选取，若测量误差较大，则参数 $\Delta\theta$、$\Delta\rho$ 选取较大的值，不至于产生漏警。Hough 变换法很难起始机动目标的航迹，这是由 Hough 变换法的特点所决定的。若要起始机动目标的航迹，则可以利用推广的 Hough 变换法起始目标航迹；但是，由于推广的 Hough 变换法均具有计算量大的缺点，在实际中很难得到应用，这里不再进行讨论。

2. 修正的 Hough 变换法

考虑到经典的 Hough 变换法起始航迹慢以及计算量大的问题，提出了修正的 Hough 变换法。假定雷达在第 n、$n+1$、$n+2$ 次扫描时刻分别接收到三组数据 $\boldsymbol{r}_n$、$\boldsymbol{r}_{n+1}$ 和 $\boldsymbol{r}_{n+2}$，通过式(4-3)可以将这三组数据转换到参数空间中的三组曲线 ρ_n、ρ_{n+1} 和 ρ_{n+2}。据此，可得差分函数为

$$\Delta\rho_n=\rho_n-\rho_{n+1} \tag{4-10}$$

将零交汇点 $\Delta\rho_n$ 记为 $\Delta\rho_n(0)$，由 $\Delta\rho_n(0)$ 可以提供两条信息。首先，它提供了交汇点 ρ_n 和 ρ_{n+1} 对应的 θ 坐标，记为 $\theta_{\Delta\rho_n(0)}$；其次，如果考虑笛卡儿坐标系中的点，则 $\theta_{\Delta\rho_n(0)}$ 的符号取决于矢量 $\boldsymbol{r}_n-\boldsymbol{r}_{n+1}$ 的指向。基于上面的两条信息可以得出两条判据：

（1）过零交点 $\theta_{\Delta\rho_n(0)}$ 和 $\theta_{\Delta\rho_{n+1}(0)}$ 必须非常接近，即

$$|\theta_{\Delta\rho_n(0)}-\theta_{\Delta\rho_{n+1}(0)}|\leqslant\sigma_0 \tag{4-11}$$

式中：σ_0 为允许误差，$\Delta\theta\leqslant\sigma_0\leqslant m\Delta\theta$，$m$ 为任一正整数。

（2）过零交点 $\theta_{\Delta\rho_n(0)}$ 和 $\theta_{\Delta\rho_{n+1}(0)}$ 处斜率的符号必须相同。

判据(1)可用来判断数据点是否共线。如果在连续三次扫描中雷达接收到的数据是共线的，那么在参数空间中应该有相同的交点。但是，在实际的工程中由于测量噪声的存在，参数空间中离散的间隔必须根据测量误差的大小来调整，使大多数曲线的交点在同一个方格中。判据(2)可用来确定目标移动的方向以避免生成像 V 字形那样不现实的航迹。

当满足判据(1)和(2)后，还应判断第 n、$n+1$、$n+2$ 扫描时刻形成的航迹与第 $n+2$、$n+3$ 和 $n+4$ 扫描时刻形成的航迹是否共线。定义 $\boldsymbol{r}_{n+1}$ 和 $\boldsymbol{r}_{n+2}$ 之间的距离为 $\boldsymbol{d}_{n+1,n+2}$，定义向量 $\boldsymbol{r}_{n+1}-\boldsymbol{r}_{n+2}$ 和 $\boldsymbol{r}_{n+2}-\boldsymbol{r}_{n+3}$ 之间的夹角为 α_{n+2}。

由于目标的加速度受到目标最大加速度值的约束，则有

$$|\boldsymbol{d}_{n+1,n+2}|\leqslant c\times\boldsymbol{d}_{n+2,n+3} \tag{4-12}$$

式中：c 由目标的最大加速度值来决定。

航迹之间的夹角 α_{n+2} 必须满足

$$\beta_1\leqslant\alpha_{n+2}\leqslant\beta_2 \tag{4-13}$$

选择的 β_1 和 β_2 值应防止起始 V 字形的航迹。

如果对于假定的航迹也满足式(4-12)和式(4-13)，$\boldsymbol{r}_n$、r_{n+1}、$\boldsymbol{r}_{n+2}$、$\boldsymbol{r}_{n+3}$ 和 $\boldsymbol{r}_{n+4}$ 就可以形成一条航迹。

为了使修正的 Hough 变换法能更快地起始航迹，就是量测值必须满足速度选通的条件

$$v_{\min} \leqslant \left| \frac{x_i - x_{i-1}}{t_i - t_{i-1}} \right| \leqslant v_{\max} \tag{4-14}$$

才能使用修正的 Hough 变换变换到参数空间中。使用速度选通的条件可以将进行修正 Hough 变换的量测值的数量大大减少，达到快速起始航迹的目的。

4.1.3　基于 Hough 变换和逻辑的航迹起始方法

虽然基于 Hough 变换的航迹起始算法能在密集杂波环境中有效地起始目标航迹，但是需要的时间较长，并且参数 $\Delta\theta$、$\Delta\rho$ 选取较为困难。虽然基于逻辑的航迹起始算法能在较短的时间起始目标的航迹，但是在密集杂波环境中很难有效地起始目标的航迹。基于 Hough 变换和逻辑的航迹起始算法通过将两种算法结合起来，有效地解决了上述问题。基于 Hough 变换和逻辑的航迹起始算法起始航迹主要包括航迹起始中的点迹粗互联和航迹起始中的互联模糊排除。

在航迹起始中的点迹粗互联阶段，主要是利用杂波和目标运动特性的不同，采用 Hough 变换尽可能地去除虚假杂波点。在利用 Hough 变换起始航迹时，由于存在杂波的影响，因此 $\Delta\theta$ 的大小及阈值的选取直接影响航迹起始性能，目前还未见到有关两个参数选择的一般标准。选择两个参数的原则是要选择较大的 $\Delta\theta$，以保证能以很高的概率检测到所有的真实航迹。这样虽然仍有一定数量的杂波点会超过阈值，出现航迹起始模糊，但在保证以很高概率起始航迹的前提下，杂波密度已大大下降。

在点迹粗互联阶段已剔除大量杂波点的基础上，对于出现的点迹与点迹互联模糊情况可利用基于 m/n 逻辑的方法去模糊。

4.2　雷达组网中的目标跟踪技术

目标跟踪是能由雷达获得的观测数据建立目标运动模型，然后通过特定的滤波算法对目标参数进行预测和估计，从而为后续工作提供参考的一个技术[3]。

4.2.1　系统模型

状态变量法是描述动态系统的一种很有价值的方法，采用这种方法，系统的输入与输出关系是用状态转移模型和输出观测模型在时域内加以描述的。输入可以由确定的时间函数和代表不可预测的变量或噪声的随机过程组成的动态模型进行描述，输出是状态向量的函数，通常受到随机观测误差的扰动，可由量测方程描述，如图 4-5 所示。

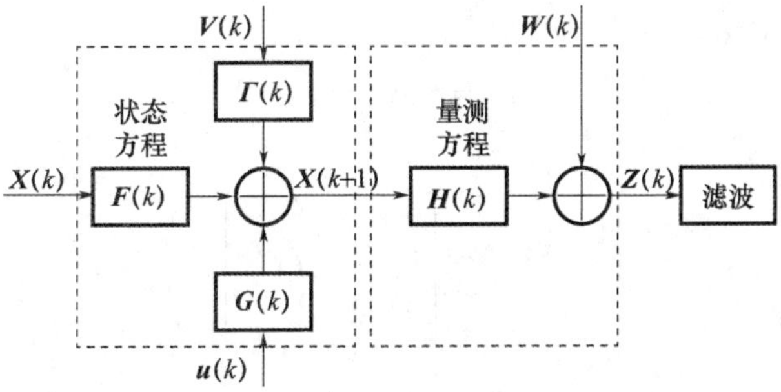

图 4-5　系统模型

离散时间系统的动态方程可表示为

$$\boldsymbol{X}(k+1)=\boldsymbol{F}(k)\boldsymbol{X}(k)+\boldsymbol{G}(k)\boldsymbol{u}(k)+\boldsymbol{V}(k) \tag{4-15}$$

式中：$\boldsymbol{F}(k)$为状态转移矩阵；$\boldsymbol{X}(k)$为状态向量；$\boldsymbol{G}(k)$为输入控制项矩阵；$\boldsymbol{u}(k)$为已知输入或控制信号；$\boldsymbol{V}(k)$为零均值、白色高斯过程噪声序列，其协方差为$\boldsymbol{Q}(k)$。

离散时间系统的量测方程为

$$\boldsymbol{Z}(k+1)=\boldsymbol{H}(k+1)\boldsymbol{X}(k+1)+\boldsymbol{W}(k+1) \tag{4-16}$$

式中：$\boldsymbol{H}(k+1)$为量测矩阵；$\boldsymbol{W}(k+1)$为具有协方差$\boldsymbol{R}(k+1)$的零均值、白色高斯量测噪声序列。

4.2.2 运动模型

目标运动建模一般是用牛顿运动定律描述目标的运动规律，建模方法是将当前时刻的状态量表示为前一时刻状态量的函数。现代控制理论将状态量定义为可以体现系统特性的一组变量，如位置、速度、加速度，根据目标机动特性的强弱，还可以增加高阶状态量，如加速度变化率等。这里介绍五种具有代表性的目标运动模型[4]。

1. CV 模型

当目标的加速度为零时，目标做匀速直线运动，通常使用匀速（CV）模型描述目标运动模式。

假设 CV 模型的状态向量为

$$\boldsymbol{X}(k)=[x(k),\dot{x}(k)]^{\mathrm{T}} \tag{4-17}$$

则其离散状态方程可表示为

$$\boldsymbol{X}(k+1)=\boldsymbol{F}(k)\boldsymbol{X}(k)+\boldsymbol{V}(k) \tag{4-18}$$

式中：$\boldsymbol{V}(k)$为零均值、白色高斯过程噪声序列；$\boldsymbol{F}(k)$为状态转移矩阵，且有

$$\boldsymbol{F}(k)=\begin{bmatrix}1 & T\\0 & 1\end{bmatrix} \tag{4-19}$$

其中：T为采样间隔。

2. CA 模型

当目标加速度不为零，做匀加速直线运动时，通常使用匀加速度（CA）模型描述目标运动模式。

假设 CA 模型的状态向量为

$$\boldsymbol{X}(k)=[x(k),\dot{x}(k),\ddot{x}(k)]^{\mathrm{T}} \tag{4-20}$$

则其离散状态方程可表示为

$$\boldsymbol{X}(k+1)=\boldsymbol{F}(k)\boldsymbol{X}(k)+\boldsymbol{V}(k) \tag{4-21}$$

式中

$$\boldsymbol{F}(k)=\begin{bmatrix}1 & T & T^2/2\\0 & 1 & T\\0 & 0 & 1\end{bmatrix} \tag{4-22}$$

3. CT 模型

当目标做转弯运动时，通常使用协同转弯（CT）模型描述目标运动模式。

假设CT模型的状态向量为

$$X(k) = [x(k), \dot{x}(k), y(k), \dot{y}(k), \omega(k)]^T \tag{4-23}$$

则其离散状态方程可表示为

$$X(k+1) = F(k)X(k) + V(k) \tag{4-24}$$

式中

$$F(k) = \begin{bmatrix} 1 & \sin\omega T/\omega & 0 & -(1-\cos\omega T)/\omega & 0 \\ 0 & \cos\omega T & 0 & -\sin\omega T & 0 \\ 0 & (1-\cos\omega T)/\omega & 1 & \sin\omega T/\omega & 0 \\ 0 & \sin\omega T & 0 & \cos\omega T & 0 \\ 0 & 0 & 0 & 0 & 1 \end{bmatrix} \tag{4-25}$$

其中:ω 为角速度。

4. Singer 模型

迄今为止,目标跟踪领域中,影响力最为深远的就是Singer模型,也就是一阶时间相关机动加速度模型,以及该模型中对于相关原始数据的修正。在实际工程中,Singer模型算法首先设定目标运动的加速度为平稳随机,且在整个过程中均值为零的一阶函数;然后由根据对称性、衰减性等随机平稳的时间相关的函数特性,可以得出它的自相关函数,即

$$R_a(\tau) = E[a(k)a(k+\tau)] = \sigma_m^2 e^{-\alpha|\tau|} \tag{4-26}$$

式中:σ_m^2 为运动的目标的加速度的方差;$1/\alpha$ 为机动时间的常数的倒数。

可以近似地认为,在任意时刻内机动目标的加速度在一定的范围内近似服从均匀分布,因此可以初步计算出该机动目标的运动加速度的方差。对于Singer模型,目标的机动加速度方差的数学方程为

$$\sigma_a^2 = \frac{a_{max}^2}{3}(1 + 4P_{max} - P_0) \tag{4-27}$$

式中:P_{max} 为目标机动可能的大小;a_{max} 为最大机动加速度;P 为不发生机动的可能性的大小。

假设Singer模型的状态向量为

$$X(k) = [x(k), \dot{x}(k), \ddot{x}(k)]^T \tag{4-28}$$

则其对应的离散时间动态方程为

$$X(k+1) = F(k)X(k) + V(k) \tag{4-29}$$

式中

$$F(k) = \begin{bmatrix} 1 & T & (\alpha T - 1 + e^{-\alpha T})/\alpha^2 \\ 0 & 1 & (1 - e^{-\alpha T})/\alpha \\ 0 & 0 & e^{-\alpha T} \end{bmatrix} \tag{4-30}$$

其离散时间过程噪声 $V(k)$ 具有协方差,即

$$Q(k) = 2\alpha\sigma_m^2 \begin{bmatrix} q_{11} & q_{12} & q_{13} \\ q_{12} & q_{22} & q_{23} \\ q_{13} & q_{23} & q_{33} \end{bmatrix} \tag{4-31}$$

式中

$$q_{11} = \frac{1}{2\alpha^5}\left(1 - e^{-2\alpha T} + 2\alpha T + \frac{2\alpha^3 T^3}{3} - 2\alpha^2 T^2 - 4\alpha T e^{-\alpha T}\right) \tag{4-32}$$

$$q_{12}=\frac{1}{2\alpha^4}(\mathrm{e}^{-2\alpha T}+1-\mathrm{e}^{-\alpha T}+2\alpha T\mathrm{e}^{-\alpha T}-2\alpha T+\alpha^2T^2) \tag{4-33}$$

$$q_{13}=\frac{1}{2\alpha^3}(1-\mathrm{e}^{-2\alpha T}-2\alpha T\mathrm{e}^{-\alpha T}) \tag{4-34}$$

$$q_{22}=\frac{1}{2\alpha^3}(4\mathrm{e}^{-\alpha T}-3-\mathrm{e}^{-2\alpha T}+2\alpha T) \tag{4-35}$$

$$q_{23}=\frac{1}{2\alpha^2}(\mathrm{e}^{-2\alpha T}+1-2\mathrm{e}^{-\alpha T}) \tag{4-36}$$

$$q_{33}=\frac{1}{2\alpha}(1-\mathrm{e}^{-2\alpha T}) \tag{4-37}$$

5. Sine 模型

与 Singer 模型不同,Sine 模型适用于具有一般周期机动特性的目标运动特性建模,可将目标加速度建模为正弦自相关的时间相关过程(图 4－6),这时

$$R_\omega(\tau)=E[a(k)a(k+\tau)]=\sigma_\omega^2\cos\omega_0\tau \tag{4-38}$$

式中:σ_ω^2 为机动加速度的方差;ω_0 为周期机动的振荡频率。

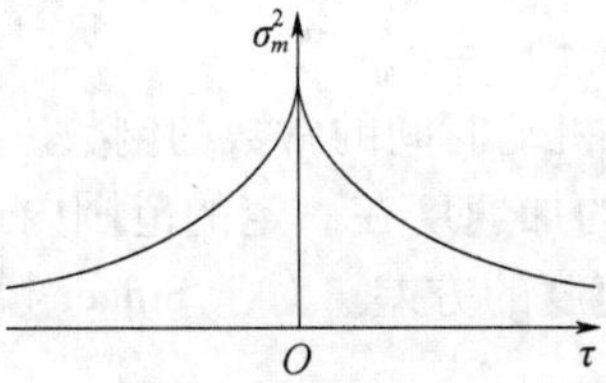

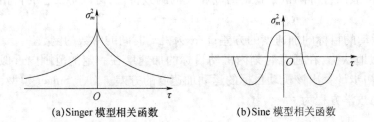

(a)Singer 模型相关函数

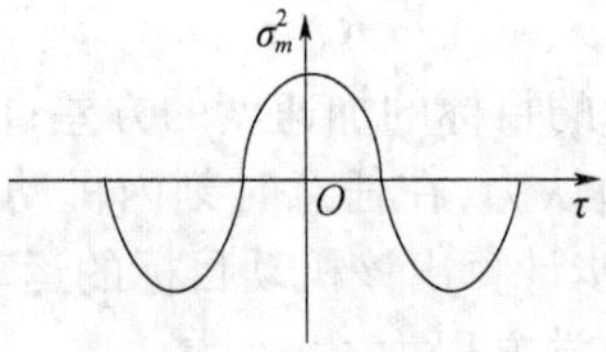

(b)Sine 模型相关函数

图 4－6　Singer 模型和 Sine 模型的自相关函数曲线

假设 Sine 模型的状态向量为

$$\boldsymbol{X}(k)=[x(k),\dot{x}(k),\ddot{x}(k),\dddot{x}(k)]^{\mathrm{T}} \tag{4-39}$$

其对应的离散时间动态方程为

$$\boldsymbol{X}(k+1)=\boldsymbol{F}(k)\boldsymbol{X}(k)+\boldsymbol{V}(k) \tag{4-40}$$

式中

$$\boldsymbol{F}(k)=\begin{bmatrix}1 & T & (1-\cos\omega_0T)/\omega_0^2 & (\omega_0T-\sin\omega_0T)/\omega_0^3\\ 0 & 1 & \sin\omega_0T/\omega_0 & (1-\cos\omega_0T)/\omega_0^2\\ 0 & 0 & \cos\omega_0T & \sin\omega_0T/\omega_0\\ 0 & 0 & -\omega_0\sin\omega_0T & \cos\omega_0T\end{bmatrix} \tag{4-41}$$

其离散时间过程噪声 $\boldsymbol{V}(k)$ 具有协方差,即

$$\boldsymbol{Q}(k)=\frac{\sigma_\omega^2}{\pi}\begin{bmatrix}q_{11} & q_{12} & q_{13} & q_{14}\\ q_{12} & q_{22} & q_{23} & q_{24}\\ q_{13} & q_{23} & q_{33} & q_{34}\\ q_{14} & q_{24} & q_{34} & q_{44}\end{bmatrix} \tag{4-42}$$

式中

$$q_{11}=\frac{1}{\omega_0^4}\left(\frac{T^3}{3}-\frac{2\sin\omega_0 T}{\omega_0^3}+\frac{2T\cos\omega_0 T}{\omega_0^2}+\frac{T}{2\omega_0^2}-\frac{\sin 2\omega_0 T}{4\omega_0^3}\right) \tag{4-43}$$

$$q_{12}=\frac{1}{\omega_0^4}\left(\frac{T^2}{2}-\frac{T\sin\omega_0 T}{\omega_0}+\frac{1}{4\omega_0^2}-\frac{\cos 2\omega_0 T}{4\omega_0^3}\right) \tag{4-44}$$

$$q_{13}=\frac{1}{\omega_0^4}\left(\frac{\sin\omega_0 T}{\omega_0}-T\cos\omega_0 T-\frac{T}{2}+\frac{\sin 2\omega_0 T}{4\omega_0}\right) \tag{4-45}$$

$$q_{14}=\frac{1}{\omega_0^3}\left(\frac{\cos\omega_0 T}{\omega_0}+T\sin\omega_0 T-\frac{5}{4\omega_0}+\frac{\cos 2\omega_0 T}{4\omega_0}\right) \tag{4-46}$$

$$q_{22}=\frac{1}{\omega_0^4}\left(\frac{3T}{2}-\frac{2\sin\omega_0 T}{4\omega_0}+\frac{\sin 2\omega_0 T}{4\omega_0}\right) \tag{4-47}$$

$$q_{23}=\frac{1}{\omega_0^3}\left(-\frac{\cos\omega_0 T}{\omega_0}+\frac{\cos 2\omega_0 T}{4\omega_0}+\frac{3}{4\omega_0}\right) \tag{4-48}$$

$$q_{24}=\frac{1}{\omega_0^2}\left(\frac{\sin\omega_0 T}{\omega_0}-\frac{T}{2}-\frac{\sin 2\omega_0 T}{4\omega_0}\right) \tag{4-49}$$

$$q_{33}=\frac{1}{\omega_0^2}\left(\frac{T}{2}-\frac{\sin 2\omega_0 T}{4\omega_0}\right) \tag{4-50}$$

$$q_{34}=\frac{1}{4\omega_0^2}(1-\cos 2\omega_0 T) \tag{4-51}$$

$$q_{44}=\frac{T}{2}+\frac{\sin 2\omega_0 T}{4\omega_0} \tag{4-52}$$

4.2.3　滤波算法

在获得与目标轨迹相匹配的运动模型的基础上，进一步采用滤波算法从被噪声污染的量测信息中尽可能地去除随机噪声干扰。这里介绍三种具有代表性的滤波跟踪算法[5]。

1. KF 算法

卡尔曼滤波(Kalman Filter,KF)是一种适合计算机运算的递归滤波方法，它用包含噪声的量测估计目标的运动状态。基本思想是通过现代控制理论中的状态空间模型，利用前一时刻对当前时刻的预测值和当前时刻的测量值来更新对状态变量的估计，获得当前时刻的估计值，通过“预测—更新”实现递推滤波。

卡尔曼滤波算法通过反馈的思想估计状态量，分为预测过程和更新过程两个部分。状态预测过程是递推预测当前状态量和误差协方差预测值，为下一时刻提供状态量的先验估计。更新过程是利用雷达量测纠正潜在发生的估计误差。

假设 k 时刻跟踪系统的状态估计向量和状态估计协方差分别为 $\boldsymbol{X}(k|k)$ 和 $\boldsymbol{P}(k|k)$，则其状态和协方差的一步预测可表示为

$$\boldsymbol{X}(k+1|k)=\boldsymbol{F}(k)\boldsymbol{X}(k|k) \tag{4-53}$$

$$\boldsymbol{P}(k+1|k)=\boldsymbol{F}(k)\boldsymbol{P}(k|k)\boldsymbol{F}(k)^{\mathrm{T}} \tag{4-54}$$

则量测的预测可表示为

$$\boldsymbol{Z}(k+1|k)=\boldsymbol{H}(k)\boldsymbol{X}(k+1|k) \tag{4-55}$$

这时，如果 $k+1$ 时刻的目标量测为 $\boldsymbol{Z}(k+1)$，则目标跟踪的新息和新息协方差可表示为

$$\boldsymbol{v}(k+1)=\boldsymbol{Z}(k+1|k)-\boldsymbol{Z}(k+1) \tag{4-56}$$

$$\boldsymbol{S}(k+1)=\boldsymbol{H}(k+1)\boldsymbol{P}(k+1|k)\boldsymbol{H}(k+1)^{\mathrm{T}}-\boldsymbol{R}(k+1) \tag{4-57}$$

则增益 $\boldsymbol{K}(k+1)$ 可进一步表示为

$$\boldsymbol{K}(k+1)=\boldsymbol{P}(k+1|k)\boldsymbol{H}(k+1)^{\mathrm{T}}\boldsymbol{S}(k+1)^{-1} \tag{4-58}$$

进而，$k+1$ 时刻目标状态和协方差的更新值可表示为

$$\boldsymbol{X}(k+1|k+1)=\boldsymbol{X}(k+1|k)+\boldsymbol{K}(k+1)\boldsymbol{v}(k+1) \tag{4-59}$$

$$\boldsymbol{P}(k+1|k+1)=\boldsymbol{P}(k+1|k)-\boldsymbol{K}(k+1)\boldsymbol{S}(k+1)^{-1}\boldsymbol{K}(k+1)^{\mathrm{T}} \tag{4-60}$$

2. EKF 算法

在线性高斯条件下，KF 算法可以得到目标状态估计的最优解，但在实际目标跟踪系统中，目标状态模型和量测模型一般是非线性的，直接使用 KF 算法可能会造成滤波发散等情况。对于非线性滤波问题，通常的处理方法是利用线性化技巧将非线性滤波问题转化为一个近似的线性滤波问题，其中最常用的线性化方法是泰勒级数展开，所得到的滤波方法是扩展卡尔曼滤波（Extended Kalman Filter，EKF）。

假设 k 时刻跟踪系统的状态估计向量和状态估计协方差分别为 $\boldsymbol{X}(k|k)$ 和 $\boldsymbol{P}(k|k)$，为了得到预测的状态 $\boldsymbol{X}(k+1|k)$，在 $\hat{\boldsymbol{X}}(k|k)$ 附近进行泰勒级数展开，取其一阶或者二阶项

$$\boldsymbol{X}(k+1)=\boldsymbol{f}(k,\boldsymbol{X}(k|k))+\boldsymbol{f}_X(k)[\boldsymbol{X}(k)-\boldsymbol{X}(k|k)]+(\text{高阶项})+\boldsymbol{V}(k) \tag{4-61}$$

则状态和协方差的一步预测可表示为

$$\boldsymbol{X}(k+1|k)=\boldsymbol{f}(k,\boldsymbol{X}(k|k)) \tag{4-62}$$

$$\boldsymbol{P}(k+1|k)=\boldsymbol{f}_X(k)\boldsymbol{P}(k|k)\boldsymbol{f}_X(k)^{\mathrm{T}}+\boldsymbol{Q}(k) \tag{4-63}$$

量测预测值为

$$\boldsymbol{Z}(k+1|k)=h_X[k+1,\boldsymbol{X}(k+1|k)] \tag{4-64}$$

与其相伴的协方差为

$$\boldsymbol{S}(k+1)=\boldsymbol{h}_X(k+1)\boldsymbol{P}(k+1|k)\boldsymbol{h}_X(k+1)^{\mathrm{T}}+\boldsymbol{R}(k+1) \tag{4-65}$$

增益为

$$\boldsymbol{K}(k+1)=\boldsymbol{P}(k+1|k)\boldsymbol{h}'_X(k+1)\boldsymbol{S}^{-1}(k+1) \tag{4-66}$$

状态更新方程为

$$\boldsymbol{X}(k+1|k+1)=\boldsymbol{X}(k+1|k)+\boldsymbol{K}(k+1)[\boldsymbol{Z}(k+1|k)-\boldsymbol{Z}(k+1)] \tag{4-67}$$

协方差更新方程为

$$\boldsymbol{P}(k+1|k+1)=\boldsymbol{P}(k+1|k)-\boldsymbol{K}(k+1)\boldsymbol{S}(k+1)^{-1}\boldsymbol{K}(k+1)^{\mathrm{T}} \tag{4-68}$$

在工程实践中，线性化近似是解决非线性系统问题的常用方法。相比于其他非线性滤波方法，EKF 算法的优点是线性化方法比较简单。其缺点是：EKF 算法因为非线性函数局部线性近似而忽略了泰勒级数展开后的高阶项，这就不可避免地给状态估计带来很大的误差，甚至可能导致滤波发散，所以只有当系统的状态方程都接近线性时，EKF 算法的滤波估计效果才能达到最佳；而且非线性函数线性化时的雅可比矩阵计算量较大，对于高维系统时间复杂度较高，不利于实时跟踪。

3. UKF 算法

不敏卡尔曼滤波(Unscented Kalman Filter,UKF)的核心思想是对状态向量的概率密度函数(PDF)进行近似化,表现为一系列选取好的 δ 采样点。当这些点经过任何非线性系统的传递后,得到的后验均值和协方差都能够精确到二阶。这时,该算法不需要对非线性系统进行线性化,也可以很容易地应用于非线性系统的状态估计。

假设 k 时刻跟踪系统的状态估计向量和状态估计协方差分别为 $\boldsymbol{X}(k|k)$ 和 $\boldsymbol{P}(k|k)$,则可以利用如下的不敏变换计算出相应 δ 点 $\xi_i(k|k)$ 和其对应的权值 W_i:

$$\begin{cases}\xi_0(k|k)=\boldsymbol{X}(k|k), & i=0\\ \xi_i(k|k)=\boldsymbol{X}(k|k)+\sqrt{(n_x+\kappa)\boldsymbol{P}(k|k)}_i, & i=1,2,\cdots,n_x\\ \xi_{i+n_x}(k|k)=\boldsymbol{X}(k|k)-\sqrt{(n_x+\kappa)\boldsymbol{P}(k|k)}_i, & i=1,2,\cdots,n_x\end{cases} \tag{4-69}$$

$$\begin{cases}W_0=\dfrac{\kappa}{n_x+\kappa}, & i=0\\ W_i=\dfrac{1}{2(n_x+\kappa)}, & i=1,2,\cdots,n_x\\ W_{i+n_x}=\dfrac{1}{2(n_x+\kappa)}, & i=1,2,\cdots,n_x\end{cases} \tag{4-70}$$

这时,可以得到 δ 点的一步预测,即

$$\xi_i(k+1|k)=\boldsymbol{f}(k,\xi_i(k|k)) \tag{4-71}$$

利用一步预测 δ 点 $\xi_i(k+1|k)$,以及权值 W_i,可得到状态预测估计和状态预测协方差分别为

$$\boldsymbol{X}(k+1|k)=\sum_{i=0}^{2n_x}W_i\xi_i(k+1|k) \tag{4-72}$$

$$\boldsymbol{P}(k+1|k)=\sum_{i=0}^{2n_x}W_i\Delta\boldsymbol{X}_i(k+1|k)\Delta\boldsymbol{X}_i(k+1|k)+\boldsymbol{Q}(k) \tag{4-73}$$

式中

$$\Delta\boldsymbol{X}_i(k+1|k)=\xi_i(k+1|k)-\boldsymbol{X}(k+1|k)$$

根据量测方程,可得到预测量测 δ 点,即

$$\xi_i(k+1|k)=\boldsymbol{h}(k+1,\xi_i(k+1|k)) \tag{4-74}$$

则预测量测和相应的协方差为

$$\boldsymbol{Z}(k+1|k)=\sum_{i=0}^{2n_x}W_i\xi_i(k+1|k) \tag{4-75}$$

$$\boldsymbol{P}_{zz}=\boldsymbol{R}(k+1)+\sum_{i=0}^{2n_x}W_i\Delta\boldsymbol{Z}_i(k+1|k)\Delta\boldsymbol{Z}_i(k+1|k)^{\mathrm{T}} \tag{4-76}$$

式中

$$\Delta\boldsymbol{Z}_i=\xi_i(k+1|k)-\boldsymbol{Z}(k+1|k)$$

同样,可以得到测量和状态向量的交互协方差,即

$$\boldsymbol{P}_{xz}=\sum_{i=0}^{2n_x}W_i\Delta\boldsymbol{X}_i(k+1|k)\Delta\boldsymbol{Z}_i^{\mathrm{T}} \tag{4-77}$$

如果 $k+1$ 时刻雷达所提供的测量为 $\boldsymbol{Z}(k+1)$,则状态更新和状态更新协方差可表示为

$$X(k+1|k+1)=X(k+1|k)+K(k+1)[Z(k+1|k)-Z(k+1)] \tag{4-78}$$

$$P(k+1|k+1)=P(k+1|k)-K(k+1)S(k+1)^{-1}K(k+1)^{T} \tag{4-79}$$

$$K(k+1)=P_{xz}P_{zz}^{-1} \tag{4-80}$$

4.2.4 交互多模型跟踪

交互式多模型(Interacting Multiple Model,IMM)算法是建立在广义伪贝叶斯估计的基础上,针对不同的运动情形,使用马尔可夫转移概率进行的不同模型之间的转换。在这种方法中,建立了一组包含目标运动状态的模型,每个模型对应一个匹配的过滤器,模型之间可以互相转换,模型的相互转换遵循马尔可夫过程,并且所有滤波器并行运行。如果建立的目标模型和目标的实际运动状态比较相近,对应的模型概率就应该分配大一些,每个模型的跟踪结果经过加权计算后,也就是一次滤波的输出结果值。

1. 状态估计的交互式作用

如图 4-7 所示,从模型 i 转移到模型 j 的转移概率为

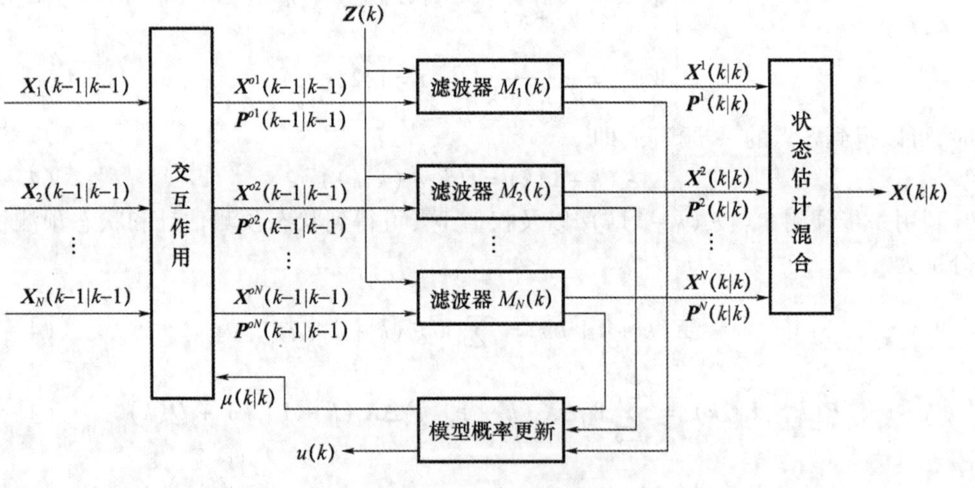

图 4-7 IMM 算法流程图

$$\Pi_{ij}=\begin{bmatrix}\pi_{11} & \pi_{12} & \cdots & \pi_{1r}\\ \pi_{21} & \pi_{22} & \cdots & \pi_{2r}\\ \vdots & \vdots & & \vdots\\ \pi_{r1} & \pi_{r2} & \cdots & \pi_{rr}\end{bmatrix} \tag{4-81}$$

该模型转移概率通常是先验给定的,与模型 i 的驻留时间无关,但实际中目标的运动模式间的转换是服从时间相关的马尔可夫过程的,即与其在原运动模式上的驻留时间是密切相关的。

令 $X^j(k+1|k+1)$ 为 $k+1$ 时刻滤波器 j 的状态估计,$P^j(k+1|k+1)$ 为相应的状态协方差阵,$u_{k-1}(j)$ 为 $k-1$ 时刻模型 j 的概率,且 $i,j=1,2,\cdots,r$,则交互计算后 r 个滤波器在 k 时刻的输入为

$$X^{oj}(k-1|k-1)=\sum_{i=1}^{r}X^{i}(k-1|k-1)u_{k-1|k-1}(i|j) \tag{4-82}$$

式中

$$\begin{cases} u_{k-1|k-1}(i|j) = \dfrac{1}{C_j}\pi_{ij}u_{k-1}(i) \\ C_j = \sum\limits_{i=1}^{N}\pi_{ij}u_{k-1}(i) \end{cases} \tag{4-83}$$

$$\boldsymbol{P}^{oj}(k-1|k-1) = \sum_{i=1}^{r}[\boldsymbol{P}^i(k-1|k-1) + (\boldsymbol{X}^i(k-1|k-1) - \boldsymbol{X}^{oj}(k-1|k-1))(\boldsymbol{X}^i(k-1|k-1) - \boldsymbol{X}^{oj}(k-1|k-1))^{\mathrm{T}}]u_{k-1|k-1}(i|j) \tag{4-84}$$

2. 模型修正

将 $\boldsymbol{X}^{oj}(k-1|k-1)$、$\boldsymbol{P}^{oj}(k-1|k-1)$ 作为 k 时刻第 j 个模型的输入，得到相应的滤波输出为 $\boldsymbol{X}^j(k|k)$、$\boldsymbol{P}^j(k|k)$。

3. 模型可能性计算

若模型 j 滤波残差为 $\boldsymbol{\nu}_k^j$，相应的协方差为 $\boldsymbol{S}_k^j$，并假定服从高斯分布，那么模型 j 的可能性为

$$\Lambda_k^j = \frac{1}{\sqrt{|2\pi \boldsymbol{S}_k^j|}}\exp\left[-\frac{1}{2}(\boldsymbol{\nu}_k^j)^{\mathrm{T}}(\boldsymbol{S}_k^j)\boldsymbol{\nu}_k^j\right] \tag{4-85}$$

式中

$$\begin{cases} \boldsymbol{\nu}_k^j = \boldsymbol{Z}(k) - \boldsymbol{H}^j(k)\boldsymbol{X}^j(k|k-1) \\ \boldsymbol{S}_k^j = \boldsymbol{H}^j(k)\boldsymbol{P}^j(k|k-1)\boldsymbol{H}^j(k)^{\mathrm{T}} + \boldsymbol{R}(k) \end{cases} \tag{4-86}$$

4. 模型概率更新

模型 j 的概率更新如下：

$$u_k(j) = \frac{1}{C}\Lambda_k^j C_j \tag{4-87}$$

式中

$$C = \sum_{i=1}^{r}\Lambda_k^i C_i \tag{4-88}$$

5. 模型输出

设 $\boldsymbol{X}(k|k)$ 和 $\boldsymbol{P}(k|k)$ 分别为 k 时刻交互式的输出，则有

$$\boldsymbol{X}(k|k) = \sum_{i=1}^{r}\boldsymbol{X}^i(k|k)u_k(i) \tag{4-89}$$

$$\boldsymbol{P}(k|k) = \sum_{i=1}^{r}u_k(i)[\boldsymbol{P}^i(k|k) + (\boldsymbol{X}^i(k|k) - \boldsymbol{X}(k|k))(\boldsymbol{X}^i(k|k) - \boldsymbol{X}(k|k))^{\mathrm{T}}] \tag{4-90}$$

整个 IMM 算法就是利用这一递推过程而完成的。

4.3　雷达组网中的航迹关联技术

在雷达组网环境中，每个雷达都有自己的信息处理系统，并且各系统中都收集了大量

的目标航迹信息。那么一个重要问题是如何判断来自不同系统的两条航迹是否代表同一个目标,这就是航迹与航迹关联问题。现有的航迹关联算法通常可分为两类:一类是基于统计的方法;另一类是基于模糊数学的方法[6]。

4.3.1 统计航迹关联

基于统计的航迹关联算法是建立在χ^2统计判决基础上的航迹关联方法,其典型代表有加权航迹关联法、序贯航迹关联法和统计双阈值航迹关联法等[7]。

1. 加权航迹关联

假设两部雷达对同一目标的状态估计误差是统计独立的,并假定k时刻雷达i和雷达j的状态估计分别为$\boldsymbol{X}_i(k)$和$\boldsymbol{X}_j(k)$,则可构建检验统计量

$$\alpha_{ij}(k)=[\boldsymbol{X}_i(k)-\boldsymbol{X}_j(k)]^{\mathrm{T}}[\boldsymbol{P}_i(k)+\boldsymbol{P}_j(k)][\boldsymbol{X}_i(k)-\boldsymbol{X}_j(k)] \tag{4-91}$$

式中:$\boldsymbol{P}_i(k)$、$\boldsymbol{P}_j(k)$分别为$\boldsymbol{X}_i(k)$、$\boldsymbol{X}_j(k)$的状态估计协方差。

这时,雷达i和雷达j航迹关联的问题可用如下的假设检验做进一步的分析判决:

H_0:如果$\alpha_{ij}(k)\leqslant\lambda$,则判决$\boldsymbol{X}_i(k)$和$\boldsymbol{X}_j(k)$源于同一目标;

H_1:如果$\alpha_{ij}(k)>\lambda$,则判决$\boldsymbol{X}_i(k)$和$\boldsymbol{X}_j(k)$源于不同的目标。

在这里,λ服从n_x自由度的χ^2分布,n_x为状态估计向量的维数。

2. 序贯航迹关联

序贯航迹关联方法是把航迹当前时刻的关联与其历史联系起来,并赋予良好的航迹关联质量管理和多义性处理技术,因而其性能较加权和修正法获得了很大的改善。

假设直到k时刻雷达i和雷达j对目标状态估计之差的经历为

$$\boldsymbol{t}_{ij}^k=\{\boldsymbol{t}_{ij}(l)\},l=1,2,\cdots,k \tag{4-92}$$

其联合概率密度函数在假设H_0下可写为

$$f_0[\boldsymbol{t}_{ij}^k\mid\mathrm{H}_0]=f_0[\boldsymbol{t}_{ij}(k),\boldsymbol{t}_{ij}^{k-1}\mid\mathrm{H}_0]=\prod_{l=1}^{k}f_0[\boldsymbol{t}_{ij}(l),\boldsymbol{t}_{ij}^{l-1}\mid\mathrm{H}_0] \tag{4-93}$$

通常假设在H_0条件下,雷达i和雷达j在l时刻的估计误差$\boldsymbol{t}_{ij}(l)$服从$\mathrm{N}[\boldsymbol{0};\boldsymbol{C}_{ij}(l)]$分布,于是

$$f_0[\boldsymbol{t}_{ij}^k\mid\mathrm{H}_0]=\left[\prod_{l=1}^{k}|2\pi\boldsymbol{C}_{ij}(l)|^{-\frac{1}{2}}\right]\exp\left[-\frac{1}{2}\sum_{l=1}^{k}\boldsymbol{t}_{ij}^{\mathrm{T}}(l)\boldsymbol{C}_{ij}^{-1}(l)\boldsymbol{t}_{ij}(l)\right] \tag{4-94}$$

式(4-98)称作假设H_0的似然函数。

在H_1假设下,其联合概率密度函数被定义为$f_1[\boldsymbol{t}_{ij}^k|\mathrm{H}_1]$。假设不同目标的位置坐标估计误差、速度估计误差和航向估计误差均匀地分布于某些可能的区域,即假设$f_1[\boldsymbol{t}_{ij}^k|\mathrm{H}_1]$在某些区域是均匀分布的。由于最强有力的检验是似然比检验,即

$$L(\boldsymbol{t}_{ij}^k)=f_0[\boldsymbol{t}_{ij}^k|\mathrm{H}_0]/f_1[\boldsymbol{t}_{ij}^k|\mathrm{H}_1] \tag{4-95}$$

其对数似然比为

$$\ln L(\boldsymbol{t}_{ij}^k)=-\frac{1}{2}\sum_{l=1}^{k}\boldsymbol{t}_{ij}^{\mathrm{T}}(l)\boldsymbol{C}_{ij}^{-1}(l)\boldsymbol{t}_{ij}(l)+\mathrm{const} \tag{4-96}$$

定义一个修正的对数似然函数

$$\lambda_{ij}(k)=\sum_{l=1}^{k}\boldsymbol{t}_{ij}^{\mathrm{T}}(l)\boldsymbol{C}_{ij}^{-1}(l)\boldsymbol{t}_{ij}(l)=\lambda_{ij}(k-1)+\boldsymbol{t}_{ij}^{\mathrm{T}}(k)\boldsymbol{C}_{ij}^{-1}(k)\boldsymbol{t}_{ij}(k) \tag{4-97}$$

则按照高斯分布假设，归一化估计误差平方的各项 $\boldsymbol{\varepsilon}_{ij}(k)+\boldsymbol{t}_{ij}^{\mathrm{T}}(k)\boldsymbol{C}_{ij}^{-1}(k)\boldsymbol{t}_{ij}(k)$ 都是具有 n_x 自由度的 χ^2 分布。进而，$\lambda_{ij}(k)$ 便是具有 kn_x 个自由度的 χ^2 分布随机变量，其均值为 kn_x、方差为 $2kn_x$。如果

$$\lambda_{ij}(k)\leqslant\delta(k) \tag{4-98}$$

则接受 H_0；否则，接受 H_1。其中阈值满足

$$P\{\lambda_{ij}(k)\leqslant\delta(k)\mid H_0\}=\alpha \tag{4-99}$$

式中：α 通常取 0.05；$\lambda_{ij}(k)$ 是具有 kn_x 自由度的 χ^2 分布，即 H_0 为真时，错误概率为 5%。

3. 统计双阈值航迹关联

统计双阈值航迹关联方法借鉴了雷达检测理论的双阈值检测思想。其实质是进行多次的加权法，然后使用 m/n 逻辑来判决关联对。所谓的双阈值，一个阈值指的是加权法的判决阈值，另一个阈值指的是 m/n 逻辑中的 m 值。

统计双阈值使用航迹关联质量和航迹脱离质量来进行航迹质量管理。在预先设置的一个时间段内，若航迹关联质量达到了预定阈值，则判定两条航迹关联；若航迹脱离质量达到了预定阈值，则判决两条航迹不关联，且无须进行后续的关联假设检验。

m/n 逻辑中的 m 值代表航迹关联质量的预定阈值，n 代表选定的区间长度。由于雷达送到的航迹数据是逐个或逐批的，所以事实上 m/n 的选择是动态的，如可选 1/1、1/2、2/3、3/4、4/5、4/6、5/7、6/8 等准则。

4.3.2　模糊航迹关联

与基于统计判决的方法不同，模糊航迹关联方法不再使用检验统计量，而是使用模糊隶属度来衡量航迹之间的相似程度，其核心在于模糊因素集、模糊因素权集和模糊隶属度函数的选择与确定。模糊航迹关联方法的优点是适合于密集目标环境，对大的导航、雷达校准、转换及延迟误差具有较好的适应性，计算简单，存储和通信量低，关联准确率高；但其缺陷也十分明显，首先是隶属度函数的选择缺少严密的理论支撑，其次是算法的参数数目繁多、设置复杂且过多依赖专家知识[8]。

1. 模糊因素集和模糊隶属度函数

依据使用信息粗细程度的不同，模糊因素集通常分为三类：第一类使用的是目标位置间、速度间和加速度间的欧几里得距离；第二类使用的是目标在 X 轴、Y 轴上位置间、速度间和加速度间的欧几里得距离；第三类使用的是目标在 X 轴、Y 轴、Z 轴上位置间、速度间和加速度间的欧几里得距离。

不同的模糊因素对关联判决的影响是不同的，实际中只能选择对关联判决起重要作用的因素。不同模糊因素的重要性使用模糊因素权值来衡量。由于不同目标具有不同的空间三维位置，却可能具有相同的三维速度及三维加速度，因此在实际中空间三维位置间的欧几里得距离通常具有较高的权值。

隶属度函数是使用模糊数学模糊集理论解决问题的核心，可采用的隶属度函数有正态型分布、柯西型分布和居中型分布等。通常的模糊航迹关联方法都不加解释地选择了正态型分布，巧合的是，这时的模糊隶属度和高斯噪声下似然比检验导出的检验统计量十分类似。

2. 模糊双阈值航迹关联方法

在模糊因素集、模糊隶属度函数和模糊因素权集 $A=\{a_1,a_2,\cdots,a_n\}$ 确定以后，就可计算航迹之间的相似程度。当选择正态型隶属度函数时，k 时刻雷达 1 的第 i 条航迹和雷达 2 的第 j 条航迹之间基于第 l 个模糊因素的模糊隶属度为

$$\mu_{ij}(k,l)=\exp(-\tau_{ij}(k,l)(\mu_{ij}(k,l))^2/(\sigma_{ij}(k,l))^2) \tag{4-100}$$

式中：$\mu_{ij}(k,l)$ 为第 l 个模糊因素；$\sigma_{ij}(k,l)$ 为第 l 个模糊因素的展度；$\tau_{ij}(k,l)$ 为调整度。

对各个模糊因素的模糊隶属度进行基于模糊因素权集的加权平均，可得综合模糊隶属度为

$$f_{ij}(k)=\sum_{l=1}^{n}a_l\mu_{ij}(k,l) \tag{4-101}$$

这样便得到雷达 1 的 n_1 条航迹和雷达 2 的 n_2 条航迹之间的模糊关联矩阵，即

$$\boldsymbol{F}(k)=[f_{ij}(k)]_{n_1\times n_2} \tag{4-102}$$

模糊双阈值航迹关联方法也使用关联质量和脱离质量来判决航迹关联与否。关联质量及脱离质量更新的规则如下：

(1) 找出 $\boldsymbol{F}(k)$ 中最大元素 $f_{ij}(k)$，对于预先给定的阈值 ε，若 $f_{ij}(k)>\varepsilon$，则令关联质量 $m_{ij}(k)=m_{ij}(k-1)+1$，脱离质量 $d_{ij}(k)=d_{ij}(k-1)+1$；

(2) 消除已更新关联质量或脱离质量的航迹对后续更新的影响，令 $\boldsymbol{F}(k)$ 的第 i 行和第 j 列元素全为 0 即可；

(3) 重复步骤(1)、(2)直至 $\boldsymbol{F}(k)$ 中所有元素均小于或等于 ε；

(4) 对于关联质量和脱离质量都未被更新的元素 $f_{ij}(k)$，令对应位置 $d_{ij}(k)=d_{ij}(k-1)+1$。

4.3.3 抗差关联与误差配准

在组网雷达航迹关联的过程中，不可避免地会引入系统误差的影响。现有的系统误差估计方法一般采用两部雷达对消的方式，但这样不可避免地会引入不同雷达间航迹关联的问题。而在系统误差存在的条件下，要实现不同雷达航迹的有效关联，必须先估计或者去除这一系统误差的影响。这也就是说，系统误差估计与目标航迹关联将互为前提和条件[9]。

1. 系统误差对雷达组网航迹关联的影响

1) 系统误差的特点分析

系统误差是指按一定的规律变化，或者是在多次重复测量中保持不变的误差。其特点具体表现如下：

(1) 雷达系统误差不可避免；

(2) 不服从正态分布；

(3) 随时间动态漂移或产生变化；

(4) 随工作场景或环境发生变化；

(5) 可以校正，但不能通过增加测量次数来加以消除。

系统误差下的目标航迹如图 4-8 所示，由图可以看出，真实目标只有 7 个，在系统误

差的影响下，两部雷达的公共探测区域内却产生了大量的虚假和错误关联航迹。

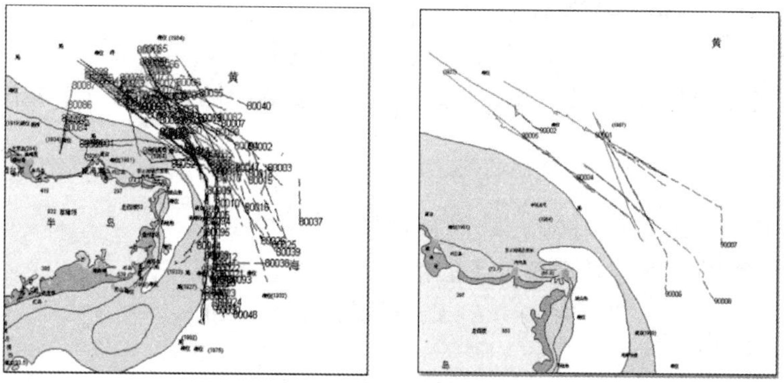

(a)　　　　(b)

图 4-8　系统误差下的目标航迹

2）系统误差对航迹关联的影响

假设两部 2D 雷达 A、B，雷达 A 在融合中心，雷达 B 在 $(x_{\mathrm{Bs}},0)$。两部雷达跟踪滤波效果良好，此时有

$$\begin{cases}\hat{x}_{\mathrm{A}}(k)=(r_{\mathrm{A}}(k)+\Delta r_{\mathrm{A}})\sin(\theta_{\mathrm{A}}(k)+\Delta\theta_{\mathrm{A}})\\ \hat{y}_{\mathrm{A}}(k)=(r_{\mathrm{A}}(k)+\Delta r_{\mathrm{A}})\cos(\theta_{\mathrm{A}}(k)+\Delta\theta_{\mathrm{A}})\end{cases}\tag{4-103}$$

$$\begin{cases}\hat{x}_{\mathrm{B}}(k)=(r_{\mathrm{B}}(k)+\Delta r_{\mathrm{B}})\sin(\theta_{\mathrm{B}}(k)+\Delta\theta_{\mathrm{B}})+x_{\mathrm{Bs}}\\ \hat{y}_{\mathrm{B}}(k)=(r_{\mathrm{B}}(k)+\Delta r_{\mathrm{B}})\cos(\theta_{\mathrm{B}}(k)+\Delta\theta_{\mathrm{B}})\end{cases}\tag{4-104}$$

式中：$(x(k),y(k))$ 为目标的真实状态；$(\Delta r_{\mathrm{A}},\Delta\theta_{\mathrm{A}})$ 为雷达 A 的系统偏差；$(\Delta r_{\mathrm{B}},\Delta\theta_{\mathrm{B}})$ 为雷达 B 的系统偏差。

联立式(4-103)和式(4-104)可得

$$\begin{cases}\hat{x}_{\mathrm{B}}(k)=\hat{x}_{\mathrm{A}}(k)\cos(\Delta\theta_{\mathrm{B}}-\Delta\theta_{\mathrm{A}})+\hat{y}_{\mathrm{A}}(k)\sin(\Delta\theta_{\mathrm{B}}-\Delta\theta_{\mathrm{A}})\\ \qquad -\{-[\Delta r_{\mathrm{A}}\sin(\theta_{\mathrm{A}}(k)+\Delta\theta_{\mathrm{B}})+\Delta r_{\mathrm{B}}\sin(\theta_{\mathrm{B}}(k)+\Delta\theta_{\mathrm{A}})]\}\\ \hat{y}_{\mathrm{B}}(k)=-\hat{x}_{\mathrm{A}}(k)\sin(\Delta\theta_{\mathrm{B}}-\Delta\theta_{\mathrm{A}})+\hat{y}_{\mathrm{A}}(k)\cos(\Delta\theta_{\mathrm{B}}-\Delta\theta_{\mathrm{A}})\\ \qquad -\{-(\Delta r_{\mathrm{A}}\cos(\theta_{\mathrm{A}}(k)+\Delta\theta_{\mathrm{B}})+\Delta r_{\mathrm{B}}\cos(\theta_{\mathrm{B}}(k)+\Delta\theta_{\mathrm{B}})]\}\end{cases}\tag{4-105}$$

且定义

$$\begin{cases}\theta_0=\Delta\theta_{\mathrm{B}}-\Delta\theta_{\mathrm{A}}\\ C_x=-[\Delta r_{\mathrm{A}}\sin(\theta_{\mathrm{A}}(k)+\Delta\theta_{\mathrm{B}})+\Delta r_{\mathrm{B}}\sin(\theta_{\mathrm{B}}(k)+\Delta\theta_{\mathrm{B}})]\\ C_y=-[\Delta r_{\mathrm{A}}\cos(\theta_{\mathrm{A}}(k)+\Delta\theta_{\mathrm{B}})+\Delta r_{\mathrm{B}}\cos(\theta_{\mathrm{B}}(k)+\Delta\theta_{\mathrm{B}})]\end{cases}\tag{4-106}$$

由式(4-103)～式(4-106)可知，只有方位角 $\theta_{\mathrm{A}}(k)$ 和 $\theta_{\mathrm{B}}(k)$ 是因目标运动而随时间变化的，其他的都是常量。进而平移量 C_x、C_y 可大致认为是常量。另外，从(4-105)和式(4-106)可以得出以下结论：两部雷达的距离系统误差的影响是使目标航迹发生平移，而方位角系统误差的影响主要是使目标航迹发生旋转；且在理想情况下，雷达 B 所滤波后上报的航迹与雷达 A 上报航迹经过旋转 θ_0 角度，再平移 (C_x,C_y) 后得到的航迹数据应该是重合的。

为进一步讨论系统误差对多雷达航迹关联的影响，设 $\boldsymbol{X}_{\mathrm{A}}(k)$ 和 $\boldsymbol{X}_{\mathrm{B}}(k)$ 分别为 k 时刻雷达 A 和雷达 B 对目标的状态估计，令

$$\boldsymbol{Y}(k)=\boldsymbol{X}_{\mathrm{A}}(k)-\boldsymbol{X}_{\mathrm{B}}(k) \tag{4-107}$$

则由基于统计的关联算法可知，两节点航迹关联的问题又可通过下式做进一步的分析判决：

$$\eta(k)=\boldsymbol{Y}(k)^{\mathrm{T}}(\boldsymbol{P}_{\mathrm{A}}(k)+\boldsymbol{P}_{\mathrm{B}}(k))^{-1},\boldsymbol{Y}(k)\leqslant\lambda \tag{4-108}$$

式中：$\boldsymbol{P}_{\mathrm{A}}(k)$、$\boldsymbol{P}_{\mathrm{B}}(k)$ 分别为 $\boldsymbol{X}_{\mathrm{A}}(k)$、$\boldsymbol{X}_{\mathrm{B}}(k)$ 所对应的协方差。

设 $\boldsymbol{B}(k)$ 为两节点航迹关联条件下的稳态系统误差，则有

$$\boldsymbol{B}(k)=E[\boldsymbol{X}_{\mathrm{A}}(k)-\boldsymbol{X}_{\mathrm{B}}(k)]\neq\boldsymbol{0} \tag{4-109}$$

进而，$\boldsymbol{Y}(k)$ 可进一步表示为

$$\boldsymbol{Y}(k)=\tilde{\boldsymbol{X}}(k)+\boldsymbol{B}(k) \tag{4-110}$$

且有

$$\tilde{\boldsymbol{X}}(k)\sim\mathrm{N}(0,\boldsymbol{P}_{\mathrm{A}}(k)+\boldsymbol{P}_{\mathrm{B}}(k)) \tag{4-111}$$

这时，式(4-113)中的检验统计量 $\eta(k)$ 可近似认为服从自由度为 4、非中心参数为 $\delta(k)$ 的非中心 χ^2 分布。

然而，在选取关联阈值时，由于系统误差的取值相对很小且很难求得，进而从工程实践的角度考虑，该阈值的选取是要服从 χ^2 分布的，进而关联中必然会产生对应地偏差。系统误差对组网雷达航迹关联的影响如图 4-9 所示。

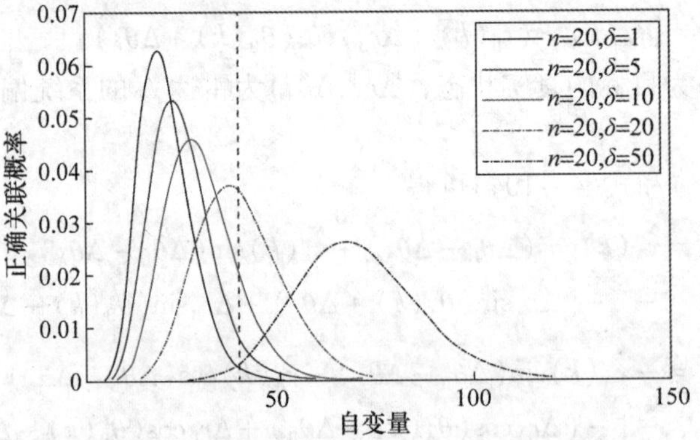

图 4-9　系统误差对组网雷达航迹关联的影响

2. 雷达组网抗差关联技术

在系统误差存在的条件下，传统的基于统计判决和模糊判决的航迹关联算法往往存在较大的偏差，可通过图像法、拓扑法和几何法来有效解决这一问题。

1)图像法

图像法在目标航迹集不完全一一对应的情况下，以航迹为单位进行迭代搜索，通过搜索航迹集中航迹映射关系，估计每步目标航迹间旋转及平移变换参数的两步迭代过程，实现航迹集间的逐步逼近和对准，最终获得目标航迹关联关系。

假设图形点集 $\boldsymbol{A}=\{\boldsymbol{a}^1,\boldsymbol{a}^2,\cdots,\boldsymbol{a}^p\}$ 和 $\boldsymbol{B}=\{\boldsymbol{b}^1,\boldsymbol{b}^2,\cdots,\boldsymbol{b}^q\}$ 之间存在旋转和平移刚体变换。定义第 l 步时的点集为 $\boldsymbol{A}_l$($l=0,1,2,\cdots$，且 $\boldsymbol{A}_0=\boldsymbol{A}$)，假设在 $l-1$ 步时已经获得一组

平移和旋转估计分别为 $\hat{\boldsymbol{T}}_{l-1}$、$\hat{\boldsymbol{R}}_{l-1}$，则有 $\boldsymbol{A}_l=\hat{\boldsymbol{R}}_{l-1}\boldsymbol{A}_{l-1}+\hat{\boldsymbol{T}}_{l-1}$，且对于每个点 $\boldsymbol{a}_l^i\in A_l$，有 $\boldsymbol{a}_l^i=\hat{\boldsymbol{R}}_{l-1}\boldsymbol{a}_{l-1}^i+\hat{\boldsymbol{T}}_{l-1}$。而在第 l 步时，对于各点 $\boldsymbol{a}_l^i\in\boldsymbol{A}_l$，在 $\boldsymbol{B}$ 中寻找距离该点最近的点，使得其满足

$$S_B(a_l^i)=\underset{b^j\in\boldsymbol{B}}{\operatorname{argmin}}\|\boldsymbol{a}_l^i-\boldsymbol{b}^j\|^2 \tag{4-112}$$

式中：$\|\bullet\|$ 表示欧几里得统计距离。

定义 $\boldsymbol{B}$ 中满足上述最近邻准则的所有点构成新的点集为 $\boldsymbol{S_B}(\boldsymbol{A}_l)$，则有

$$\boldsymbol{S_B}(\boldsymbol{A}_l)=\{\boldsymbol{S_B}(\boldsymbol{a}_l^1),\boldsymbol{S_B}(\boldsymbol{a}_l^2),\cdots,\boldsymbol{S_B}(\boldsymbol{a}_l^p)\} \tag{4-113}$$

$\boldsymbol{S_B}(\boldsymbol{A}_l)$ 也表示第 l 步时点集 $\boldsymbol{A}_l$ 中所有点在 $\boldsymbol{B}$ 中最近点的集合，且集合 $\boldsymbol{S_B}(\boldsymbol{A}_l)$ 与 $\boldsymbol{A}_l$ 中的点构成一一映射，即点 $\boldsymbol{a}_l^i\in\boldsymbol{A}_l$ 对应于点 $\boldsymbol{S_B}(\boldsymbol{a}_l^i)$。

假设 l 时刻 $\boldsymbol{A}_l$ 和 $\boldsymbol{S_B}(\boldsymbol{A}_l)$ 间仍然存在某种残余的旋转 $\boldsymbol{R}$ 与平移 $\boldsymbol{T}$，定义代价函数，也即变换后图形点集间的第 l 步不相似度为

$$\boldsymbol{N}_l(\boldsymbol{R},\boldsymbol{T})=\sum_{i=1}^{p}\|\boldsymbol{R}\,\boldsymbol{a}_l^i+\boldsymbol{T}-\boldsymbol{S_B}(\boldsymbol{a}_l^i)\|^2 \tag{4-114}$$

通过最小化代价函数 $\boldsymbol{N}_l(\boldsymbol{R},\boldsymbol{T})$，可获得此变换关系下刚体变换参数 $\boldsymbol{R}$ 和 $\boldsymbol{T}$ 的最优估计

$$(\hat{\boldsymbol{R}}_l,\hat{\boldsymbol{T}}_l)=\underset{\boldsymbol{R},\boldsymbol{T}}{\operatorname{argmin}}N_l(\boldsymbol{R},\boldsymbol{T}) \tag{4-115}$$

也即表示在旋转 $\hat{\boldsymbol{R}}_l$ 与平移 $\hat{\boldsymbol{T}}_l$ 下，图形点集 $\boldsymbol{A}_l$ 和 $\boldsymbol{S_B}(\boldsymbol{A}_l)$ 具有最大相似度。

图像法的实质是一种基于最小二乘准则的图形点集最优匹配方法，其重复地进行“确定点集间映射关系和获得刚体变换最优估计”两个过程，直到某个表示图形点集间正确匹配的收敛准则得到了满足为止，如图 4－10 所示。

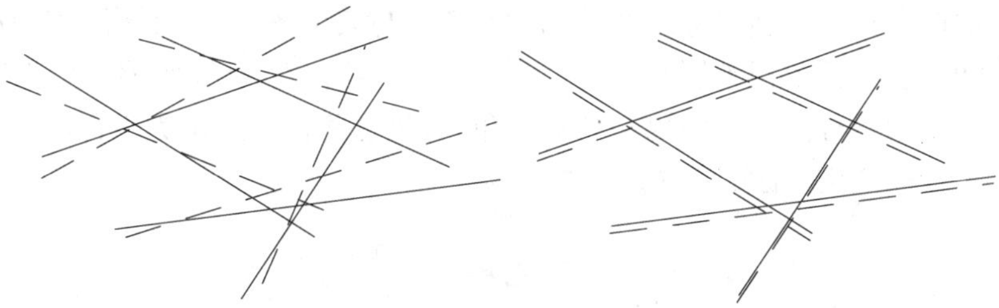

(a)图像对准前　　(b)图像对准后

图 4－10　图像法航迹关联

图像法通过采用上述航迹关联映射关系搜索与平移旋转参数估计及补偿，其基本流程可简要描述如下：

(1) 初始化。给定一组初始旋转与平移变换 $(\hat{\boldsymbol{R}}_0,\hat{\boldsymbol{T}}_0)$，一般可假设旋转角取 0°，而平移量取为两航迹集重心位置差；同时，初始时雷达 A 的目标航迹集 $\boldsymbol{M}_{\mathrm{A}}^0=\boldsymbol{M}_{\mathrm{A}}$。

(2) 获取映射航迹集。基于 $l-1$ 步变换的旋转与平移估计 $(\hat{\boldsymbol{R}}_{l-1},\hat{\boldsymbol{T}}_{l-1})$，构建第 l 步雷达 A 的目标航迹集 $\boldsymbol{M}_{\mathrm{A}}^l=\hat{\boldsymbol{R}}_{l-1}\boldsymbol{M}_{\mathrm{A}}^{l-1}+\hat{\boldsymbol{T}}_{l-1}$，并利用航迹映射搜索准则，获取目标航迹集 $\boldsymbol{M}_{\mathrm{A}}^l$ 中每条航迹在 $\boldsymbol{M}_{\mathrm{B}}$ 中的相匹配映射航迹，形成第 l 步更新航迹集 $\boldsymbol{M}_{\mathrm{A}}^{l\ \mathrm{T}}$ 与 $\boldsymbol{M}_{\mathrm{B}}(\boldsymbol{M}_{\mathrm{A}}^{l\ \mathrm{T}})$；

(3) 更新旋转与平移变换。各航迹之间对应关系不变的情况下，计算使第 l 步代价函数 $\boldsymbol{N}(\boldsymbol{R}_l,\boldsymbol{T}_l)$ 最小的变换估计，并令其为 $(\hat{\boldsymbol{R}}_l,\hat{\boldsymbol{T}}_l)$，参与下一步迭代。

(4) 终止与迭代。当 $\boldsymbol{M}_{\mathrm{B}}(\boldsymbol{M}_{\mathrm{A}}^{l\ \mathrm{T}})=\boldsymbol{M}_{\mathrm{B}}(\boldsymbol{M}_{\mathrm{A}}^{l-1\ \mathrm{T}})$,即前后迭代步得出的航迹集不变时,或者更新的旋转和平移角小于一定阈值时,终止更新,确定当前航迹集间映射关系为最终目标航迹对准关联关系。

当上述迭代步数超过预先给定数时,终止迭代更新,宣布航迹对准关联失败;否则,继续步骤(2)、(3),迭代更新映射航迹集与旋转与平移变换参数。

2)拓扑法

通常,组网雷达的系统误差只是使各雷达上报的目标航迹发生整体的平移和旋转,而不影响目标间的位置关系,即不影响目标航迹间的拓扑结构,如图 4-11 所示。这样,可构建反映目标拓扑结构的描述因子来实现目标航迹对准关联。

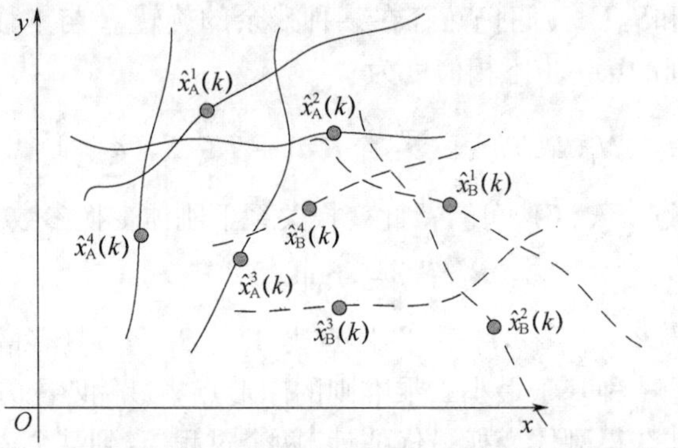

图 4-11 系统误差下的航迹拓扑结构

由于待关联目标与其他目标之间的相对距离及与其他各目标连线相对于该待关联目标航向的夹角不会受系统误差影响,因此可根据这些目标之间的拓扑信息定义该目标拓扑量。为同时反映目标间相对距离与相对夹角,可将这些信息表示为类似频谱的形式,即 k 时刻雷达 A 目标 i 点迹的复数域拓扑描述为

$$C_{\mathrm{A}}^{i}(k)=\sum_{n=1}^{n_A}\rho_{\mathrm{A}}^{in}(k)\mathrm{e}^{\mathrm{l}\theta_{\mathrm{A}}^{in}(k)} \tag{4-116}$$

式中:$\rho_{\mathrm{A}}^{in}(k)$ 为 k 时刻雷达 A 目标 n 点迹与目标 i 点迹间的距离;$\theta_{\mathrm{A}}^{in}(k)$ 为 k 时刻雷达 A 目标 n 点迹与目标 i 点迹间连线与目标 i 航向间的夹角,且 $\rho_{\mathrm{A}}^{ii}(k)\mathrm{e}^{\mathrm{l}\theta_{\mathrm{A}}^{ii}(k)}=0$。需要说明的是,为避免与雷达 B 目标航迹批号标识符 j 冲突,这里采用 l 表示虚数单位。

同样,k 时刻雷达 B 目标 j 点迹的复数域拓扑描述为

$$C_{\mathrm{B}}^{j}(k)=\sum_{n=1}^{n_B}\rho_{\mathrm{B}}^{jn}(k)\mathrm{e}^{\mathrm{l}\theta_{\mathrm{B}}^{jn}(k)} \tag{4-117}$$

且 $\rho_{\mathrm{B}}^{jj}(k)\mathrm{e}^{\mathrm{l}\theta_{\mathrm{B}}^{jj}(k)}=0$。

以图 4-12 中雷达 A、B 目标 3 为例,其能够形成如图 4-11 所示的拓扑结构,可得 k 时刻雷达 A、B 中目标 3 点迹的复数域拓扑描述分别为

$$C_{\mathrm{A}}^{3}(k)=\rho_{\mathrm{A}}^{31}(k)\mathrm{e}^{\mathrm{l}\theta_{\mathrm{A}}^{31}(k)}+\rho_{\mathrm{A}}^{32}(k)\mathrm{e}^{\mathrm{l}\theta_{\mathrm{A}}^{32}(k)}+\rho_{\mathrm{A}}^{34}(k)\mathrm{e}^{\mathrm{l}\theta_{\mathrm{A}}^{34}(k)} \tag{4-118}$$

$$C_{\mathrm{B}}^{3}(k)=\rho_{\mathrm{B}}^{31}(k)\mathrm{e}^{\mathrm{l}\theta_{\mathrm{B}}^{31}(k)}+\rho_{\mathrm{B}}^{32}(k)\mathrm{e}^{\mathrm{l}\theta_{\mathrm{B}}^{32}(k)}+\rho_{\mathrm{B}}^{34}(k)\mathrm{e}^{\mathrm{l}\theta_{\mathrm{B}}^{34}(k)} \tag{4-119}$$

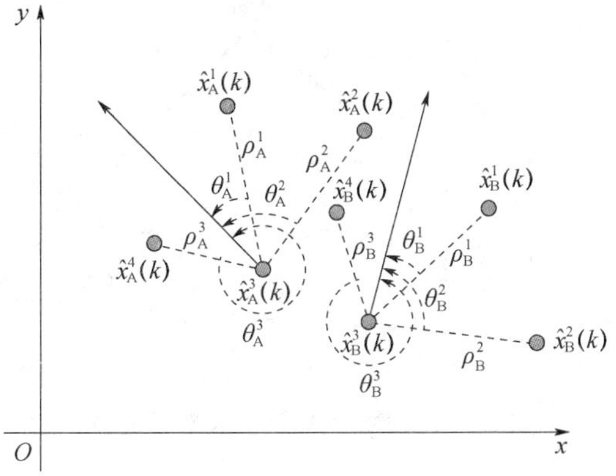

图 4 – 12　航迹点拓扑结构

k 时刻雷达 A 目标 i、雷达 B 目标 j 的航迹复数域拓扑描述则分别为

$$\begin{cases}\overline{\boldsymbol{C}}_A^i(k)=[C_A^i(1),\cdots,C_A^i(k)]\\ \overline{\boldsymbol{C}}_B^j(k)=[C_B^j(1),\cdots,C_B^j(k)]\end{cases}\tag{4-120}$$

雷达 A 目标 i、雷达 B 目标 j 的航迹间相似度定义为

$$\mathrm{cor}(\overline{\boldsymbol{C}}_A^i(k),\overline{\boldsymbol{C}}_B^j(k))=\frac{\overline{\boldsymbol{C}}_A^i(k)\overline{\boldsymbol{C}}_B^j(k)^{\mathrm{T}}}{\sqrt{|\overline{\boldsymbol{C}}_A^i(k)||\overline{\boldsymbol{C}}_B^j(k)|}}\tag{4-121}$$

基于每个可行对准关联矩阵中对应雷达目标航迹间的相似度,定义第 t 个可行对准关联矩阵的可行度为

$$\varsigma^t=\sum_{i=0}^{n_A}\sum_{j=0}^{n_B}\hat{\omega}_{ij}^t\mathrm{cor}(\overline{\boldsymbol{C}}_A^i(k),\overline{\boldsymbol{C}}_B^j(k)),t=1,2,\cdots,T_N\tag{4-122}$$

由于可行对准关联矩阵包含了两部雷达目标航迹之间的各种可能关联关系,航迹对准关联判决就等同于寻找使得可行度最大的可行对准关联矩阵,即

$$\hat{\boldsymbol{\Omega}}=\arg\max_{\hat{\boldsymbol{\Omega}}^t}\varsigma^t,t=1,2,\cdots,T_N\tag{4-123}$$

3)几何法

如图 4 – 13 所示,在由雷达和目标所组成的三角形中,根据余弦定理可得

$$\begin{cases}\cos\beta_A=\dfrac{r_A^2+d^2-r_B^2}{2r_Ad}\\[2ex] \cos\beta_B=\dfrac{r_B^2+d^2-r_A^2}{2r_Bd}\end{cases}\tag{4-124}$$

在雷达 A 和雷达 B 处,由立体几何的相关知识可以推导出

$$\begin{cases}\cos\varphi_A=\dfrac{\cos\beta_A}{\cos\theta_{t\_A}}\\[2ex] \cos\varphi_B=\dfrac{\cos\beta_B}{\cos\theta_{t\_B}}\end{cases}\tag{4-125}$$

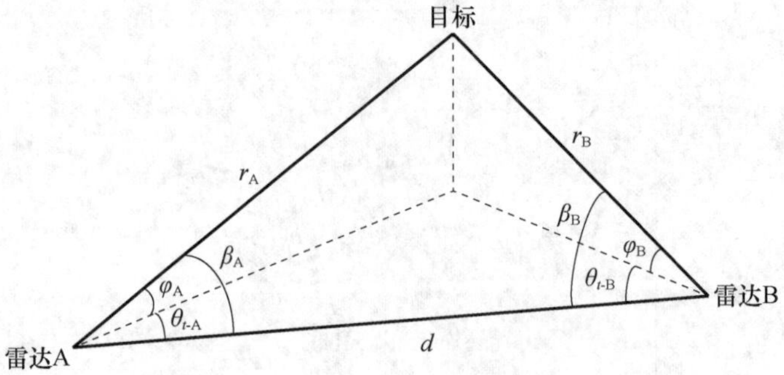

图 4-13 雷达网和目标的空间位置

式(4-125)可变形为

$$\begin{cases}\cos\beta_{\mathrm{A}}-\cos\varphi_{\mathrm{A}}\cos\theta_{t\_\mathrm{A}}=0\\ \cos\beta_{\mathrm{B}}-\cos\varphi_{\mathrm{B}}\cos\theta_{t\_\mathrm{B}}=0\end{cases} \tag{4-126}$$

式(4-126)表明,在没有系统偏差和雷达随机量测误差的影响下,当两部雷达观测的航迹对应于同一目标时,雷达和目标的空间位置是唯一确定的,能够满足式(4-126)。于是,可以对异地配置的雷达网与目标空间位置图的唯一性构建关联模型,只有当两部雷达量测对应于同一目标时,才能满足式(4-126),即可根据此式建立关联模型如下:

$$\begin{cases}f_{\mathrm{A},ij}(k)=\cos\beta_{\mathrm{A},i}-\cos\varphi_{\mathrm{A},i}\cos\theta_{t\_\mathrm{A}}\\ f_{\mathrm{B},ij}(k)=\cos\beta_{\mathrm{B},j}-\cos\varphi_{\mathrm{B},j}\cos\theta_{t\_\mathrm{B}}\end{cases} \tag{4-127}$$

式中:i 表示雷达 A 的第 i 条航迹,$i=1,\cdots,N_{\mathrm{A}}$,$N_{\mathrm{A}}$ 为雷达 A 产生的航迹数;j 表示雷达 B 的第 j 条航迹,$j=1,\cdots,N_{\mathrm{B}}$,$N_{\mathrm{B}}$ 为雷达 B 产生的航迹数。显然,关联函数 $f_{\mathrm{A},ij}(k)$ 和函数 $f_{\mathrm{B},ij}(k)$ 具有相同的物理意义。

融合中心,假定在某一时刻 k,对雷达 A 的航迹 i 和雷达 B 的航迹 j,将式(4-124)、式(4-125)和式(4-126)代入式(4-127),可得

$$\begin{aligned}f_{\mathrm{A},ij}(k)&=\frac{{r'_{\mathrm{A},i}}^2(k)+d^2-{r'_{\mathrm{B},j}}^2(k)}{2r'_{\mathrm{A},i}(k)d}-\cos\varphi'_{\mathrm{A},i}(k)\cos\theta_{t\_\mathrm{A}}\\ &=\frac{[r_{\mathrm{A},i}(k)+\Delta r_{\mathrm{A}}+\xi_{\mathrm{A}r}(k)]^2+d^2-[r_{\mathrm{B},j}(k)+\Delta r_{\mathrm{B}}+\xi_{\mathrm{B}r}(k)]^2}{2[r_{\mathrm{A},i}(k)+\Delta r_{\mathrm{A}}+\xi_{\mathrm{A}r}(k)]d}\\ &\quad-\cos(\varphi_{\mathrm{A},i}(k)+\Delta\varphi_{\mathrm{A}}+\xi_{\mathrm{A}\varphi}(k))\cos(\theta_{\mathrm{A\_B}}-\theta_{\mathrm{A},i}(k)-\Delta\theta_{\mathrm{A}}-\xi_{\mathrm{A}\theta}(k))\end{aligned} \tag{4-128}$$

$$\begin{aligned}f_{\mathrm{B},ij}(k)&=\frac{{r'_{\mathrm{B},j}}^2(k)+d^2-{r'_{\mathrm{A},i}}^2(k)}{2r'_{\mathrm{B},j}(k)d}-\cos\varphi'_{\mathrm{B},j}(k)\cos\theta_{t\_\mathrm{B}}\\ &=\frac{[r_{\mathrm{B},j}(k)+\Delta r_{\mathrm{B}}+\xi_{\mathrm{B}r}(k)]^2+d^2-[r_{\mathrm{A},i}(k)+\Delta r_{\mathrm{A}}+\xi_{\mathrm{A}r}(k)]^2}{2[r_{\mathrm{B},j}(k)+\Delta r_{\mathrm{B}}+\xi_{\mathrm{B}r}(k)]d}\\ &\quad-\cos(\varphi_{\mathrm{B},j}(k)+\Delta\varphi_{\mathrm{B}}+\xi_{\mathrm{B}\varphi}(k))\cos(\theta_{\mathrm{B},j}(k)+\Delta\theta_{\mathrm{B}}+\xi_{\mathrm{B}\theta}(k)-\theta_{\mathrm{B\_A}})\end{aligned} \tag{4-129}$$

式(4-128)和式(4-129)经泰勒展开后,可分别化简为

$$f_{\mathrm{A},ij}(k)=f_{\mathrm{A},ij}(k,\boldsymbol{\Delta}',\boldsymbol{\xi}')+\boldsymbol{C}_{\mathrm{A}}^{\mathrm{T}}\boldsymbol{\Delta}+\boldsymbol{C}_{\mathrm{A}}^{\mathrm{T}}\boldsymbol{\xi} \tag{4-130}$$

$$f_{\mathrm{B},ij}(k)=f_{\mathrm{B},ij}(k,\boldsymbol{\Delta}',\boldsymbol{\xi}')+\boldsymbol{C}_{\mathrm{B}}^{\mathrm{T}}\boldsymbol{\Delta}+\boldsymbol{C}_{\mathrm{B}}^{\mathrm{T}}\boldsymbol{\xi} \tag{4-131}$$

雷达的系统偏差在观测过程中是一直存在的,是固定不变的,且在实际工程应用中,雷达的系统偏差取值是在一定范围内变化的,若超过一定的范围,该雷达的数据是不能够

用于实际的。于是,考虑雷达系统允许的最大系统偏差为$\Delta_{\max}$,最大偏差值为正值。根据绝对值不等式,由式(4-130)可得

$$\begin{aligned} f_{\hat{A},ij}(k) &= \boldsymbol{C}_A{}^T\boldsymbol{\Delta} \\ &\leqslant |\boldsymbol{C}_A{}^T\boldsymbol{\Delta}| \\ &\leqslant |\boldsymbol{C}_A{}^T||\boldsymbol{\Delta}| \\ &\leqslant |\boldsymbol{C}_A{}^T||\boldsymbol{\Delta}_{\max}| \end{aligned} \tag{4-132}$$

同理,可得

$$f_{\hat{B},ij}(k) \leqslant |\boldsymbol{C}_B{}^T||\boldsymbol{\Delta}_{\max}| \tag{4-133}$$

由于雷达不能够得到目标的真实值,而雷达系统偏差相对于目标真实值很小,在计算过程中可以用滤波后的估计值代替目标的真实值。

3. 雷达组网误差配准技术

按照雷达系统误差估计的实现形式,系统误差估计技术可分为两大类:一类是离线批处理估计,这类技术通常采用线性系统建模方法,通过构造雷达对目标量测与系统误差间的等效观测关系对雷达系统误差进行离线估计;另一类是在线实时估计,这类技术通常将系统误差从目标状态中解耦,通过单独对系统误差构建近似观测方程,实现对系统误差的实时估计。

1) 离线误差配准技术

实时质量控制(Real Time Quality Control,RTQC)算法是一种基于球(极)投影的配准算法,此类算法在配准前,将不同雷达对同一目标的量测投影到同一公共的二维坐标系中,因此算法只能估计雷达的方位偏差和距离偏差。

假设配准误差

$$\beta = [\Delta R_A, \Delta R_B, \Delta\theta_A, \Delta\theta_B]^T \tag{4-134}$$

对于投影到平面上的两个雷达站S_A和S_B,坐标分别为(x_{SA}, y_{SA})和(x_{SB}, y_{SB})。(x'_A, y'_A)和(x'_B, y'_B)分别表示目标T_k在两部雷达局部坐标系中的坐标,(R_A, θ_A)和(R_B, θ_B)为两部雷达对目标T_k的量测。如果忽略随机量测误差R_r、θ_r、R'_r、θ'_r的影响,由图4-14的几何关系可知:

$$\begin{cases} x'_A = (R_A - \Delta R_A)\sin(\theta_A - \Delta\theta_A) \\ y'_A = (R_A - \Delta R_A)\cos(\theta_A - \Delta\theta_A) \end{cases} \tag{4-135}$$

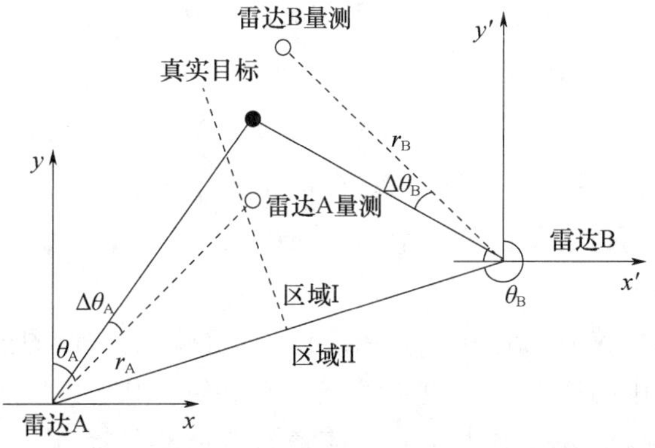

图4-14　基于实时质量控制的误差配准

进一步表示为

$$\begin{cases}x'_{\mathrm{A}}=R_{\mathrm{A}}\sin\theta_{\mathrm{A}}-\Delta R_{\mathrm{A}}\sin\theta_{\mathrm{A}}-R_{\mathrm{A}}\Delta\theta_{\mathrm{A}}\cos\theta_{\mathrm{A}}\\ y'_{\mathrm{A}}=R_{\mathrm{A}}\cos\theta_{\mathrm{A}}-\Delta R_{\mathrm{A}}\cos\theta_{\mathrm{A}}+R_{\mathrm{A}}\Delta\theta_{\mathrm{A}}\sin\theta_{\mathrm{A}}\end{cases}\tag{4-136}$$

同理,可得

$$\begin{cases}x'_{\mathrm{B}}=R_{\mathrm{B}}\sin\theta_{\mathrm{B}}-\Delta R_{\mathrm{B}}\sin\theta_{\mathrm{B}}-R_{\mathrm{B}}\Delta\theta_{\mathrm{B}}\cos\theta_{\mathrm{B}}\\ y'_{\mathrm{B}}=R_{\mathrm{B}}\cos\theta_{\mathrm{B}}-\Delta R_{\mathrm{B}}\cos\theta_{\mathrm{B}}+R_{\mathrm{B}}\Delta\theta_{\mathrm{B}}\sin\theta_{\mathrm{B}}\end{cases}\tag{4-137}$$

对于同一目标,有

$$\begin{cases}x_{SA}+x'_{\mathrm{A}}=x_{SB}+x'_{\mathrm{B}}\\ y_{SA}+y'_{\mathrm{A}}=y_{SB}+y'_{\mathrm{B}}\end{cases}\tag{4-138}$$

令

$$\begin{cases}x_{\mathrm{A}}=x_{SA}+R_{\mathrm{A}}\sin\theta_{\mathrm{A}}\\ y_{\mathrm{A}}=y_{SA}+R_{\mathrm{A}}\cos\theta_{\mathrm{A}}\\ x_{\mathrm{B}}=x_{SB}+R_{\mathrm{B}}\sin\theta_{\mathrm{B}}\\ y_{\mathrm{B}}=y_{SB}+R_{\mathrm{B}}\cos\theta_{\mathrm{B}}\end{cases}\tag{4-139}$$

$$\begin{cases}A=x_{\mathrm{A}}-x_{\mathrm{B}}=\sin\theta_{\mathrm{A}}\Delta R_{\mathrm{A}}-\sin\theta_{\mathrm{B}}\Delta R_{\mathrm{B}}+R_{\mathrm{A}}\cos\theta_{\mathrm{A}}\Delta\theta_{\mathrm{A}}-R_{\mathrm{B}}\cos\theta_{\mathrm{B}}\Delta\theta_{\mathrm{B}}\\ B=y_{\mathrm{A}}-y_{\mathrm{B}}=\cos\theta_{\mathrm{A}}\Delta R_{\mathrm{A}}-\cos\theta_{\mathrm{B}}\Delta R_{\mathrm{B}}-R_{\mathrm{A}}\sin\theta_{\mathrm{A}}\Delta\theta_{\mathrm{A}}+R_{\mathrm{B}}\sin\theta_{\mathrm{B}}\Delta\theta_{\mathrm{B}}\end{cases}\tag{4-140}$$

$$\begin{cases}\mathrm{PP}=A\sin\theta_{\mathrm{A}}+B\cos\theta_{\mathrm{A}}\\ \mathrm{QQ}=-A\sin\theta_{\mathrm{B}}-B\cos\theta_{\mathrm{B}}\end{cases}\tag{4-141}$$

将式(4-138)、式(4-139)代入式(4-140)、式(4-141)中,可得

$$\begin{cases}\mathrm{PP}=\Delta R_{\mathrm{A}}-\cos(\theta_{\mathrm{A}}-\theta_{\mathrm{B}})\Delta R_{\mathrm{B}}-R_{\mathrm{B}}\sin(\theta_{\mathrm{A}}-\theta_{\mathrm{B}})\Delta\theta_{\mathrm{B}}\\ \mathrm{QQ}=-\cos(\theta_{\mathrm{A}}-\theta_{\mathrm{B}})\Delta R_{\mathrm{A}}+\Delta R_{\mathrm{B}}+R_{\mathrm{A}}\sin(\theta_{\mathrm{A}}-\theta_{\mathrm{B}})\Delta\theta_{\mathrm{A}}\end{cases}\tag{4-142}$$

对所有点迹取平均,可得

$$\overline{[\mathrm{PP}_1\mathrm{QQ}_1\mathrm{PP}_2\mathrm{QQ}_2]}^{\mathrm{T}}=\boldsymbol{S}\,[\Delta R_{\mathrm{A}}\Delta R_{\mathrm{B}}\Delta\theta_{\mathrm{A}}\Delta\theta_{\mathrm{B}}]^{\mathrm{T}}\tag{4-143}$$

式中

$$\boldsymbol{S}=\begin{bmatrix}1 & \overline{-\cos(\theta_{\mathrm{A1}}-\theta_{\mathrm{B1}})} & 0 & \overline{-R_{\mathrm{B1}}\sin(\theta_{\mathrm{A1}}-\theta_{\mathrm{B1}})}\\ \overline{-\cos(\theta_{\mathrm{A1}}-\theta_{\mathrm{B1}})} & 1 & \overline{R_{\mathrm{A1}}\sin(\theta_{\mathrm{A1}}-\theta_{\mathrm{B1}})} & 0\\ 1 & \overline{-\cos(\theta_{\mathrm{A2}}-\theta_{\mathrm{B2}})} & 0 & \overline{-R_{\mathrm{B2}}\sin(\theta_{\mathrm{A2}}-\theta_{\mathrm{B2}})}\\ \overline{-\cos(\theta_{\mathrm{A2}}-\theta_{\mathrm{B2}})} & 1 & \overline{R_{\mathrm{A2}}\sin(\theta_{\mathrm{A2}}-\theta_{\mathrm{B2}})} & 0\end{bmatrix}\tag{4-144}$$

式中:横线表示取平均;下标为 1 表示区域Ⅰ中的点迹;下标为 2 表示区域Ⅱ中的点迹。

通过式(4-143)可以解得误差向量$\boldsymbol{\beta}=[\Delta R_{\mathrm{A}},\Delta R_{\mathrm{B}},\Delta\theta_{\mathrm{A}},\Delta\theta_{\mathrm{B}}]^{\mathrm{T}}$。

2)在线误差配准技术

在线误差配准技术是将目标状态和系统误差进行联合估计的扩维滤波技术,即将系统误差作为状态向量中的扩维部分,进行系统误差和目标状态的联合滤波。

假设多雷达公共探测区域中共有 M 个匀速直线运动目标,设定 k 时刻目标 t 的位置为$(x^t(k),y^t(k),z^t(k))$,速度为$(\dot{x}^t(k),\dot{y}^t(k),\dot{z}^t(k))$,则可以定义 k 时刻第 l_{ij} 个组合中目标 t 的包含目标状态和雷达系统误差的扩维系统状态向量为

$$X_{l_{ij}}^{t}(k)=[Y^{t}(k)^{\mathrm{T}},b_{l_{ij}}(k)^{\mathrm{T}}]^{\mathrm{T}} \tag{4-145}$$

式中

$$Y^{t}(k)=[x^{t}(k),\dot{x}^{t}(k),y^{t}(k),\dot{y}^{t}(k),z^{t}(k),\dot{z}^{t}(k)]^{\mathrm{T}} \tag{4-146}$$

$$\begin{aligned}b_{l_{ij}}(k)&=[b_i(k)\mathrm{T},b_j(k)^{\mathrm{T}}]^{\mathrm{T}}\\&=[\Delta R_i(k),\Delta\theta_i(k),\Delta\eta_i(k),\Delta R_j(k),\Delta\theta_j(k),\Delta\eta_j(k)]^{\mathrm{T}}\end{aligned} \tag{4-147}$$

不失一般性，目标 t 的离散化状态方程可表示为

$$Y^{t}(k+1)=F_{Y}(k)Y^{t}(k)+G_{Y}(k)V^{t}(k) \tag{4-148}$$

式中

$$F_{Y}(k)=\mathrm{diag}\left(\begin{bmatrix}1&T\\0&1\end{bmatrix},\begin{bmatrix}1&T\\0&1\end{bmatrix},\begin{bmatrix}1&T\\0&1\end{bmatrix}\right) \tag{4-149}$$

$$G_{Y}(k)=\mathrm{diag}\left(\begin{bmatrix}T^2/2\\T\end{bmatrix},\begin{bmatrix}T^2/2\\T\end{bmatrix},\begin{bmatrix}T^2/2\\T\end{bmatrix}\right) \tag{4-150}$$

一般情况下，认为系统误差为恒定量或长时间内缓慢变化量，因而雷达 i、j 组合的系统误差向量可以描述为

$$b_{l_{ij}}(k+1)=I_{6\times6}b_{l_{ij}}(k) \tag{4-151}$$

式中：$I_{6\times6}$ 为 6×6 的单位矩阵。

第 l_{ij} 个组合相应于目标 t 的量测方程为

$$Z_{l_{ij}}^{t}(k)=h(X_{l_{ij}}^{t}(k))+W_{l_{ij}}(k) \tag{4-152}$$

式中

$$Z_{l_{ij}}^{t}(k)=[R_i^t(k),\theta_i^t(k),\eta_i^t(k),R_j^t(k),\theta_j^t(k),\eta_j^t(k)]^{\mathrm{T}} \tag{4-153}$$

$$h(X_{l_{ij}}^{t}(k))=\begin{bmatrix}\sqrt{(x^t(k)-u_i)^2+(y^t(k)-v_i)^2+(z^t(k)-w_i)^2}+\Delta R_i\\ \arctan\left(\dfrac{x^t(k)-u_i}{y^t(k)-v_i}\right)+\Delta\theta_i\\ \arctan\left(\dfrac{z^t(k)-w_i}{\sqrt{(x^t(k)-u_i)^2+(y^t(k)-v_i)^2}}\right)+\Delta\eta_i\\ \sqrt{(x^t(k)-u_j)^2+(y^t(k)-v_j)^2+(z^t(k)-w_j)^2}+\Delta R_j\\ \arctan\left(\dfrac{x^t(k)-u_j}{y^t(k)-v_j}\right)+\Delta\theta_j\\ \arctan\left(\dfrac{z^t(k)-w_j}{\sqrt{(x^t(k)-u_j)^2+(y^t(k)-v_j)^2}}\right)+\Delta\eta_j\end{bmatrix} \tag{4-154}$$

这时，利用卡尔曼滤波的方法即可实现对系统误差的在线实时估计。

4.4　雷达组网中的航迹融合技术

在雷达组网融合系统中，各雷达都通过自身的处理器来对数据进行预先处理，获得局部航迹后，把处理结果送至融合中心进行融合，主要包括加权航迹融合法、Bar Shalom – Campo 航迹融合法、最优分布式航迹融合法等[10]。

4.4.1 航迹融合的结构和相关估计误差问题

1. 雷达到雷达的航迹融合结构

系统航迹的状态估计是由来自不同雷达的航迹估计融合得到的。此过程中,不利用历史的系统航迹状态估计,也就不必处理相关估计误差,如图 4-15 所示。

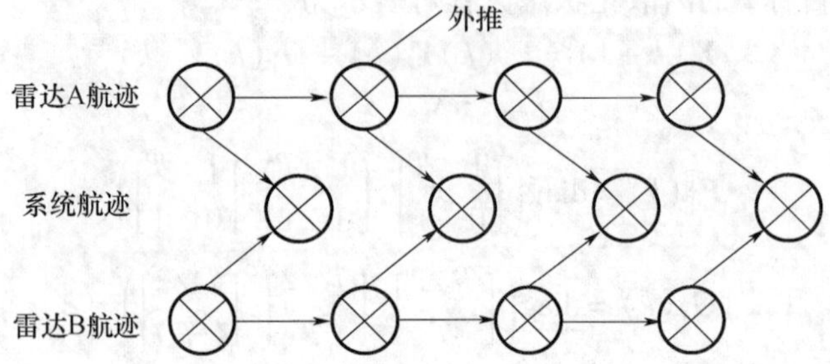

图 4-15　雷达到雷达的航迹融合

2. 雷达到系统的融合结构

融合中心接收到雷达航迹,就把系统航迹的状态估计外推到相同时刻,并与雷达航迹进行融合。接收到另外一组雷达航迹时,重复此过程,如图 4-16 所示。在这种结构中系统航迹中的任何误差都会影响以后的融合性能。

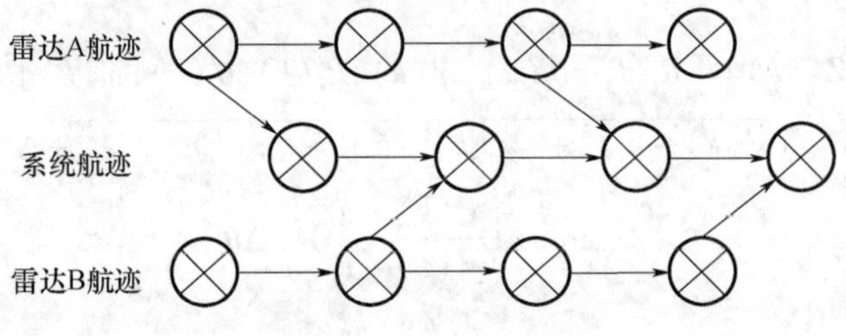

图 4-16　雷达到系统的航迹融合

如果雷达航迹的估计误差是不相关的,则融合比较简单。但在通常情况下,两条航迹之间的估计误差是相关的。

(1) 雷达到雷达的融合结构:给定某一时刻的目标状态,当目标状态方程不确定时,来自两条雷达航迹的量测不一定条件独立,可能有共同的过程噪声,这样就使得估计误差可能不独立。

(2) 雷达到系统的融合结构:无论雷达航迹还是系统航迹都包含了历史航迹中的信息,有共同的先验估计,从量测到融合节点存在多径,就存在此雷达航迹引起的相关误差。

4.4.2 加权航迹融合算法

在 k 时刻对同一目标,雷达 i 的局部状态估计为 $\boldsymbol{X}_i(k)$,估计协方差为 $\boldsymbol{P}_i(k)$,雷达 j 的局部估计分为 $\boldsymbol{X}_j(k)$,估计协方差为 $\boldsymbol{P}_j(k)$,两部雷达的估计误差独立,均值为零。

融合中心对于任意两部雷达之间的航迹状态估计融合结果为

$$\boldsymbol{X}(k)=\boldsymbol{P}_j(k)(\boldsymbol{P}_i(k)+\boldsymbol{P}_j(k))^{-1}\boldsymbol{X}_i(k)+\boldsymbol{P}_i(k)(\boldsymbol{P}_i(k)+\boldsymbol{P}_j(k))^{-1}\boldsymbol{X}_j(k) \tag{4-155}$$

协方差融合方程为

$$\boldsymbol{P}(k)=\boldsymbol{P}_i(k)(\boldsymbol{P}_i(k)+\boldsymbol{P}_j(k))^{-1}\boldsymbol{P}_j(k) \tag{4-156}$$

对应的信息矩阵形式分别为

$$\boldsymbol{X}(k)=[\boldsymbol{P}_i(k)^{-1}+\boldsymbol{P}_j(k)^{-1}]^{-1}\boldsymbol{P}_i(k)^{-1}\boldsymbol{X}_i(k)+[\boldsymbol{P}_i(k)^{-1}+\boldsymbol{P}_j(k)^{-1}]^{-1}\boldsymbol{P}_j(k)^{-1}\boldsymbol{X}_j(k) \tag{4-157}$$

$$\boldsymbol{P}(k)^{-1}=\boldsymbol{P}_i(k)^{-1}+\boldsymbol{P}_j(k)^{-1} \tag{4-158}$$

扩展到 $N>2$ 的情况,假设雷达之间不存在误差的相关性,则融合方程为

$$\begin{cases}\boldsymbol{X}(k)=\left[\sum_{i=1}^{N}\boldsymbol{P}_i(k)^{-1}\right]^{-1}\sum_{i=1}^{N}\boldsymbol{P}_i(k)^{-1}\boldsymbol{X}_i(k)\\ \boldsymbol{P}(k)^{-1}=\sum_{i=1}^{N}\boldsymbol{P}_i(k)^{-1}\end{cases} \tag{4-159}$$

加权航迹融合算法相对来说更容易实现,其应用十分广泛。当不存在过程噪声,且雷达在初始时刻的估计误差不相关时,该算法是最优的。

4.4.3　Bar Shalom - Campo 航迹融合算法

当航迹间的局部估计误差存在相关时,简单凸组合融合算法就不能达到最优。Bar Shalom - Campo航迹融合算法则考虑了各雷达间误差的相关性。

假设航迹间的状态估计误差

$$\boldsymbol{D}_{ij}(k)=\boldsymbol{X}_i(k)-\boldsymbol{X}_j(k) \tag{4-160}$$

则 $\boldsymbol{D}_{ij}(k)$的协方差阵为

$$E[\boldsymbol{D}_{ij}(k)\boldsymbol{D}_{ij}(k)^{\mathrm{T}}]=\boldsymbol{P}_i(k)+\boldsymbol{P}_j(k)-\boldsymbol{P}_{ij}(k)-\boldsymbol{P}_{ji}(k) \tag{4-161}$$

式中:$\boldsymbol{P}_{ij}(k)$为

$$\boldsymbol{P}_{ij}(k)=(\boldsymbol{I}-\boldsymbol{K}(k)\boldsymbol{H}(k))(\boldsymbol{F}(k)\boldsymbol{P}_{ij}(k-1)\boldsymbol{F}(k)^{\mathrm{T}}+\boldsymbol{Q}(k))(\boldsymbol{I}-\boldsymbol{K}(k)\boldsymbol{H}(k))^{\mathrm{T}} \tag{4-162}$$

同理,可得 $\boldsymbol{P}_{ji}(k)$。

则相应的状态融合方程及误差协方差为

$$\begin{cases}\boldsymbol{X}(k)=\boldsymbol{X}_i(k)+(\boldsymbol{P}_i(k)-\boldsymbol{P}_{ij}(k))(\boldsymbol{P}_i(k)+\boldsymbol{P}_j(k)-\boldsymbol{P}_{ij}(k)-\boldsymbol{P}_{ji}(k))^{-1}(\boldsymbol{X}_j(k)-\boldsymbol{X}_i(k))\\ \boldsymbol{P}(k)=\boldsymbol{P}_i(k)-(\boldsymbol{P}_i(k)-\boldsymbol{P}_{ij}(k))(\boldsymbol{P}_i(k)+\boldsymbol{P}_j(k)-\boldsymbol{P}_{ij}(k)-\boldsymbol{P}_{ji}(k))^{-1}(\boldsymbol{P}_i(k)-\boldsymbol{P}_{ij}(k))\end{cases} \tag{4-163}$$

4.4.4　最优分布式航迹融合算法

在无法得知互协方差的前提下,获取全局的最优估计不但需要获取各雷达的更新,而且需要局部的预测,最优分布式航迹融合算法正是基于这样的思想。

假设有 N 部雷达对目标进行跟踪,量测方程与目标状态方程可表示为

$$\boldsymbol{X}(k+1)=\boldsymbol{F}(k)\boldsymbol{X}(k)+\boldsymbol{V}(k) \tag{4-164}$$

$$\boldsymbol{Z}_i(k+1)=\boldsymbol{H}_i(k)\boldsymbol{X}(k)+\boldsymbol{W}_i(k),i=1,2,\cdots,N \tag{4-165}$$

式中:$\boldsymbol{F}(k)$为状态转移矩阵;$\boldsymbol{H}_i(k)$为量测矩阵;$\boldsymbol{V}(k)$为过程噪声矩阵;$\boldsymbol{W}(k)$为量测噪声矩阵。

在 k 时刻雷达 i 进行卡尔曼滤波的更新方程为

$$\boldsymbol{X}_i(k+1|k+1)=\boldsymbol{X}_i(k+1|k)+\boldsymbol{P}_i(k+1|k+1)\boldsymbol{H}_i(k+1)^{\mathrm{T}}\boldsymbol{R}_i(k+1)^{-1}(\boldsymbol{Z}_i(k+1)-\boldsymbol{H}(k+1)\boldsymbol{X}_i(k+1|k)) \tag{4-166}$$

$$\boldsymbol{P}_i(k+1|k+1)^{-1}=\boldsymbol{P}_i(k+1|k)^{-1}+\boldsymbol{H}(k+1)^{\mathrm{T}}\boldsymbol{R}_i(k+1|k)^{-1}\boldsymbol{H}(k+1) \tag{4-167}$$

类似地，$k+1$ 时刻融合中心的更新方程为

$$\boldsymbol{X}(k+1|k+1)=\boldsymbol{X}(k+1|k)+\boldsymbol{K}(k+1)(\boldsymbol{Z}(k+1)-\boldsymbol{H}(k+1)\boldsymbol{X}(k+1|k)) \tag{4-168}$$

$$\boldsymbol{P}(k+1|k+1)^{-1}=\boldsymbol{P}(k+1|k)^{-1}+\boldsymbol{H}(k+1)^{\mathrm{T}}\boldsymbol{R}(k+1|k)^{-1}\boldsymbol{H}(k+1) \tag{4-169}$$

中心估计不使用量测来获取全局估计，而仅仅联合局部估计。进而

$$\boldsymbol{P}(k+1|k+1)^{-1}\boldsymbol{X}(k+1|k+1)=\boldsymbol{P}(k+1|k)^{-1}\boldsymbol{X}(k+1|k+1)+\boldsymbol{H}(k+1)^{\mathrm{T}}\boldsymbol{R}(k+1|k)^{-1}\boldsymbol{Z}(k+1) \tag{4-170}$$

中心状态估计的更新方程可表示为

$$\boldsymbol{X}(k+1|k+1)=\boldsymbol{X}(k+1|k)+\boldsymbol{P}(k+1|k+1)\sum_{i=1}^{N}\boldsymbol{H}_i(k+1)^{\mathrm{T}}\boldsymbol{R}_i(k+1)^{-1}(\boldsymbol{Z}_i(k+1)-\boldsymbol{H}(k+1)\boldsymbol{X}_i(k+1|k)) \tag{4-171}$$

$$\boldsymbol{P}(k+1|k+1)^{-1}=\sum_{i=1}^{N}\boldsymbol{H}(k+1)^{\mathrm{T}}\boldsymbol{R}_i(k+1|k)^{-1}\boldsymbol{Z}_i(k+1) \tag{4-172}$$

中心估计器的协方差更新方程可表示为

$$\boldsymbol{P}(k+1|k+1)^{-1}=\boldsymbol{P}(k+1|k)^{-1}+\sum_{i=1}^{N}[\boldsymbol{P}_i(k+1|k+1)^{-1}-\boldsymbol{P}_i(k+1|k)^{-1}] \tag{4-173}$$

参考文献

[1] 美陆军将采购“铁穹”防御系统 已在以色列投入实战［EB/OL］. 参考军事，2019－08－14.

[2] Bi X, Du J S, Zhang Q S. Improved multi－target radar TBD algorithm［J］. Journal of Systems Engineering and Electronics, 2015, 26(6): 1229－1235.

[3] 严康. 多传感器多目标航迹跟踪与融合算法研究［D］. 南京：南京理工大学，2012.

[4] Li X R. A survey of maneuvering target tracking. Part V: multiple－model methods［J］. IEEE Trans. on Aerospace and Electronic Systems, 2005, 41(4): 1225－1295.

[5] Zhang X Y. Huang J L, Wang G H, et al. Hypersonic target tracking with high dynamic biases［J］. IEEE Transactions on Aerospace and Electronic Systems, 2018, 55(1): 506－510.

[6] Soares G L, Arnold－Bos A, Jaulin L, et al. An interval－based target tracking approach for range－only multistatic radar［J］. IEEE Transactions on Magnetics, 2008, 44(6): 1350－1353.

[7] Qi L, He Y, Dong K. Multi－radar anti－bias track association based on the reference topology feature［J］. IET Radar Sonar& Navigation, 2018, 12(3): 366－372.

[8] Qi L, Dong K, Liu Y. Anti－bias track－to－track association algorithm based on distance detection［J］. IET Radar Sonar& Navigation, 2017, 11(2): 269－276.

[9] 侯学梅. 多传感器多目标航迹关联算法研究［D］. 西安：西北工业大学，2006.

[10] 田雪怡. 多传感器数据关联与航迹融合技术研究［D］. 哈尔滨：哈尔滨工程大学，2012.

第 5 章　雷达组网抗干扰技术

2020 年 3 月 4 日，土耳其公布一段数据，称其在叙利亚萨拉奇普地区摧毁了一套俄制“铠甲”防空系统[1]。该系统被直接命中时正处于工作状态，天线还在转动，如图 5-1 所示。

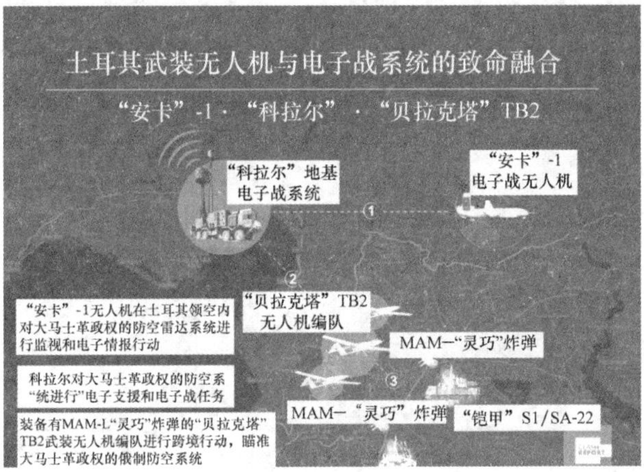

图 5-1　土耳其对叙利亚的电子战攻击

土耳其媒体还详细介绍了攻击战术和过程。土耳其出动的作战系统包括“安卡”-1(ANKA-1)电子战无人机、“科拉尔”地基电子战系统和“贝拉克塔”TB2 武装直升机。

“安卡”-1 电子战侦察无人机对叙利亚防空雷达系统进行监视和侦察，如图 5-2 所示。“安卡”-1 是土耳其研制的“安卡”无人机的电子侦察型，机身下装有通信情报(COMINT)天线和电子支援(ESM)天线，侧面装有电子情报(ELINT)天线阵和 ESM 天线阵，能够遂行电子情报和通信情报侦察任务。

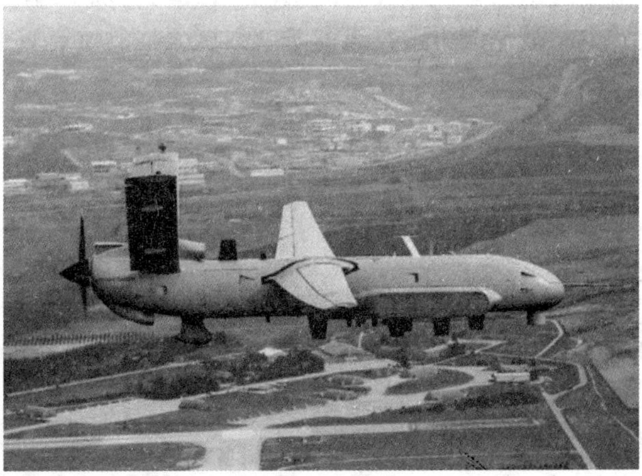

图 5-2　“安卡”-1 电子战侦察无人机

“科拉尔”地基电子战系统对叙利亚防空系统进行电子侦察和干扰，如图 5－3 所示。“科拉尔”地面电子战系统可以对 200km 范围内的机载雷达实施干扰，频率覆盖范围 2.3～10.68GHz，能对战斗机 X 波段火控雷达以及诸如 A－50 预警机的 S 波段（2.3～2.5GHz/2.7～3.7GHz）雷达实施干扰，该系统还能对 S 波段、C 波段（5.25～5.925GHz）和 X 波段的对空监视、拦截及火控雷达发挥作用。为扩大对地面目标的作用距离，“科拉尔”使用了 10m 左右的桅杆，不过通常也最多对数十千米范围内的目标实施干扰。为此该系统会被部署在地势较高的地方。“科拉尔”主要是对已知频率进行噪声压制，实施阻塞干扰，而增加了数字射频存储器（DRFM）后也可以对雷达实施欺骗。

图 5－3　“科拉尔”地基电子战系统

“贝拉克塔”TB2 武装直升机越境发射 MAM－L 激光制导炸弹，实施火力打击。

为应对土耳其“科拉尔”地基电子战系统的威胁，俄罗斯也将自己最先进的电子战系统部署在伊德利卜地区。该系统主要包括 Krasukha－4，能够对现有土耳其和叛军任何一种飞行器施加强力电磁干扰。

案例分析：土耳其“贝拉克塔”TB2 武装直升机对“铠甲”防空系统的反辐射打击，是现代电子作战的典型代表。该次打击集远距离支援干扰、通信干扰、编队支援干扰、自卫式干扰于一体，在对敌方防空火力区域突防的基础上，成功实现了对敌方重要目标的有效打击。可见，现代化的电子战作战方式是当前防空系统面临的重要威胁，也是当前电子对抗必须解决的关键问题。

5.1　现代雷达面临的电子干扰

5.1.1　典型电子干扰

在雷达所面临的电子干扰中，敌人所施放的有源干扰主要包括压制性干扰和欺骗性干扰两大类[2]。

1. 压制性干扰

压制性干扰通过在雷达接收机中注入类似于接收机噪声的干扰信号，使目标回波信号被干扰信号淹没，降低雷达对目标的检测概率，严重制约和限制雷达对目标的检测和跟踪[3]，如图5-4所示。

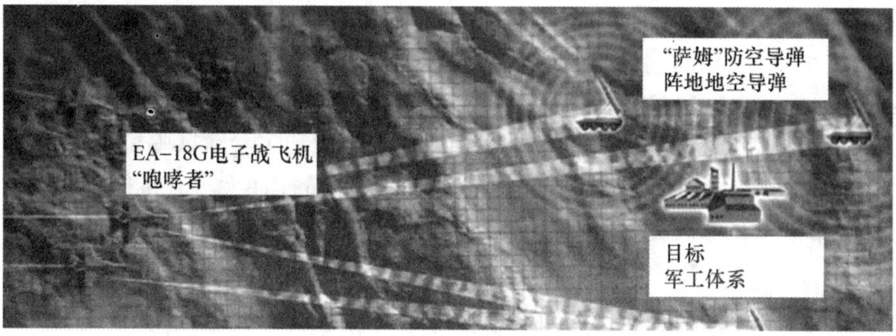

图5-4　压制性有源电子干扰

按照干扰信号中心频率f_j、谱宽Δf_j相对于雷达接收机中心频率f_s、带宽Δf_r的关系，有源压制性干扰可以分为瞄准式干扰、阻塞式干扰和扫频式干扰。

当干扰信号的带宽下降到目标雷达带宽附近且干扰机调谐到雷达的发射频率时，称为瞄准式干扰。瞄准式干扰几乎不浪费干扰功率，因此大幅提高了干扰效率。瞄准式干扰的频带足以覆盖不确定的目标信号和设定频率。一般满足

$$f_j \approx f_s, \Delta f_j = (2 \sim 5)\Delta f_r \tag{5-1}$$

瞄准式干扰的干扰功率强，是压制性干扰的首选，对雷达的压制性效果也最好，但是对频率引导的要求高。

阻塞式干扰由宽带干扰机在预计包含一部或多部威胁雷达的整个频段上发射噪声信号来实施。该技术常用于早期的干扰机中，目前在很多干扰情况下仍然是一个有效的方法。阻塞式干扰的最大优势是它不需要雷达工作频率等实时信息。一般满足

$$\Delta f_j > 5\Delta f_r, f_s \in [f_j - \Delta f_j/2, f_j + \Delta f_j/2] \tag{5-2}$$

阻塞式干扰的带宽相对较宽，对频率引导的精度要求较低，由于其带宽较宽，便于同时干扰频率分集雷达、频率捷变，雷达和多部不同频率的雷达，但是在频带内其干扰功率较低。

若窄带干扰机扫过预计包含有威胁信号的所有频率范围，则称为扫频式干扰机。与阻塞干扰机一样，扫频式干扰机不需要间断观测，可干扰扫频范围内的任何信号。当干扰机处于目标雷达的带宽内时，所产生的干扰效率与设定的瞄准式干扰机相同。一般满足

$$\Delta f_j = (2 \sim 5)\Delta f_r, f_s = f_j(t), t \in [0, T] \tag{5-3}$$

干扰的中心频率为连续的以T为周期的函数，扫频式干扰可以对雷达造成周期性间断的强干扰，扫频的范围较宽，能够干扰频率分集雷达、频率捷变雷达和多部不同工作频率的雷达。

按照战术意图，有源压制性干扰还可以分为远距离支援干扰、随队支援干扰和自卫式干扰[4]。其中：远距离支援干扰是指电子战飞机为掩护作战飞机突防或遂行其他任务，在远距离对敌方电子信息系统、设备实施的干扰；随队支援干扰是指整个任务期间，电子战飞机伴随掩护攻击编队飞行的干扰；自卫式干扰是指目标飞机自带干扰设备，通过大功率的干扰信号阻止敌方雷达探测目标、破坏敌方雷达锁定跟踪的干扰。

2. 欺骗性干扰

与压制性干扰不同,有源欺骗性干扰可高保真地存储和复制雷达信号,并通过对复制信号加上时延、频移等调制,产生高逼真度的欺骗信号,不仅增强了电子干扰对抗系统的能力,而且增加了系统的灵活性[5],如图5-5所示。

根据假目标与真目标参数在雷达测量参数中的差别分类,可分为距离欺骗干扰、角度欺骗干扰、速度欺骗干扰、自动增益控制(AGC)欺骗干扰和多参数欺骗干扰[6]。

距离欺骗干扰是指假目标的距离不同于真目标,能量往往大于真目标,而其余的参数基本上等于真目标。一般满足

$$R_f \neq R, \quad \alpha_f \approx \alpha, \quad \beta_f \approx \beta, \quad f_{df} \approx f_d, \quad S_f > S \tag{5-4}$$

式中:R_f、α_f、β_f、f_{df}、S_f 分别为假目标的距离、方位、仰角、多普勒频率和功率。

角度欺骗干扰是指假目标的方位或者仰角不同于真目标,能量往往大于真目标,而其余的参数基本上等于真目标。一般满足

$$\alpha_f \neq \alpha, \quad \beta_f \neq \beta, \quad R_f \approx R, \quad f_{df} \approx f_d, \quad S_f > S \tag{5-5}$$

速度欺骗干扰是指假目标的多普勒频率不同于真目标,其余参数近似相等。一般满足

$$f_{df} \neq f_d, \quad R_f \approx R, \quad \alpha_f \approx \alpha, \quad \beta_f \approx \beta, \quad S_f > S \tag{5-6}$$

AGC 欺骗干扰是指假目标的能量不同于真目标,其余参数基本相等。一般满足

$$S_f \neq S \tag{5-7}$$

多参数欺骗干扰是指假目标有两个或者两个以上的参数不同于真目标,进一步改善了欺骗效果。

图5-5 欺骗性有源电子干扰

5.1.2 新型电子干扰

1. 分布式干扰

目前,电子干扰技术的发展从军事需求和技术发展来看有两个重要的发展趋势:一是超大功率的干扰机,这类干扰机中一个重要方向是采用化学能转变为电磁能的微波炸弹,这种炸弹在目标附近爆炸时可造成对方电子系统前端烧毁、失效、性能下降或短时不工作;二是小功率分布式干扰机,即将大量的小型干扰机布置或投掷在目标附近,利用距离优势和分布特性实现有效干扰[7-8]。

美军的"狼群"(Wolf Pack)计划是具有小功率分布式干扰系统特点的先进干扰技术发展计划,它是 DARPA 的先进技术办公室的研究项目。"狼群"概念是一个网络系统,在

技术上采用了逼近的分布式网络化结构来对抗现有和未来系统的作战特性,可用来对付一些先进的雷达技术,如优先捷变、旁瓣抵消和电子欺骗。它包括一组小型电池供电设备,能够对整个射频频谱进行监听,一旦确定敌辐射源的方位,就可以对其进行干扰。

分布式干扰是将多个电子干扰设备分散配置在被干扰目标活动的区域,依靠其距离近、数量多、覆盖范围广、设备简单、生存能力强等方面优势来达到对目标的有效干扰。分布式干扰作为一种新型电子对抗支援干扰手段,采用了逼近的分布式网络化结构,主要从雷达的主瓣进入,干扰信号容易获得较大增益,严重制约和限制了雷达检测跟踪性能的发挥,对低/超低副瓣雷达、雷达群组网等先进预警探测系统构成了严重威胁,如图5-6所示。

分布式干扰具有以下特点:

(1)主要是噪声干扰;

(2)利用多干扰源实现空域、频域、时域互补;

(3)在空域覆盖方面能实现对雷达主瓣干扰,降低副瓣天线、旁瓣匿影(SLB)或旁瓣对消(SLC)技术对干扰信号的影响;

(4)对采用了波瓣自适应置零天线的雷达,当干扰数目大于或等于自适应置零天线数目时,以小功率达到更好的干扰效果。

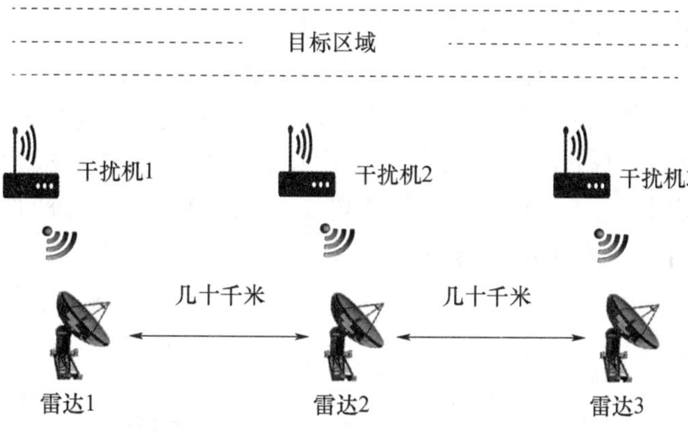

图5-6 分布式电子干扰

2. 复合式干扰

复合干扰不是简单地将压制、欺骗干扰样式组合在一起,而是针对不同干扰样式的特点,时间上有先后,空间上有交叠,干扰样式上有补充,达到了空域、时域、频域的有机互补,在充分发挥各种干扰样式的优点的同时,能有效地弥补自身不足,其相比于单一的干扰样式更具有迷惑性、隐蔽性,干扰效果更强[9-11]。复合式干扰常采用的组合有以下两种:

(1)两种以上压制性干扰信号的复合:常采用的是随机脉冲干扰与连续噪声调制干扰的复合。由于随机脉冲干扰与连续噪声调制干扰都具有一定的压制干扰特性,但两者的统计特性不同,采用两者的组合将引起压制干扰的非平稳性,造成雷达抗干扰的困难。其主要包括:①在连续噪声调制干扰的同时,随机或周期性附加随机脉冲干扰的时间段;②随机或周期性的交替使用连续噪声干扰和随机脉冲干扰。

(2)压制性干扰信号和欺骗性干扰信号的复合:压制性干扰信号可以在很大程度上

掩盖真实目标回波,使得雷达对目标信号检测概率降低,目标回波参数提取精度减小。欺骗性干扰以近似雷达回波的干扰信号干扰雷达对目标信号的检测。压制性干扰和欺骗性干扰的复合,可以在减小雷达对真实目标回波检测概率情况下,增大接收到欺骗性干扰信号的模糊度,使得难以区分真实目标回波和欺骗干扰回波,从而进一步干扰目标雷达的正常工作。

3. 航迹欺骗干扰

雷达组网技术是我军雷达兵部队对抗电子干扰切实可行的重要手段。然而,随着无人机技术的发展,美国等西方军事强国正在研究利用无人机产生协同航迹欺骗干扰的技术方法。这是一种专门克制防空雷达网的新型干扰技术,该干扰通过对多部干扰机的协同规划和精确控制,不仅能够在各组网雷达形成高度相关的欺骗航迹,而且能够在空情融合中心形成可欺骗雷达网的虚假航迹,其迷惑性强、识别难度大。这也意味着,在这种新型干扰样式的威胁下,当前雷达网面临着严峻的威胁和挑战[12]。

航迹欺骗干扰具有以下特点:

(1) 空时相关度高;

(2) 利用多部干扰机协同规划产生;

(3) 作为一种新型欺骗干扰样式,对雷达网构成了严重的现实威胁。

航迹欺骗干扰的产生原理如图 5-7 所示,配置于不同位置的 3 部雷达组成雷达网,3 架电子战飞机分别针对 3 部雷达进行航迹欺骗干扰。电子战飞机沿各自的虚线位置运动形成虚假航迹。显然,要利用电子战飞机编队对雷达网进行航迹欺骗干扰,需满足三个条件:一是对敌方雷达进行全面侦查,以获取雷达地理位置、工作参数等信息;二是需对电子战飞机的飞行路线进行精密规划;三是要电子战飞机之间密切协同,对飞机的飞行状态、干扰机的工作状态进行精确控制。

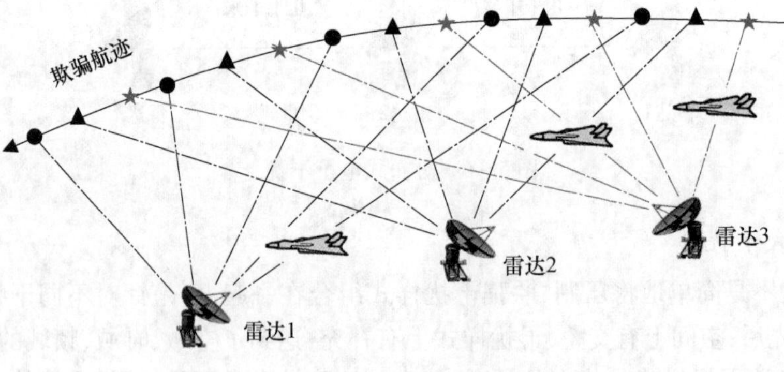

图 5-7 专门克制雷达网的协同航迹欺骗干扰

5.1.3 电子战干扰机

1. EA-18G“咆哮者”电子战干扰机

EA-18G“咆哮者”电子战干扰机是在美国海军 F/A-18E/F“超级大黄蜂”战斗攻击机的基础之上研制的,拥有新一代电子对抗设备,同时还保留了 F/A-18E/F 全部武器系统和优异的机动性能[13-15],如图 5-8 所示。EA-18G“咆哮者”电子战干扰机能够为海、

空军的战斗机编队在大范围内提供持续的随队干扰支援,并对敌方的电磁辐射资产予以软硬杀伤。其主要机载设备包括:

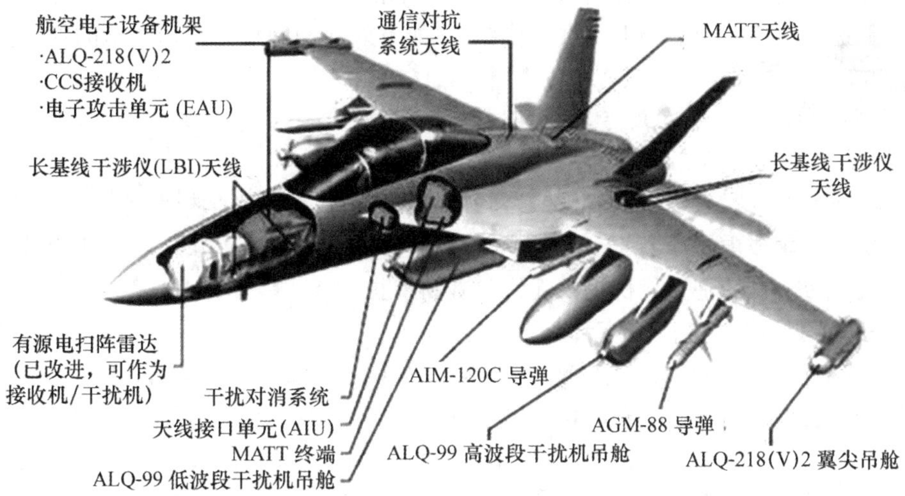

图 5 - 8　EA - 18G"咆哮者"电子战干扰机

1）AN/APG - 79 有源相控阵雷达

主要特点:采用砷化镓单片微波集成电路(MMIC)作为收/发模块(T/R 模块),是一种可执行空空和空地作战任务的全数字化多功能火控雷达。

2）AN/ALQ - 99 灵巧电子对抗系统

工作频率:0. 064 ~ 40GHz。

干扰样式:压制干扰。

干扰距离: > 160km。

干扰对象:防空导弹雷达系统。

主要特点:可以通过分析干扰对象的调频图谱自动追踪其发射频率,并采用"长基线干扰测量法"对辐射源进行更精确的定位以实现"跟踪—瞄准式干扰",大大集中了干扰能量,实现了电磁频谱领域的"精确打击"。

3）AN/APG - 79 主动电子扫描相控阵雷达

干扰样式:主动、被动。

扫描方式:对空扫描、对地扫描。

主要特点:在一个平面上集成了成千上万个天线阵列,其中一部分用于其他电子作战,再配合 AN/ALQ - 218 接收系统和 AN/ALQ - 99 干扰吊舱,最终可使电子探测和干扰能力增强了 1 倍。

4）AN/ALQ - 218 宽带接收机

干扰样式:窄带电子干扰。

工作模式:随动跟踪、记忆跟踪。

平均故障时间间隔:620h。

使用方法:与 AN/ALQ－99 干扰吊舱配合使用。

主要特点:AN/ALQ－218 系统能接收 AN/ALQ－99 干扰频段范围内的所有电磁波,并能测算出这些辐射源的精确方位和特征参数,能够在对敌实施全频干扰时仍不妨碍电子监听功能的系统,具备有选择的窄带电子干扰能力,“记忆跟踪”模式既干扰当前工作频率,也干扰存储器中记忆的上一次工作频率,能有效地抑制敌方雷达实施的突然跳频等抗干扰措施。

5) AN/ALQ－214 干扰系统

干扰样式:欺骗干扰。

组成:技术发生器、独立多频带转发器、AN/ALE－55 纤维光学拖曳诱饵。

主要特点:集成电子干扰与无线电频率干扰系统是美国海军联合空军研制的一种电子欺骗干扰系统,目的是为战机提供无线电威胁保护。

6) USQ－113(V) 通信对抗系统

工作频率:在 VHF/UHF 频段工作,基本频段 20～500MHz,重点频段 225～400MHz。

任务模式:指挥、控制和通信对抗、电子支援措施及通信等多种任务模式。

主要特点:可与商用现货接收机/发射及技术先进的软件结合,能够自动干扰有源目标或盲干扰指定目标,无论大型预警雷达还是路边炸弹的遥控装置都无法幸免。

7) 干扰对消系统(INCANS)

主要特点:全频段的电子干扰虽然达到了干扰目的,但也对己方的通信系统产生影响。INCANS 是在对外实施干扰的同时,采用主动干扰对消技术保证己方甚高频(UHF)话音通信的畅通,也就是要在干扰别人不能通信的时候自己还可以保持通信。

2. 下一代干扰机

多年以来,美国官方一直宣传“下一代干扰机”(NGJ)是联合部队卓越的防区外电子攻击武器,比老式的 ALQ－99 强至少 10 倍以上。它包括三种吊舱,分别覆盖中、低、高波段,这样在功率、作用距离和任务能力上就更加高效[16－17]。

2019 年 9 月 3 日,美国海军航空系统司令部发布了首个工程与制造发展(EMD)型“下一代干扰机－中波段”(NGJ－MB)干扰吊舱配装 EA－18G 电子战干扰机进行检查和试验的照片,如图 5－9 所示。9 月 6 日,美国雷声公司也发布了类似照片。该吊舱于 7 月下旬交付到美国海军航空系统司令部位于新泽西州莱克赫斯特的美国海军航空场站。按照工程研制计划,雷声公司将一共交付 15 个工程研制型 NGJ－MB 吊舱,用于任务系统测试和鉴定;另外,还将交付 14 个空气动力学吊舱,用于适航认证。

图 5－9　下一代干扰机

NGJ－MB 是配装 EA－18G 电子战干扰机的高容量、高功率机载电子攻击武器系统，增加了干扰能力，使 EA－18G 电子战干扰机可在更理想的位置作战，为打击飞机和武器提供支持。该吊舱的架构和设计使之可在非常远的距离上操作，同时攻击多个目标，具有高级干扰技术。该吊舱的技术还可扩展到其他任务和平台。

5.2　雷达组网抗压制干扰技术

压制干扰作为电子干扰的一种主要手段，通过在雷达接收机中注入类似于接收机噪声的干扰信号，使目标回波信号被干扰信号淹没，制约和限制雷达对目标的检测与跟踪，对雷达的生存构成严重威胁[18]。这里主要针对远距离支援干扰（Stand Off Jamming，SOJ）和自卫式干扰（Self Screening Jamming，SSJ）两种典型的压制性干扰，对雷达组网抗压制性干扰的技术进行研究。

5.2.1　压制干扰对雷达探测的影响

1. SOJ 对雷达探测的影响

建立 SOJ 情况下的雷达探测模型，其几何关系如图 5－10 所示。为便于研究，首先假设目标为雷达反射面积固定的典型目标，假设该目标在 360°的方位范围内移动，根据目标在不同方位角上时的雷达最大作用距离即可确定雷达的威力图。

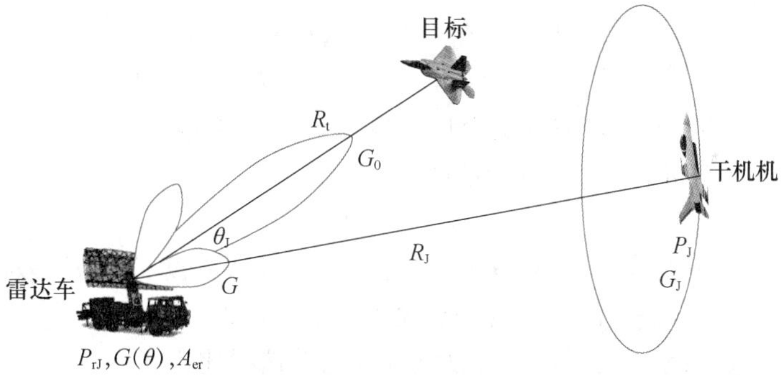

图 5－10　SOJ 下的雷达目标探测示意图

1）SOJ 下单部雷达的作用距离

根据图 5－10 可以确定雷达接收到的干扰机能量为

$$P_{rJ}=\left(\frac{P_JG_J}{4\pi R_J^2}\right)\left(\frac{\lambda^2G(\theta_J)}{4\pi}\right)=\frac{P_JG_J\lambda^2G(\theta_J)}{(4\pi R_J)^2}\tag{5-8}$$

式中：$G(\theta_J)$为在干扰机方向上的雷达天线增益。

雷达是通过天线主瓣对准目标进行探测的，因此目标在 360°范围内移动时假设雷达天线始终照射在目标上。定义 $G_0\equiv G(\theta=0°)=G_{max}$ 为主瓣增益，则目标的回波信号强度为

$$P_r=\frac{P_tG_0^2\lambda^2\sigma G_p}{(4\pi)^3R_t^4}\tag{5-9}$$

式中：G_p 为综合考虑了相关处理、匹配接收等各种因素的增益。

信干比（Signal - to - Jamming Ratio，SJR）为

$$\mathrm{SJR}=\frac{S}{J}=\frac{P_r}{P_{rJ}}=\left(\frac{P_tG_0}{P_JG_J}\right)\left(\frac{R_J^2}{R_t^4}\right)\left(\frac{\sigma}{4\pi}\right)\left(\frac{G_0}{G(\theta_J)}\right) \tag{5-10}$$

令 $\mathrm{SJR}=\mathrm{SJR}_{\min}$，可以得到干扰机烧穿距离，即雷达在 SOJ 干扰条件下的作用距离。其有以下四个特点：

（1）由 R_J^2、R_t^4 可知，干扰机占有很大优势；

（2）由 G_0、$G(\theta_J)$ 可知，通常对干扰机很不利，因为低副瓣雷达天线可有效减小雷达接收到的干扰机能量；

（3）如果指定了雷达和干扰机位置，能对烧穿距离产生影响的干扰机参数只有有效辐射功率，即 P_JG_J。

（4）如果干扰机是宽带干扰机，则雷达只能接收干扰机辐射能量的一部分 $P_J(B_n/B_J)$，其中 B_n 为雷达接收机带宽，且一般满足 $B_n\approx 1/\tau$，其中 τ 为雷达的脉冲宽度；

（5）干扰可以作为一个噪声温度为 T_J 的噪声源。

$$N_0\equiv P_{rJ}=kT_JB_n \tag{5-11}$$

从前面的结论可得，雷达接收到的干扰机能量为

$$P_{rJ}=\frac{P_JG_JG(\theta_J)\lambda^2}{(4\pi R_J)^2}\left(\frac{B_n}{B_J}\right) \tag{5-12}$$

等价的干扰温度为

$$T_J=\frac{P_{rJ}}{kB_n}=\frac{P_JG_JG(\theta_J)\lambda^2}{(4\pi R_J)^2kB_J} \tag{5-13}$$

此温度用在雷达方程中用于评估干扰能量对雷达 SNR 的影响。

同时，还包括干扰机和天线引入的热噪声：

$$N'_o=kT_sB_n$$

式中：T_s 为系统的噪声温度，$T_s=T_A+T_e$，其中，T_A 为天线温度，T_e 为等效的接收机温度。因此，总的噪声温度为 T_s+T_J，在剧烈的干扰环境中 $T_J\gg T_s$。

因此可知，考虑干扰、天线温度、接收机温度的总信噪比为

$$\mathrm{SNR}_A=\frac{S}{J_A}=\frac{P_tG_0^2G_p\lambda^2\sigma R_J^2B_J}{4\pi P_JG_JG(\theta_J)\lambda^2R_t^4B_n+(4\pi)^3kT_sR_J^2R_t^4B_JB_n} \tag{5-14}$$

2）SOJ 环境下雷达威力图

干扰条件下的雷达探测距离即为干扰机的烧穿距离，即令 $\mathrm{SJR}_A=\mathrm{SJR}_{\min}$，可得雷达在方位 θ_J 上的探测距离满足

$$\frac{P_tG_0^2G_p\lambda^2\sigma R_J^2B_J}{4\pi P_JG_JG(\theta_J)\lambda^2R_t^4B_n+(4\pi)^3kT_sR_J^2R_t^4B_JB_n}=\mathrm{SJR}_{\min} \tag{5-15}$$

可得：

$$R_t=\sqrt[4]{\frac{P_tG_0^2G_p\lambda^2\sigma R_J^2B_J}{4\pi P_JG_JG(\theta_J)\lambda^2R_t^4B_n\,\mathrm{SJR}_{\min}+(4\pi)^3kT_sR_J^2R_t^4B_JB_n\,\mathrm{SJR}_{\min}}} \tag{5-16}$$

式中：$G(\theta_J)$ 为 $G(\theta_{az},\phi_{el})$ 令 $\phi_{el}=0$。所得的雷达天线在方位上的方向图函数。

在干扰机和雷达位置固定的情况下，求出一雷达反射面积固定为 σ 的目标在 360°的

方位范围内 R_t,可以得到雷达在干扰条件下的威力图,如图 5 - 11 所示。

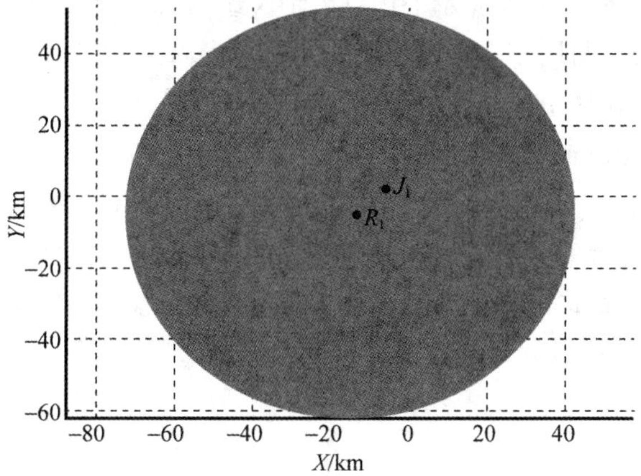

图 5 - 11　SOJ 干扰下的雷达威力图

2. SSJ 对雷达探测的影响

与 SOJ 相比,SSJ 是目标自身携带干扰机,在雷达火力范围内施放,用以使雷达丧失测距功能,如图 5 - 12 所示。在这种干扰样式下,雷达在接收机端的干扰功率远大于目标的回波功率,雷达不能有效地检测到目标;同时目标在干扰的掩护下往往伴随机动,雷达的跟踪模型与目标轨迹容易出现失配,更容易导致漏跟踪、错跟踪现象。两种干扰样式下的干扰机特性如表 5 - 1 所列。

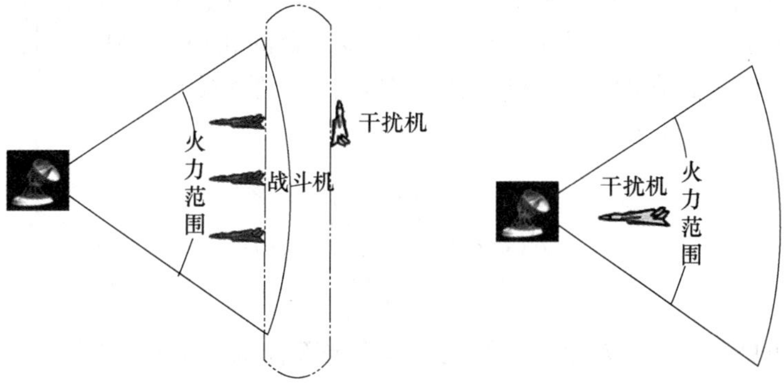

(a)SOJ 作战样式　　(b)SSJ 作战样式

图 5 - 12　SOJ 和 SSJ 的作战样式对比

表 5 - 1　两种干扰样式下的干扰机特性

干扰样式	干扰机距离	干扰机速度	干扰机俯仰	干扰角度范围	干扰强弱
SOJ	最远	稳定	稳定	较大范围	强
SSJ	较近	不稳定	不稳定	较小范围	弱

5.2.2　雷达组网抗 SOJ 技术

考虑 SOJ 会导致目标检测概率下降、有效探测区域减小的问题,这里首先发挥雷达网分布范围广、多雷达性能和体制互补的优势,利用分布式检测技术提高目标的检测概率,改善目标的数据质量;然后分别针对干扰机掩护区域内目标回波被淹没、单雷达检测概率下降、目标暂消的情况,利用多假设跟踪(Multiple Hypothesis Track, MHT)和检测前跟踪(Track Before Detect, TBD)的方法,以提高目标跟踪的稳定性。

1. 基于分布式检测的目标探测技术

在工程设计中,雷达网主要采用分布式信号检测模型,其优点是各雷达可以独立检测目标,任一雷达的失效对雷达网的性能影响较小,信号传输只需窄带系统,检测中心结构设计简单。因此,在分布式检测中选用适合的决策准则、优化各雷达的阈值更有利于提高雷达网的抗干扰能力[19]。同时,雷达网的检测概率也是整个雷达网抗干扰效能评估的一个重要指标。

1)秩 K 融合

在决策融合中,融合中心采用秩 K 融合规则。假定有 n 个局部检测器,其中至少有 K($1 \leqslant K \leqslant n$)个检测器判定目标存在,则融合中心就确定目标存在,此即秩 K 融合规则。对应 $K=1$,称为“OR 规则”,对应 $K=n$,称为“AND 规则”。

假设各雷达的虚警概率 P_{fi} 固定,检测概率 P_{di} 是统计独立的,$i=1,2,\cdots,n$,融合检测中心的检测概率和虚警概率可以表示为 n 个独立事件的联合概率,概率函数为

$$\begin{cases} P_{\mathrm{D}} = \sum\limits_{D} R(\boldsymbol{D}) \prod\limits_{S_0} (1 - P_{\mathrm{di}}) \prod\limits_{S_1} P_{\mathrm{di}} \\ P_{\mathrm{F}} = \sum\limits_{D} R(\boldsymbol{D}) \prod\limits_{S_0} (1 - P_{\mathrm{fi}}) \prod\limits_{S_1} P_{\mathrm{fi}} \end{cases} \tag{5-17}$$

其中:$\boldsymbol{D}$ 为融合检测中心获得的判定向量,$\boldsymbol{D}=(d_1,d_2,\cdots,d_N)$(当接收机“$i$”判定“目标存在”时,$d_i=1$;反之,$d_i=0$);$\Sigma$ 为 $\boldsymbol{D}$ 判定所有可能组合的和;S_1 为判定目标存在的检测器组;S_0 为判定目标不存在的检测器组;而 $R(\boldsymbol{D})$ 为融合检测的判定规则,其判定算法是秩 K 融合规则,且有

$$R(\boldsymbol{D}) = \begin{cases} 1, \sum\limits_{i=1}^{n} d_i \geqslant K \\ 0, \sum\limits_{i=1}^{n} d_i < K \end{cases} \tag{5-18}$$

在未加权的情况下,秩 K 融合规则用于 n 个局部检测器,分布式检测中心的检测总概率和虚警总概率可表示为

$$\begin{cases} P_{\mathrm{d}Kn} = \sum\limits_{i=K}^{n} \{ (\sum\limits_{p=0}^{i-K} (-1)^p C(i,p)) (\sum_{C_{in}} [\prod_j P_{\mathrm{d}j}]) \} \\ P_{\mathrm{f}Kn} = \sum\limits_{i=K}^{n} \{ (\sum\limits_{p=0}^{i-K} (-1)^p C(i,p)) (\sum_{C_{in}} [\prod_j P_{\mathrm{f}j}]) \} \end{cases} \tag{5-19}$$

式中:$\sum_{C_{in}} [\prod_j P_{\mathrm{d}j}]$ 为 n 个局部检测器中 i 个局部检测器检测概率全部可能乘积的和,同样适应于 $\sum_{C_{in}} [\prod_j P_{\mathrm{f}j}]$;$C(i,p)$ 为 i 取 p 的组合,$C(i,p)=i!/p!(i-p)!$。

2)雷达网决策-概率融合

决策-概率融合模型是在融合检测中心采用 N-P 准则进行数据融合,既保持融合检测的虚警概率,又使其检测概率最大。这种最优化方式极具意义,它在提高系统检测性

能的同时，又使整个系统具有恒虚警的特性。

考虑一个二元假设检验问题：

$$\begin{cases} H_1: d_i = 1 \\ H_0: d_i = 0 \end{cases}, \quad i = 1,2,\cdots,n \tag{5-20}$$

式中：$d_i = 1$ 表示判定目标存在；$d_i = 0$ 表示判定目标不存在；n 为雷达的数量。

融合检测中心输入向量 $\boldsymbol{D} = (d_1, d_2, \cdots, d_n)$ 可以有 $N = 2^n$ 种可能的实现，“$i = 1,2,\cdots,N$”则 H_0 对 H_1 的 N－P 最佳随机判定定义如下：

$$\delta(\boldsymbol{D}) = \begin{cases} 1, T(\boldsymbol{D}) > t \\ \gamma, T(\boldsymbol{D}) = t \\ 0, T(\boldsymbol{D}) < t \end{cases} \tag{5-21}$$

式中：$\delta(\boldsymbol{D})$ 为条件概率，如给出融合检测中心的观测值为 $\boldsymbol{D}$，就以此概率接受 H_1；$T(\boldsymbol{D})$ 为似然比，且有：

$$T(\boldsymbol{D}) = \frac{P(\boldsymbol{D}/H_1)}{P(\boldsymbol{D}/H_0)} = \frac{\prod_{i \in s_1} P_{di} \prod_{k \in s_0} (1 - P_{dk})}{\prod_{i \in s_1} P_{fi} \prod_{k \in s_0} (1 - P_{fk})} \tag{5-22}$$

由于输入空间离散，随机化是必需的。随机化常数 $\gamma \in [0,1]$ 和阈值 t 必须适当选择以使检测概率

$$P_D(\delta) = P(T(\boldsymbol{D}) > t/H_1) + \gamma P(T(\boldsymbol{D}) = t/H_1) \tag{5-23}$$

和虚警概率

$$P_F(\delta) = P(T(\boldsymbol{D}) > t/H_0) + \gamma P(T(\boldsymbol{D}) = t/H_0) \tag{5-24}$$

满足 $N-P$ 准则

$$P_F \leqslant P_F^0, P_D = \max_{\delta} P_D(\delta) \tag{5-25}$$

其中，P_F^0—预先确定的系统虚警概率上限。

经过推导，得到随机性常数为

$$\gamma = \begin{cases} \dfrac{(\alpha - \lambda_i)}{\sum\limits_{\{D_i: T(D_i) = t\}} P(D_i/H_0)} & (\lambda_i \leqslant P_F^0 < \lambda_{i-1}; i = 1,2,\cdots,N) \\ 任意 & (P_F^0 = 1) \end{cases} \tag{5-26}$$

具有阈值 t 和随机性常数 γ 的检测概率为

$$P_D = \varphi_i + (P_F^0 - \lambda_i) \frac{\sum\limits_{\{D_i: T(D_i) = t\}} P(D_i/H_1)}{\sum\limits_{\{D_i: T(D_i) = t\}} P(D_i/H_0)} \quad (\lambda_i \leqslant P_F^0 < \lambda_{i-1}; i = 1,2,\cdots,N) \tag{5-27}$$

式中

$$\varphi_i = \begin{cases} 1 - \sum\limits_{j=1}^{i} P(D_j/H_1) & (1 \leqslant i \leqslant N) \\ 1 & (i = 0) \end{cases} \tag{5-28}$$

2. 远距离支援干扰下基于 MHT 和 TBD 的目标跟踪方法

1）总体思路

针对远距离支援干扰下的目标跟踪难题，首先对干扰机进行定位以及干扰功率的估计，利用估计的干扰功率，计算目标的干信比（JSR），进而将雷达探测区域划分为干扰较强和干扰较弱区域，干扰较强的区域采用噪声干扰下的 PF－TBD 算法[20]，干扰较弱的区域采用阈值自适应的 MHT 方法，最后对处于不同区域内目标的航迹进行航迹管理，如图 5－13所示。

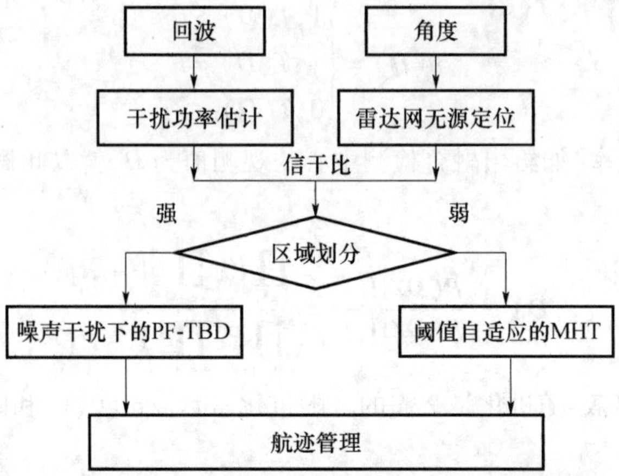

图 5－13　SOJ 下基于 MHT－TBD 的算法流程图

2）SOJ 环境下基于 TBD 的算法原理

首先对干扰功率进行估计，雷达网通过采用无源定位方法实现了对干扰机的定位。通过估计干扰功率实现了对雷达探测区域划分；此外，估计干扰功率可以对是否存在干扰做出判断，能够自适应地应用于干扰或非干扰条件下目标检测和跟踪。假设雷达处于被动接收状态，利用 α 滤波器估计干扰机的干扰功率或者利用雷达网内的无源雷达估计干扰功率。

干扰机功率为

$$P_{\mathrm{J}}=\gamma\left(\frac{k_0 T_0 F_{\mathrm{n}}}{\tau_{\mathrm{c}}}\right)G_{\mathrm{rj}} \tag{5-29}$$

式中：γ 为干扰能量级别；k_0 为玻耳兹曼常量；T_0 为标准温度；F_{n} 为接收机噪声指数；τ_{c} 脉宽；G_{rj} 为雷达天线在干扰机方向增益。

干扰能量级别估计值为

$$\hat{\gamma}_k=\alpha_k\hat{\gamma}_k+(1-\alpha_k)\frac{10^{(\rho_k^{(i,j)}/10)}}{(\Sigma_k^{i,j})^2} \tag{5-30}$$

式中：$\rho_k^{(i,j)}$ 为 k 时刻第 (i,j) 个分辨单元测得的在被动状态或不存在目标时测得的干扰噪声能量与内部噪声比，即干噪比（JNR）；α_k 为滤波参数；α 滤波器的起始状态为 $\hat{\gamma}_0=1$，$\Sigma_k^{(i,j)}$ 为接收信号的归一化天线增益。

利用雷达网对干扰机的定位、估计的干扰机功率和目标雷达截面积 σ_0，根据雷达方程计算出目标在不同分辨单元时的 JSR，即

$$\mathrm{JSR}^{(i,j)} = \frac{P_{\mathrm{rJ}}^{(i,j)} + N_{\mathrm{o}}}{P_{\mathrm{rs}}^{(i,j)}} \tag{5-31}$$

雷达收到的目标回波信号功率和单元(i,j)接收到的干扰机功率分别为

$$P_{\mathrm{rs}}^{(i,j)} = \frac{P_{\mathrm{t}} G_0^2 \lambda^2 \sigma G_{\mathrm{p}}}{(4\pi)^3 R_{\mathrm{t}}^4} \tag{5-32}$$

式中:P_{t}、G_0 分别为雷达发射功率和天线增益;σ 为目标的雷达截面积;λ 为波长。

$$P_{\mathrm{rJ}}^{(i,j)} = \frac{P_{\mathrm{J}} G_{\mathrm{J}} G(\theta_{\mathrm{J}}) \lambda^2}{(4\pi R_{\mathrm{J}})^2}\left(\frac{B_{\mathrm{n}}}{B_{\mathrm{J}}}\right) \tag{5-33}$$

式中:R_{t} 为雷达与目标之间的距离;R_{J} 为雷达与干扰机之间的距离;B_{n} 为接收机带宽;B_{J} 为干扰机带宽。

在得到雷达探测的 JSR 分布后,以雷达最小分辨单元为单位,利用雷达压制系数 K_{J},$K_{\mathrm{J}} = (J/S)_{\min, P_{\mathrm{D}}=0.1}$,作一等 JSR 曲线,从而可将雷达探测区域划分成干扰较弱区域,$\mathrm{JSR}^{(i,j)} \leqslant K_{\mathrm{J}}$ 和干扰较强区域,$\mathrm{JSR}^{(i,j)} \geqslant K_{\mathrm{J}}$。如果 DBT 方法中采用了其他提高检测能力的方法,则 JSR 也将降低,也必然缩小了干扰较强区域。

3) 噪声干扰下 PF-TBD 算法

在对雷达探测区域进行划分后,针对 SOJ 的特点,推导了噪声干扰下 PF-TBD 算法。为简化,这里只给出 PF-TBD 算法的流程:

(1) 粒子初始化,采样得到 k 时刻粒子$\{\boldsymbol{X}_k^n, E_k^n\}_{n=1}^N$。

(2) 计算粒子 $\boldsymbol{X}_k^n$ 的 r_k^n、d_k^n、b_k^n,即

$$\begin{cases} r_k = \sqrt{x_k^2 + y_k^2} \\ d_k = \dfrac{x_k \dot{x}_k + y_k \dot{y}_k}{r_k} \\ b_k = \arctan\left(\dfrac{y_k}{x_k}\right) \end{cases} \tag{5-34}$$

(3) 计算 k 时刻时目标粒子回波功率 P_k^n。

(4) 计算各分辨单元概率系数,即

$$h_{A,k}^{ijl}(\boldsymbol{X}_k) = \exp\left[-\frac{(r_i - r_k)^2}{2R} L_r - \frac{(d_j - d_k)^2}{2D} L_d - \frac{(b_i - b_k)^2}{2B} L_b\right]$$

$$(i = 1,2,\cdots,N_r; j = 1,2,\cdots,N_d; l = 1,2,\cdots,N_b) \tag{5-35}$$

(5) 得到指数分布参数 μ_t^{ijk}。

(6) 计算粒子状态似然比,即粒子权重,

$$p(\boldsymbol{Z}_k \mid \boldsymbol{X}_k) = \begin{cases} \prod_{ijl \in D} \dfrac{1}{\mu_t^{ijk}} \exp\left[-\dfrac{1}{\mu_t^{ijk}} z_k^{ijl}\right], & E_k = 1 \\ \prod_{ijl \in D} \dfrac{1}{2(\sigma_{\mathrm{J}}^2 + \sigma_{\mathrm{R}}^2)} \exp\left[-\dfrac{1}{2(\sigma_{\mathrm{J}}^2 + \sigma_{\mathrm{R}}^2)} z_k^{ijl}\right], & E_k = 0 \end{cases} \tag{5-36}$$

式中:D 为雷达所能探测到的分辨单元范围。

然后归一化得 q_k^n。

(7) 从$\{\boldsymbol{X}_k^n, E_k^n, q_k^n\}_{n=1}^N$重采样得到更新粒子$\left\{\dot{\boldsymbol{X}}_k^n, \dot{E}_k^n, \dot{q}_k^n = \dfrac{1}{N}\right\}_{n=1}^N$。

(8) 估计目标状态 $\hat{X}_k = \frac{1}{N}\sum_{i=1}^{N}\dot{X}_k^i$。

4) 阈值自适应的 MHT 算法

在干扰较弱区域,目标依然存在检测概率低、航迹不稳定、易中断的问题。在恒虚警体制下,雷达受压制干扰后,检测阈值将进一步提高,从而抑制虚警,但这也淹没了部分目标。当接收机设定在稍高的虚警率时,目标的检测概率有所提高,但也会给后续的雷达数据处理算法带来虚警高的问题,如果算法不能很好地消除虚警,将会产生多个虚假航迹,甚至会造成雷达数据处理的饱和。由于 MHT 利用了历史量测,具有延迟决策的特点,通过延迟决策达到了信息量的积累,而虚警在位置上的随机性较强,经过多次采样积累,MHT 能够有效地消除后验概率低的航迹,因此 MHT 比较适用于信噪比较低的系统。

为了简化,这里只给出阈值自适应 MHT 算法的流程(图 5-14):

(1) 计算航迹与新量测的关联阈值,生成航迹和聚类。将门矩阵进行拆分,形成关联矩阵,从而得到不同的假设。

(2) 删除概率低的假设,对包含同一航迹的假设将去除概率低的假设。

(3) 计算所有包含该航迹的假设概率的和,得到此航迹的后验概率。

(4) 后验概率与阈值进行比较,随着干扰能量 $\hat{\gamma}_k$ 增大,改善因子 ε 也应相应地增大,从而可以保证目标的检测概率不会下降过快,但这也增加了观测区域的虚警强度,因此在 MHT 算法中设置不同的航迹后验概率阈值,对低于此阈值的航迹进行删除,对于包含较大改善因子 ε 量测组成的航迹采用较大的阈值。从全局层次上对航迹进行修剪,保留的航迹将进行下一时刻的滤波。

(5) 航迹的更新与合并。

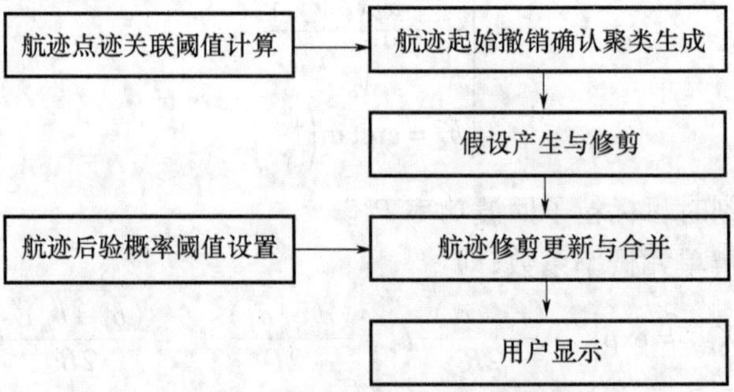

图 5-14　面向航迹的 MHT 算法

5) 航迹管理

本方法中的航迹管理与传统的雷达航迹管理基本相同,其不同之处是目标经过不同的干扰区域时航迹如何起始、维持与撤销。这里根据目标所处区域变化分为两类:一是目标从干扰较强区域进入干扰较弱区域;二是目标从干扰较弱区域进入干扰较强区域。假设 k 时刻得到目标的位置估计为 $\hat{X}_{k|k}^{m,n}$,其中 m 为目标的序号($m=1,2,\cdots,m_k$),其中 n 为目标所属区域序号($n=1,2$,1 表示干扰较弱区域,2 表示干扰较强区域)。

目标从干扰较强区域进入干扰较弱区域,假设 k 时刻估计的位置 $\hat{X}_{k|k}^{m,2}$ 在干扰较强的区域,其一步预测位置 $\hat{X}_{k+1|k}^{m,1}$ 在干扰较弱区域,如果量测 z_{k+1} 满足

$$[z_{k+1}-\hat{X}^{m,1}_{k+1|k}]'S^{-1}_{k+1}[z_{k+1}-\hat{X}^{m,1}_{k+1|k}]\leqslant\gamma_G \tag{5-37}$$

则为候选回波，以此量测为航迹的更新值。参数 γ_G 由 χ^2 分布表获得，$\Sigma_{k+1}=1/9T^2V^2_{\max}\boldsymbol{I}+\boldsymbol{R}_{k+1}$，$T$ 为采样周期，$V_{\max}$ 为目标最大速度，$\boldsymbol{I}$ 为单位矩阵，$\boldsymbol{R}_{k+1}$ 为 $k+1$ 时刻量测噪声协方差。

目标从干扰较弱区域进入干扰较强区域，因为前一个时刻已经探测到目标的位置信息，所以可以采用一种改变粒子初始分布范围的方法。假设 k 时刻估计的位置 $\hat{X}^{m,1}_{k|k}$ 在干扰较弱的区域，其一步预测位置 $\hat{X}^{m,2}_{k+1|k}$ 在干扰较强区域，则在如下区域内均匀产生粒子：

$$[\hat{X}^{m,2}_{k+1|k}(i)-K_G\sqrt{\boldsymbol{S}_{k+1}(i,i)},\hat{X}^{m,2}_{k+1|k}(i)+K_G\sqrt{\boldsymbol{S}_{k+1}(i,i)}],i=1,2,\cdots,n_z \tag{5-38}$$

式中：$\hat{X}^{m,2}_{k+1|k}(i)$ 为对应的向量的第 i 个分量；K_G 为波门常数，在实际应用中往往取较大的 K_G 值（$K_G\geqslant3.5$）；n_z 为量测维数。

如果检测到目标，则以此进行航迹更新。此种粒子初始化分布方法由于利用了上一时刻的信息，能够有效地缩短干扰较强区域内 TBD 方法的计算时间。

5.2.3　雷达组网抗 SSJ 技术

由于 SSJ 是目标自身携带干扰机，因此雷达网利用交叉定位的原理对干扰源进行定位的同时实现了目标的定位[21]。由于雷达网的布站情况对目标的交叉定位精度具有很大的影响，因此优化布站是目标精确定位的关键环节和前提条件。这里首先推导了 SSJ 条件下基于圆概率误差（Circular Probable Error，CEP）准则的雷达网优化配置算法，而后研究了两部或多部雷达对单（多）干扰源的定位算法，提出了矢量与平面交叉定位法，以及基于倾斜角的多干扰源定位算法。

1. SSJ 条件下基于圆概率误差准则的雷达网优化配置

干扰条件下利用多雷达对干扰源（或目标）进行被动定位时，定位精度与目标和多部雷达的相对几何位置有很大关系。雷达网定位系统中对目标的定位精度可以采用多种评估指标。

1）定位原理

假设目标的真实位置 $\boldsymbol{X}=(x,y)$，雷达 1 位于坐标系原点。两部雷达量测到的方位角分别为 $\theta_i(i=1,2)$，量测噪声为独立的、零均值加性高斯白噪声，方差分别为 $\sigma^2_{\theta_i}(i=1,2)$。不失一般性，设 $\sigma^2_{\theta_1}=k\cdot\sigma^2_{\theta_2}=k\cdot\sigma^2$，且 $k\leqslant1$，这里 k 为测角误差方差倍数。两部雷达到目标的距离分别为 $D_i(i=1,2)$，两部雷达的基线长度为 D，如图 5-15 所示。同时，假设 $\theta_1\in[0,\pi]$，$\theta_2\in[0,\pi]$，且 $\theta_2>\theta_1$，即目标位于两部雷达基线上或基线上方，这里得出的结论同样适用于目标位于基线下方的情况。方位角 θ_i 为方位线与 x 轴之间的夹角。方位线与正北之间的夹角为 φ_i，则有

$$\theta_i=\begin{cases}\dfrac{\pi}{2}-\varphi_i & ,\varphi_i\in\left[0,\dfrac{\pi}{2}\right]\\ \dfrac{5\pi}{2}-\varphi_i & ,\varphi_i\in\left(\dfrac{\pi}{2},2\pi\right]\end{cases} \tag{5-39}$$

根据正弦定理可得

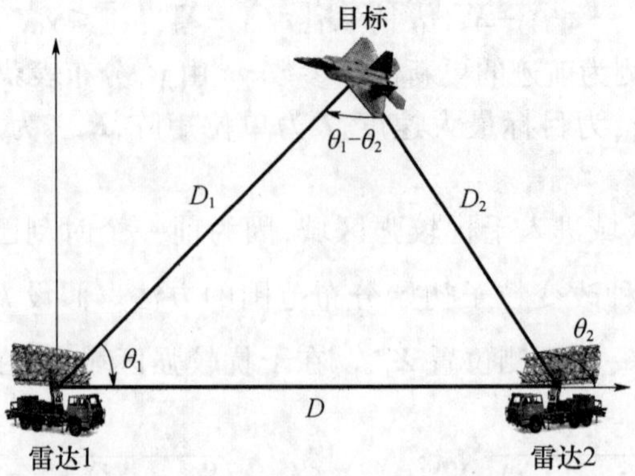

图 5－15　两部雷达交叉定位图

$$D_1=\frac{D\sin\theta_2}{\sin(\theta_2-\theta_1)} \tag{5-40}$$

$$D_2=\frac{D\sin\theta_1}{\sin(\theta_2-\theta_1)} \tag{5-41}$$

目标的估计位置为

$$\hat{x}=D_1\cos\theta_1 \tag{5-42}$$

$$\hat{y}=D_1\sin\theta_1 \tag{5-43}$$

对式(5－42)、式(5－43)两边进行微分,可得

$$\mathrm{d}\hat{x}=\frac{D\sin\theta_2\cos\theta_2}{\sin^2(\theta_2-\theta_1)}\cdot\mathrm{d}\theta_1-\frac{D\sin\theta_1\cos\theta_1}{\sin^2(\theta_2-\theta_1)}\cdot\mathrm{d}\theta_2 \tag{5-44}$$

$$\mathrm{d}\hat{y}=\frac{D\sin^2\theta_2}{\sin^2(\theta_2-\theta_1)}\cdot\mathrm{d}\theta_1-\frac{D\sin^2\theta_1}{\sin^2(\theta_2-\theta_1)}\cdot\mathrm{d}\theta_2 \tag{5-45}$$

定位误差的协方差阵为

$$\boldsymbol{P}=\begin{bmatrix}\sigma_x^2 & \sigma_{xy}\\ \sigma_{yx} & \sigma_y^2\end{bmatrix}=E\left\{\begin{bmatrix}\mathrm{d}\hat{x}\\ \mathrm{d}\hat{y}\end{bmatrix}[\mathrm{d}\hat{x}\quad \mathrm{d}\hat{y}]\right\} \tag{5-46}$$

式中

$$\sigma_x^2=\frac{D^2\sin^2\theta_2\cos^2\theta_2}{\sin^4(\theta_2-\theta_1)}\cdot\sigma_{\theta_1}^2+\frac{D^2\sin^2\theta_1\cos^2\theta_1}{\sin^4(\theta_2-\theta_1)}\cdot\sigma_{\theta_2}^2 \tag{5-47}$$

$$\sigma_y^2=\frac{D^2\sin^4\theta_2}{\sin^4(\theta_2-\theta_1)}\cdot\sigma_{\theta_1}^2+\frac{D^2\sin^4\theta_1}{\sin^4(\theta_2-\theta_1)}\cdot\sigma_{\theta_2}^2 \tag{5-48}$$

$$\sigma_{xy}=\sigma_{yx}=\frac{D^2\sin^3\theta_2\cos\theta_2}{\sin^4(\theta_2-\theta_1)}\cdot\sigma_{\theta_1}^2+\frac{D^2\sin^3\theta_1\cos\theta_1}{\sin^4(\theta_2-\theta_1)}\cdot\sigma_{\theta_2}^2 \tag{5-49}$$

2）最小 CEP 准则下的最优交会角

通常表示定位误差的直观方式是圆概率误差[22],它是指目标落入内部的概率为 50% 的圆的半径,可表示为

$$r_{0.5}=0.8\sqrt{\sigma_x^2+\sigma_y^2} \tag{5-50}$$

根据式(5－51)和式(5－52)和前面的假设可得

$$\sigma_x^2+\sigma_y^2=D^2\sigma^2\left[\frac{k\sin^2\theta_2}{\sin^4(\theta_2-\theta_1)}+\frac{\sin^2\theta_1}{\sin^4(\theta_2-\theta_1)}\right] \tag{5-51}$$

通常情况下，式(5－51)中的基线长度 D、角度量测误差标准差 σ 和角度量测误差方差比例系数 k 均已知。要使圆概率误差 $r_{0.5}$ 达到最小，就要求二元函数

$$f(\theta_1,\theta_2)=\frac{k\sin^2\theta_2}{\sin^4(\theta_2-\theta_1)}+\frac{\sin^2\theta_1}{\sin^4(\theta_2-\theta_1)} \tag{5-52}$$

的极小值点。

式(5－52)两边分别对 θ_1、θ_2 求偏导，可得

$$\frac{\partial f}{\partial\theta_1}=\frac{\sin2\theta_1\sin(\theta_2-\theta_1)+4\cos(\theta_2-\theta_1)(k\sin^2\theta_2+\sin^2\theta_1)}{\sin^5(\theta_2-\theta_1)} \tag{5-53}$$

$$\frac{\partial f}{\partial\theta_2}=\frac{\sin2\theta_2\sin(\theta_2-\theta_1)-4\cos(\theta_2-\theta_1)(k\sin^2\theta_2+\sin^2\theta_1)}{\sin^5(\theta_2-\theta_1)} \tag{5-54}$$

令

$$\frac{\partial f}{\partial\theta_1}=0 \tag{5-55}$$

$$\frac{\partial f}{\partial\theta_2}=0 \tag{5-56}$$

通过计算可得方程式(5－55)和式(5－56)的如下四组解：

$$\cos\theta_1=\pm\frac{\sqrt{2+2\sqrt{1-4\lambda^2}}}{2},\sin\theta_1=\sqrt{1-\frac{2+2\sqrt{1-4\lambda^2}}{4}} \tag{5-57}$$

和

$$\cos\theta_1=\pm\frac{\sqrt{2-2\sqrt{1-4\lambda^2}}}{2},\sin\theta_1=\sqrt{1-\frac{2-2\sqrt{1-4\lambda^2}}{4}} \tag{5-58}$$

将式(5－57)、式(5－58)代入式(5－55)或式(5－56)，并通过数值计算可求得稳定点(θ_1^0,θ_2^0)。为了进一步验证稳定点是否是极值点，需计算 $f(\theta_1,\theta_2)$ 的二阶偏导数，根据式(5－53)和式(5－54)可得

$$\frac{\partial^2 f}{\partial\theta_1^2}=\frac{20\cos^2(\theta_2-\theta_1)(k\sin^2\theta_2+\sin^2\theta_1)}{\sin^6(\theta_2-\theta_1)}+\frac{8\sin2\theta_1\cos(\theta_2-\theta_1)}{\sin^5(\theta_2-\theta_1)}+\frac{4k\sin^2\theta_2+2}{\sin^4(\theta_2-\theta_1)} \tag{5-59}$$

$$\frac{\partial^2 f}{\partial\theta_2^2}=\frac{20\cos^2(\theta_2-\theta_1)(k\sin^2\theta_2+\sin^2\theta_1)}{\sin^6(\theta_2-\theta_1)}-\frac{8k\sin2\theta_2\cos(\theta_2-\theta_1)}{\sin^5(\theta_2-\theta_1)}+\frac{4\sin^2\theta_1+2k}{\sin^4(\theta_2-\theta_1)} \tag{5-60}$$

$$\frac{\partial^2 f}{\partial\theta_1\partial\theta_2}=\frac{\partial^2 f}{\partial\theta_2\partial\theta_1}=-\frac{20\cos^2(\theta_2-\theta_1)(k\sin^2\theta_2+\sin^2\theta_1)}{\sin^6(\theta_2-\theta_1)}+\frac{4\cos(\theta_2-\theta_1)(k\sin2\theta_2-\sin2\theta_1)}{\sin^5(\theta_2-\theta_1)}-\frac{4k\sin^2\theta_2+4\sin^2\theta_1}{\sin^4(\theta_2-\theta_1)} \tag{5-61}$$

令

$$F_1=\left.\frac{\partial^2 f}{\partial\theta_1^2}\right|_{\theta_1=\theta_1^0} \tag{5-62}$$

$$F_2 = \begin{vmatrix} \dfrac{\partial^2 f}{\partial \theta_1^2}\Big|_{\theta_1=\theta_1^0} & \dfrac{\partial^2 f}{\partial \theta_1 \partial \theta_2}\Big|_{\theta_1=\theta_1^0,\theta_2=\theta_2^0} \\ \dfrac{\partial^2 f}{\partial \theta_2 \partial \theta_1}\Big|_{\theta_1=\theta_1^0,\theta_2=\theta_2^0} & \dfrac{\partial^2 f}{\partial \theta_2^2}\Big|_{\theta_2=\theta_2^0} \end{vmatrix} \tag{5-63}$$

通过 $F_i(i=1,2)$ 的符号可判断稳定点是否为极值点。

2. SSJ 下雷达网交叉定位技术

1）两部雷达受到干扰时对静止辐射源的定位

在受到敌方压制性干扰的情况下，两部雷达利用方位角测量对目标进行交叉定位的示意如图 5-16 所示。图中，β_1 和 β_2 分别是两部雷达得到的辐射源方位角，r_1 和 r_2 分别为辐射源到两部雷达之间的距离，(x,y) 为辐射源的位置，雷达 1 和雷达 2 的位置分别为 (x_1,y_1) 和 (x_2,y_2)。

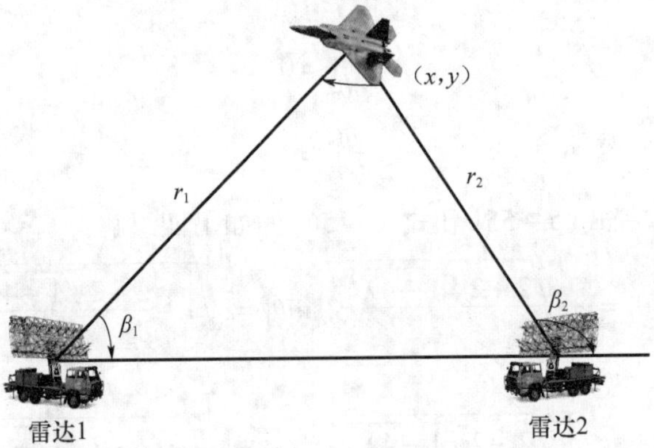

图 5-16　两部雷达受压制性干扰对静止目标的定位

由图 5-16 可以得到如下方程：

$$\begin{cases} r_1\cos\beta_1 = x - x_1 \\ r_1\sin\beta_1 = y - y_1 \\ r_2\cos\beta_2 = x - x_2 \\ r_2\sin\beta_2 = y - y_2 \end{cases} \tag{5-64}$$

整理可得

$$\begin{bmatrix} \cos\beta_1 & -\cos\beta_2 \\ \sin\beta_1 & -\sin\beta_2 \end{bmatrix} \begin{bmatrix} r_1 \\ r_2 \end{bmatrix} = \begin{bmatrix} -x_1 + x_2 \\ -y_1 + y_2 \end{bmatrix} \tag{5-65}$$

或

$$\begin{bmatrix} \cos\beta_1 & 0 & -1 & 0 \\ \sin\beta_1 & 0 & 0 & -1 \\ 0 & \cos\beta_2 & -1 & 0 \\ 0 & \sin\beta_2 & 0 & -1 \end{bmatrix} \begin{bmatrix} r_1 \\ r_2 \\ x \\ y \end{bmatrix} = \begin{bmatrix} -x_1 \\ -y_1 \\ -x_2 \\ -y_2 \end{bmatrix} \tag{5-66}$$

或

$$\begin{bmatrix} \tan\beta_1 & -1 \\ \tan\beta_2 & -1 \end{bmatrix} \begin{bmatrix} x \\ y \end{bmatrix} = \begin{bmatrix} x_1\tan\beta_1 - y_1 \\ x_2\tan\beta_2 - y_2 \end{bmatrix} \tag{5-67}$$

解方程可得

$$\begin{cases} x = \dfrac{x_2\tan\beta_2 - x_1\tan\beta_1 + y_1 - y_2}{\tan\beta_2 - \tan\beta_1} \\ y = \dfrac{y_2\cot\beta_2 - y_1\cot\beta_1 + x_1 - x_2}{\cot\beta_2 - \cot\beta_1} \end{cases} \tag{5-68}$$

$$\begin{cases} r_1 = \dfrac{(x_2 - x_1)\sin\beta_2 - (y_2 - y_1)\cos\beta_2}{\cos\beta_1\sin\beta_2 - \sin\beta_1\cos\beta_2} \\ r_2 = \dfrac{(x_2 - x_1)\sin\beta_1 - (y_2 - y_1)\cos\beta_1}{\cos\beta_1\sin\beta_2 - \sin\beta_1\cos\beta_2} \end{cases} \tag{5-69}$$

对于得到的解，可以进行距离合理性检验。设雷达在被动测量时按雷达侦察方程算出的最大可能距离为 r_{passive}，令 $r_{\max} = \max\{r_1, r_2\}$，若 $r_{\max} > r_{\text{passive}}$，则得到的目标定位解无效。

2）两部以上雷达受到干扰时对静止辐射源的定位

在两部以上雷达受到干扰时，设 β_i 是第 i 部雷达得到的辐射源方位角，r_i 为辐射源到第 i 部雷达的距离，(x,y) 为辐射源的位置，雷达 i 的位置为 (x_i, y_i)。类似地可写出如下方程：

$$\begin{bmatrix} \cos\beta_1 & -\cos\beta_2 & 0 & 0 & \cdots & 0 \\ \sin\beta_1 & -\sin\beta_2 & 0 & 0 & \cdots & 0 \\ 0 & \cos\beta_2 & -\cos\beta_3 & 0 & \cdots & 0 \\ 0 & \sin\beta_2 & -\sin\beta_3 & 0 & \cdots & 0 \\ \vdots & \vdots & \vdots & \vdots & & \vdots \\ 0 & 0 & \cdots & 0 & \cos\beta_{n-1} & -\cos\beta_n \\ 0 & 0 & \cdots & 0 & \sin\beta_{n-1} & -\sin\beta_n \end{bmatrix} \begin{bmatrix} r_1 \\ r_2 \\ \vdots \\ r_n \end{bmatrix} = \begin{bmatrix} -x_1 + x_2 \\ -y_1 + y_2 \\ -x_2 + x_3 \\ -y_2 + y_3 \\ \vdots \\ -x_{n-1} + x_n \\ -y_{n-1} + y_n \end{bmatrix} \tag{5-70}$$

或

$$\begin{bmatrix} \cos\beta_1 & 0 & 0 & \cdots & 0 & -1 & 0 \\ \sin\beta_1 & 0 & 0 & \cdots & 0 & 0 & -1 \\ 0 & \cos\beta_2 & 0 & \cdots & 0 & -1 & 0 \\ 0 & \sin\beta_2 & 0 & \cdots & 0 & 0 & -1 \\ \vdots & \vdots & \vdots & & \vdots & \vdots & \vdots \\ 0 & 0 & \cdots & 0 & \cos\beta_n & -1 & 0 \\ 0 & 0 & \cdots & 0 & \sin\beta_n & 0 & -1 \end{bmatrix} \begin{bmatrix} r_1 \\ r_2 \\ \vdots \\ r_n \\ x \\ y \end{bmatrix} = \begin{bmatrix} -x_1 \\ -y_1 \\ -x_2 \\ -y_2 \\ \vdots \\ -x_n \\ -y_n \end{bmatrix} \tag{5-71}$$

或

$$\begin{bmatrix} \tan\beta_1 & -1 \\ \tan\beta_2 & -1 \\ \vdots & \vdots \\ \tan\beta_n & -1 \end{bmatrix} \begin{bmatrix} x \\ y \end{bmatrix} = \begin{bmatrix} x_1\tan\beta_1 - y_1 \\ x_2\tan\beta_2 - y_2 \\ \vdots \\ x_n\tan\beta_n - y_n \end{bmatrix} \tag{5-72}$$

令

$$A_0=\begin{bmatrix}\cos\beta_1 & -\cos\beta_2 & 0 & 0 & \cdots & 0\\ \sin\beta_1 & -\sin\beta_2 & 0 & 0 & \cdots & 0\\ 0 & \cos\beta_2 & -\cos\beta_3 & 0 & \cdots & 0\\ 0 & \sin\beta_2 & -\sin\beta_3 & 0 & \cdots & 0\\ \vdots & \vdots & \vdots & \vdots & & \vdots\\ 0 & 0 & \cdots & 0 & \cos\beta_{n-1} & -\cos\beta_n\\ 0 & 0 & \cdots & 0 & \sin\beta_{n-1} & -\sin\beta_n\end{bmatrix} \tag{5-73}$$

$$B_0=\begin{bmatrix}-x_1+x_2\\ -y_1+y_2\\ -x_2+x_3\\ -y_2+y_3\\ \vdots\\ -x_{n-1}+x_n\\ -y_{n-1}+y_n\end{bmatrix},X_0=\begin{bmatrix}r_1\\ r_2\\ \vdots\\ r_n\end{bmatrix} \tag{5-74}$$

$$A_1=\begin{bmatrix}\cos\beta_1 & 0 & 0 & \cdots & 0 & -1 & 0\\ \sin\beta_1 & 0 & 0 & \cdots & 0 & 0 & -1\\ 0 & \cos\beta_2 & 0 & \cdots & 0 & -1 & 0\\ 0 & \sin\beta_2 & 0 & \cdots & 0 & 0 & -1\\ \vdots & \vdots & \vdots & & \vdots & \vdots & \vdots\\ 0 & 0 & \cdots & 0 & \cos\beta_n & -1 & 0\\ 0 & 0 & \cdots & 0 & \sin\beta_n & 0 & -1\end{bmatrix} \tag{5-75}$$

$$B_1=\begin{bmatrix}-x_1\\ -y_1\\ -x_2\\ -y_2\\ \vdots\\ -x_n\\ -y_n\end{bmatrix},X_1=\begin{bmatrix}r_1\\ r_2\\ \vdots\\ r_n\\ x\\ y\end{bmatrix},C_1=\begin{bmatrix}0 & \cdots & 0 & 1 & 0\\ 0 & \cdots & 0 & 0 & 1\end{bmatrix} \tag{5-76}$$

$$A_2=\begin{bmatrix}\tan\beta_1 & -1\\ \tan\beta_2 & -1\\ \vdots & \vdots\\ \tan\beta_n & -1\end{bmatrix},B_2=\begin{bmatrix}x_1\tan\beta_1-y_1\\ x_2\tan\beta_2-y_2\\ \vdots\\ x_n\tan\beta_n-y_n\end{bmatrix},X=X_2=\begin{bmatrix}x\\ y\end{bmatrix} \tag{5-77}$$

则上述方程可写为

$$A_iX_i=B_i,i=0,1,2 \tag{5-78}$$

由式(5-78)可得

$$X = C_1 (A_1^{\mathrm{T}} A_1)^{-1} A_1^{\mathrm{T}} B_1 \tag{5-79}$$

由式(5－79)可得

$$X = (A_2^{\mathrm{T}} A_2)^{-1} A_2^{\mathrm{T}} B_2 \tag{5-80}$$

3）基于倾斜角定位法的雷达网综合抗 SSJ 技术

倾斜角是指两个平面之间的夹角,一个平面是两部雷达和目标所确定的平面,另一个平面是两部雷达与公共坐标系原点所确定的平面。在前面的讨论中都将雷达 1 的 *NED* 坐标系作为参照坐标系,所以取两部雷达和雷达 1 的 *NE* 平面上的另一个点所确定的平面作为第二个平面。两部雷达倾斜角示意图如图 5－17 所示。

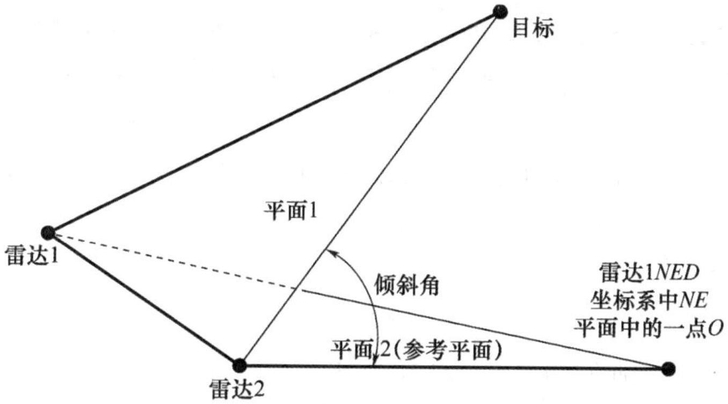

图 5－17　两部雷达倾斜角示意图

假设雷达 1、雷达 2 的地理坐标与前面假设相同。通过计算可以得到平面 1 和平面 2 之间的倾斜角:

$$I = \arccos\left(\frac{A_1A_2 + B_1B_2 + C_1C_2}{\sqrt{A_1^2 + B_1^2 + C_1^2} \cdot \sqrt{A_2^2 + B_2^2 + C_2^2}}\right) \tag{5-81}$$

式中

$$A_1 = \begin{vmatrix} m\_E & m\_D & 1 \\ n\_E & n\_D & 1 \\ V_E & V_D & 1 \end{vmatrix}, B_1 = -\begin{vmatrix} m\_N & m\_D & 1 \\ n\_N & n\_D & 1 \\ V_N & V_D & 1 \end{vmatrix} \tag{5-82}$$

$$C_1 = \begin{vmatrix} m\_N & m\_E & 1 \\ n\_N & n\_E & 1 \\ V_N & V_E & 1 \end{vmatrix}, D_1 = -\begin{vmatrix} m\_N & m\_E & m\_D \\ n\_N & n\_E & n\_D \\ V_N & V_E & V_D \end{vmatrix} \tag{5-83}$$

$$A_2 = \begin{vmatrix} m\_E & m\_D & 1 \\ n\_E & n\_D & 1 \\ 1 & 0 & 1 \end{vmatrix}, B_2 = -\begin{vmatrix} m\_N & m\_D & 1 \\ n\_N & n\_D & 1 \\ 1 & 0 & 1 \end{vmatrix} \tag{5-84}$$

$$C_2 = \begin{vmatrix} m\_N & m\_E & 1 \\ n\_N & n\_E & 1 \\ 1 & 1 & 1 \end{vmatrix}, D_2 = -\begin{vmatrix} m\_N & m\_E & m\_D \\ n\_N & n\_E & n\_D \\ 1 & 1 & 0 \end{vmatrix} \tag{5-85}$$

其中:(m_N, m_E, m_D)和(n_N, n_E, n_D)分别为雷达 1 和雷达 2 在雷达 1 的 NED 坐标系中的坐标,$V_N = \cos\varepsilon\cos\varphi$,$V_E = \cos\varepsilon\sin\varphi$,$V_D = -\sin\varepsilon$,其中,$\varepsilon$、$\varphi$ 分别为雷达 1 测量得到

的目标的方位和俯仰。对雷达 1、雷达 2 测量到的方位角、俯仰角对集合 M 和 $R_{23}=\|O_2-O_3\|$,定义矩阵

$$Q=\begin{pmatrix} q_{11}^2 & q_{12}^2 & \cdots & q_{1N}^2 \\ q_{21}^2 & q_{22}^2 & \cdots & q_{2N}^2 \\ \vdots & \vdots & & \vdots \\ q_{M1}^2 & q_{M2}^2 & \cdots & q_{MN}^2 \end{pmatrix} \tag{5-86}$$

式中

$$\max(R_{12},R_{13},R_{23})\leqslant R_0 \tag{5-87}$$

其中:$\max(R_{12},R_{13},R_{23})>R_0$ 为方向矢量 $\max(R_{12},R_{13},R_{23})$ 与两部雷达所决定的平面与参考平面之间的倾斜角;同理,R_0 为方向矢量 $\boldsymbol{V}_n^{(2)}$ 与两部雷达所决定的平面与参考平面之间的倾斜角。

假设 $P_{\mathrm{Dis}}=N_{\mathrm{Dis}}/M$ 和 d_k 相互独立且均值相等并设为 μ,$\sigma_{I_m}^2$ 和 $\sigma_{I_n}^2$ 分别为它们的方差,显然 q_{mn} 服从标准正态分布,q_{mn}^2 则服从自由度为 1 的 χ^2 分布。矩阵 $\boldsymbol{Q}$ 也是对称阵。为了计算 $\sigma_{I_m}^2$ 和 $\sigma_{I_n}^2$,设

$$I=f(\varphi,\varepsilon) \tag{5-88}$$

经过推导可以得到倾斜角方差的计算式为

$$\sigma_I^2=\boldsymbol{u}^{\mathrm{T}}\cdot\boldsymbol{R}\cdot\boldsymbol{u} \tag{5-89}$$

式中

$$\boldsymbol{u}=\frac{1}{\sqrt{\left(\dfrac{\partial f(\varphi,\varepsilon)}{\partial\varphi}\right)^2+\left(\dfrac{\partial f(\varphi,\varepsilon)}{\partial\varepsilon}\right)^2}}\cdot\begin{bmatrix}\dfrac{\partial f(\varphi,\varepsilon)}{\partial\varphi}\\ \dfrac{\partial f(\varphi,\varepsilon)}{\partial\varepsilon}\end{bmatrix} \tag{5-90}$$

$\boldsymbol{R}_1$ 和 $\boldsymbol{R}_2$ 分别为

$$\boldsymbol{R}_1=\begin{bmatrix}\sigma_{\varphi1}^2 & \\ & \sigma_{\varepsilon1}^2\end{bmatrix} \tag{5-91}$$

$$\boldsymbol{R}_2=\begin{bmatrix}\sigma_{\varphi2}^2 & \\ & \sigma_{\varepsilon2}^2\end{bmatrix} \tag{5-92}$$

式中:$\sigma_{\varphi i}^2$、$\sigma_{\varepsilon i}^2$ 分别为雷达 $i(i=1,2)$ 的测方位角和测俯仰角误差方差。

当满足 $q_{mn}^2<\gamma$ 时,认为两个方位角、俯仰角对 $(\varphi_m^{(1)},\varepsilon_m^{(1)})$ 和 $(\varphi_n^{(2)},\varepsilon_n^{(2)})$ 所决定的目标是真实目标。γ 为在一定的置信区间内(如 95%、99% 等),自由度为 1 的 $J=P_{\mathrm{J}}G_{\mathrm{J}}A_r/(4\pi R^2B_{\mathrm{J}}L_{\mathrm{J}})$ 分布所获得的阈值。

多目标条件下为了评估雷达网的去“鬼点”性能,采用真实目标的正确关联概率 P_{d} 和“鬼点”目标的错误关联概率 P_{f} 来对抗压制性干扰技术进行评估。

5.3 雷达组网抗欺骗干扰技术

压制性干扰在雷达对抗技术中一直占有重要的地位,然而,随着数字技术和信号处理

能力的提高,欺骗性干扰技术得到了快速发展。由于欺骗性干扰与目标相关性强,抗干扰难度大,对雷达的威胁越来越严重,使传统的雷达抗欺骗干扰方法越来越难以满足复杂电磁环境下的作战要求,严重影响了雷达性能的发挥[23]。

欺骗性干扰与压制干扰不同,它主要通过模拟雷达目标信号的特点制造假信号,使雷达获得假的信息,实施欺骗,破坏雷达系统的工作。欺骗性干扰的目的是产生假目标,以假乱真,欺骗或者迷惑雷达。欺骗性干扰的特点是干扰信号具有与雷达目标信号相同或相近的形式,同时又加上了各种假信息的调制。

5.3.1　距离欺骗干扰下探测跟踪技术

1. 距离波门拖引干扰模型

在实战中,距离欺骗干扰效果较好的是距离波门拖引(Range Gate Pull Off ,RGPO)干扰,主要由干扰脉冲捕获距离波门、拖引距离波门、关机停拖三个步骤组成。根据目标回波模型,为简化下面的讨论过程,暂不考虑雷达载频捷变和线性调频等因素[24-25]。

1）干扰脉冲捕获距离波门

干扰机收到雷达发射脉冲后,以最小的延迟时间转发一个干扰脉冲,时间延迟的典型值为 150ns,干扰脉冲幅度 A_J 大于回波信号幅度 A_R,一般 $A_J/A_R \approx 1.3 \sim 1.5$ 时便可以有效地捕获距离波门,然后保持一段时间($\Delta t = 0$),这段时间称为停拖。其目的是使干扰信号与目标回波信号同时作用在距离波门上。停拖时间要求大于雷达接收机自动增益控制电路的惯性时间,一般要求不小于 0.5s。

2）拖引距离波门

当距离波门跟踪到干扰脉冲以后,干扰机每接收到一个雷达照射脉冲,便可逐渐增加转发脉冲的延迟时间(令 Δt 在每一个脉冲重复周期按照预设的规律进行变化),使距离波门随干扰脉冲移动而离开回波脉冲,直到距离波门偏离目标回波若干个波门的宽度。对一般的跟踪雷达,拖引时间为 5 ~ 10s,拖引速度要小于距离波门所允许的最大跟踪速度,即距离波门的最大移动速度。

3）干扰机关机

当距离波门被干扰脉冲从目标上拖开足够大的距离以后,干扰机关闭,即停止转发干扰脉冲一段时间。这时,距离波门内既无目标回波又无干扰脉冲,距离波门转入搜索状态。经过一段时间后,距离波门搜索到目标回波并再次转入自动跟踪状态。待距离波门跟踪上目标以后,再重复以上三个步骤的距离波门拖引过程。选择一定的 Δt,使得 $c \cdot \Delta t/2$(产生的假目标与真实目标之间的距离)大于雷达的距离分辨单元,形成距离假目标。雷达在距离波门拖引干扰下,搜索并跟踪虚假目标,干扰消失后雷达又转入搜索状态。这样雷达在搜索和跟踪之间往复转换,而且跟踪的是虚假目标,从而达到欺骗干扰的目的。

本书主要讨论目标回波和 RGPO 干扰脉冲同时存在的情况,不考虑干扰机将真实目标回波覆盖的情况,且不考虑其他形式的干扰,因此,量测集包括目标量测、虚警、杂波、RGPO 干扰量测。目标回波和 RGPO 干扰脉冲位置如图 5 - 18 所示,随着时间的增加,两者之间的径向距离将增大,而二者方位和俯仰之间仅存在雷达量测误差造成的差别。为了干扰成功,RGPO 干扰延迟产生的脉冲幅度要大于真实目标的幅度。当拖引持续一段时间后,干扰机将停止拖引。当雷达再次捕获目标时,干扰机再进行波门拖引。t_1、t_2、t_3

代表不同的时刻，且 $t_1 < t_2 < t_3$。

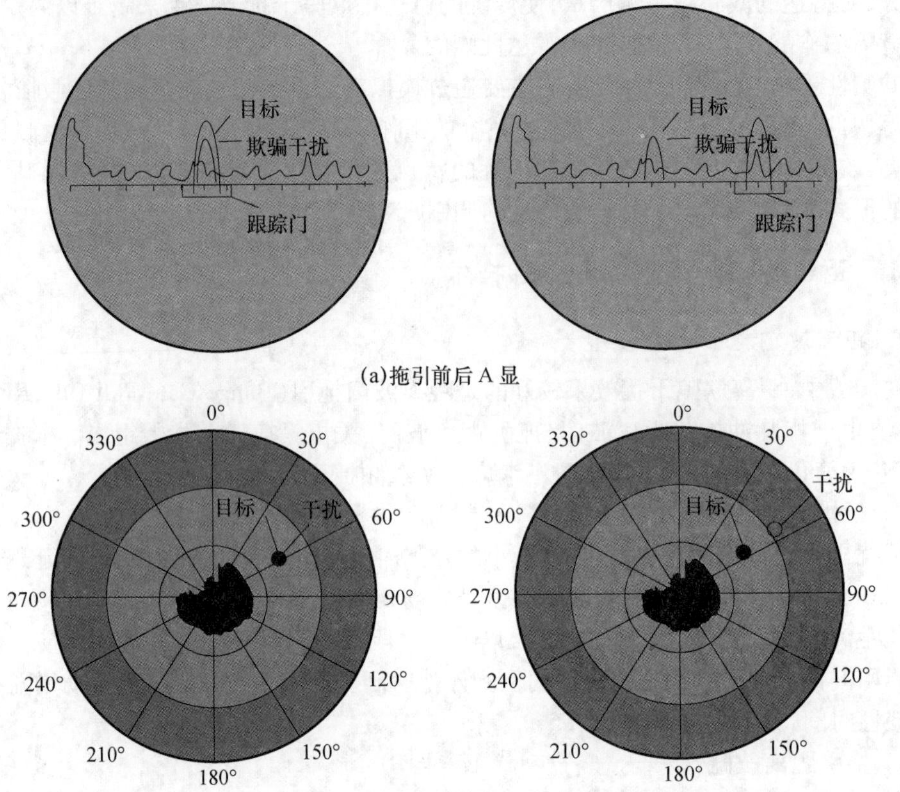

(a)拖引前后A显

(b)拖引前后P显

图5-18　不同时刻下RGPO干扰脉冲、目标回波距离示意图

2. 雷达网抗RGPO干扰

基于三阈值检验与量测同源检验的雷达网抗RGPO干扰流程如图5-19所示。单雷达对落入相关波门内的候选回波进行三阈值检验，在各分站中剔除一部分虚假距离量测，接着对雷达网中多部雷达的量测进行同源检验，使得真目标以很高的概率保留，而假目标被最大程度地被剔除，并对通过同源检验的量测进行融合，最后在统一坐标系下对融合后的点迹进行跟踪滤波[26]。三阈值检验——最近距离选择法在抗距离欺骗干扰时摒弃了其中的虚假信息（如距离欺骗干扰量测的距离信息），又充分挖掘出距离欺骗干扰量测中的有用信息如角度信息，提高了抗干扰效果。

1）信噪比检测

三阈值检测第一步为信噪比检测，以判断是否存在干扰。以目标起伏模型服从Swerling Ⅲ分布为例进行分析，P_{fa}为虚警率，则k时刻，在不考虑距离欺骗干扰时接收机的检测阈值（dB）为

$$\rho_{thr}^{k} = 10\lg(-\ln P_{fa}) \tag{5-93}$$

由于干扰机在接收到雷达照射后，会对雷达射频信号进行放大、延迟后再发射出去，因此必须在此阈值基础上加上一个由于干扰机对雷达射频信号放大引起的功率值。当距离欺骗干扰的回波幅度是目标幅度的2倍以上时，就可以成功地对距离波门进行拖引。

由于此步骤中的阈值检测只是一个预处理,因此可以用一个较保守的数量对阈值进行估计,可以认为当干扰脉冲幅度是目标幅度2倍时,干扰成功,换算成分贝数即3dB,在实际作战中干扰机将会施放幅度更强的干扰。综上所述,RGPO干扰下,判断是否存在干扰的信噪比检测阈值(dB):

$$\rho_{\mathrm{J}}^{k}=10\lg(-\ln P_{\mathrm{fa}})+3 \tag{5-94}$$

ρ_{J}^{k} 是对回波波门内的量测判断是否存在干扰的阈值,与接收机检测回波信号是否是目标的信噪比阈值是不同的,其并不影响接收机对目标的正常检测。当落入回波波门内的某个量测信噪比大于此阈值时,则认为存在距离欺骗干扰。但此时判别的正确概率还不高,并且不能单凭某个量测信噪比高就认为此量测为距离欺骗干扰形成的虚假量测而将其剔除,因此必须进行下一步检验。

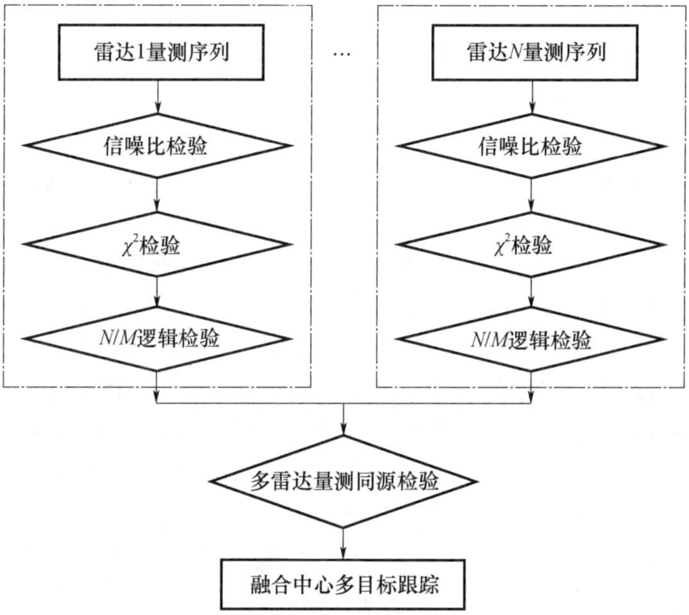

图5-19　基于三阈值检验与量测同源检验的雷达网抗RGPO干扰流程图

2) χ^2 检验

设 k 时刻,假设有 m_k 个量测,按照每个量测与雷达的距离由近至远排列,假定每个量测的方位和俯仰服从相互独立的高斯分布,即

$$\begin{cases}\theta_i \sim \mathrm{N}(\theta,\sigma_{\theta_i}^2)\\ \varepsilon_i \sim \mathrm{N}(\varepsilon,\sigma_{\varepsilon_i}^2)\end{cases},i=1,2,\cdots,m_k \tag{5-95}$$

式中:θ_i、ε_i 分别为第 i 个量测方位和俯仰;$\sigma_{\theta_i}^2$、$\sigma_{\varepsilon_i}^2$ 分别为量测的方位与俯仰方差。

则量测 i、j 的方位与俯仰服从如下分布:

$$\begin{cases}\dfrac{\theta_i-\theta_j}{\sqrt{\sigma_{\theta_i}^2+\sigma_{\theta_j}^2}}\sim \mathrm{N}(0,1)\\ \dfrac{\varepsilon_i-\varepsilon_j}{\sqrt{\sigma_{\varepsilon_i}^2+\sigma_{\varepsilon_j}^2}}\sim \mathrm{N}(0,1)\end{cases}\quad (i<j;i,j=1,2,\cdots,m_k) \tag{5-96}$$

根据式(5－96)可以构造统计量：

$$T_{ij}=\frac{(\theta_i-\theta_j)^2}{\sigma_{\theta_i}^2+\sigma_{\theta_j}^2}+\frac{(\varepsilon_i-\varepsilon_j)^2}{\sigma_{\varepsilon_i}^2+\sigma_{\varepsilon_j}^2} \tag{5-97}$$

T_{ij}服从自由度为2的χ^2分布，通过单边检验可以判断是否为距离欺骗干扰，该检验的单边拒绝域为$V=\{T_{ij}>\chi_\alpha^2(2)\}$，$\alpha$为显著性水平，给定$\alpha$，可以通过查表得到相应的阈值。

3）*N/M*逻辑检验

*N/M*逻辑检验即假设在*M*次检验中检测到*N*次距离欺骗干扰，就认为该量测为距离欺骗干扰，予以剔除。由于杂波与目标之间相对角度的随机性较强，*N*次采样之间相关性较差，而目标与距离欺骗干扰脉冲之间相对角度随机性弱，*N*次采样之间相关性较好，因此通过*N/M*逻辑检验可以有效降低第二步检验中造成的"取伪"错误；同理*N/M*逻辑检验也可以降低χ^2检验的"弃真"错误。但一个逻辑检验这两种错误概率不可能同时都小，且又要考虑干扰鉴别的时效性，所以其中取值必须综合考虑。

4）雷达网同源量测融合抗距离虚假目标干扰

在网内各雷达采用χ^2检验方法剔除虚假距离目标量测的基础上，对来自网内多部雷达的量测进行同源检验，以最大程度地剔除假目标。雷达网同源量测检验对抗距离欺骗干扰的流程如下：

（1）将*N*部雷达在公共视域里的量测点迹均转换到公共的融合中心坐标系中。利用最近邻方法对来自不同雷达的量测数据进行关联。

（2）自适应阈值同源检测，对关联量测序列进行检验，鉴别虚假目标量测集。

对于集中式雷达网，最近邻关联后的量测序列$\mathbf{AZ}^i$可能是由真实目标形成的，也有可能是由距离虚假目标形成的，为了甄别真假，对其进行同源检验：被同源检验接受，则认为是真目标；被同源检验拒绝，则认为是假目标。由于量测噪声的时变性，检验阈值也需自适应时变。自适应检验阈值的设计是同源检验的关键。

在进行最近邻关联后，两部雷达i、j的所有关联量测对中，假定关联距离最近的量测对（通常是来自真目标）是$\boldsymbol{Z}_i^l$和$\boldsymbol{Z}_j^l$，其协方差为$\boldsymbol{R}_i^l$和$\boldsymbol{R}_j^n$。定义关联协方差$\boldsymbol{R}_{ij}^0=\boldsymbol{R}_i^l+\boldsymbol{R}_j^n$，$\boldsymbol{R}_{ij}^0$为一个对称的实矩阵，则可通过正交变换把二次型$\boldsymbol{R}_{ij}^0$转化为标准型，即

$$\boldsymbol{R}_{ij}^0=\boldsymbol{C}^{\mathrm{T}}\boldsymbol{\Lambda}\boldsymbol{C} \tag{5-98}$$

式中：$\boldsymbol{C}$为正交矩阵；$\boldsymbol{\Lambda}$为标准型。

它们满足

$$\boldsymbol{C}^{\mathrm{T}}=\boldsymbol{C}^{-1},\boldsymbol{\Lambda}=\begin{bmatrix}\lambda_1 & 0 & 0\\ 0 & \lambda_2 & 0\\ 0 & 0 & \lambda_3\end{bmatrix} \tag{5-99}$$

$\boldsymbol{R}_{ij}^0$是高斯分布的1σ误差椭球，其椭球半径分别等于$\boldsymbol{R}_{ij}^0$特征值λ_1、λ_2、λ_3的平方根，令$\lambda_1\geqslant\lambda_2\geqslant\lambda_3$，为保证真目标（可能不止一个）具有99.74%的接收概率，定义一个圆球，其半径为

$$G=3\sqrt{\lambda_1} \tag{5-100}$$

G即是两部雷达i、j最近邻关联后，进行同源检验时的自适应阈值。

任意一个关联量测对$Z_i^{n_1}$（第i部雷达的第n_1个量测）和$Z_j^{n_2}$（第j部雷达的第n_2个量

测),其关联距离为

$$d_{ij}(n_1,n_2)=\sqrt{(x_i^{n_1}-x_j^{n_2})^2+(y_i^{n_1}-y_j^{n_2})^2+(z_i^{n_1}-z_j^{n_2})^2},n_1\in\{1,2,\cdots,M_i\},n_2\in\{1,2,\cdots,M_j\} \quad (5-101)$$

进行同源检验的规则:

$$H=\begin{cases}1,d_{ij}(n_1,n_2)<G\\0,d_{ij}(n_1,n_2)>G\end{cases} \quad (5-102)$$

对于它们来自同一个目标的假设,1 表示接受,0 表示拒绝。

对于包含 N 部雷达的情况,最近邻关联后形成的量测序列 $\mathbf{AZ}^i$,则首先进行两两同源检验,然后求其交集。对被同源检验接受的量测序列进行加权,得到融合位置的协方差。

5.3.2　速度欺骗干扰下探测跟踪技术

5.3.2.1　速度波门拖引干扰

脉冲多普勒/动目标显示(Pulse Doppler/Moving Target Indication,PD/MTI)体制跟踪雷达设有多普勒滤波器组和速度跟踪波门,多普勒滤波器组的作用是抑制强地杂波和宽带噪声,并区分不同径向速度的目标,速度跟踪波门的作用是将特定径向速度的目标与其他目标分离开,为多普勒滤波器组提供精确的目标速度信息。速度波门拖引(Velocity Gate Pull Off ,VGPO)干扰是针对具备测速功能的 PD/MTI 体制跟踪雷达的专用干扰样式[27-28]。VGPO 干扰机截获到雷达发射信号,对其快速复制和频相调制,然后立刻转发,延迟时间可忽略,产生的虚假目标信号在时间上与真实目标信号几乎重叠,而多普勒频移相对于真实目标的多普勒频移增大或减小,功率大于真实目标信号功率。VGPO 干扰的一个周期过程分为捕获期、拖引期、停拖期和关机,如图 5-20 所示。

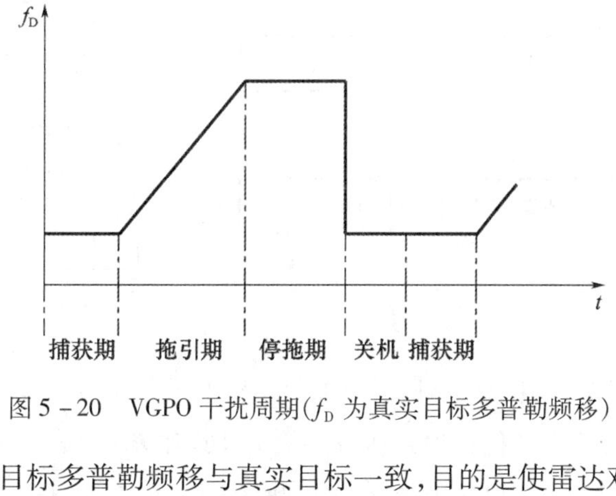

图 5-20　VGPO 干扰周期(f_D 为真实目标多普勒频移)

在捕获期,虚假目标多普勒频移与真实目标一致,目的是使雷达对幅度更高的虚假目标信号建立稳定速度跟踪,然后虚假目标多普勒频移逐渐增大(减小),雷达速度跟踪波门被虚假目标拖离,这是拖引期,当拖到一定位置后保持不变,目的是使雷达稳定跟踪虚假目标速度,即停拖期,保持一定时间后,停止转发虚假目标信号,使雷达速度跟踪波门内既无真实目标信号,也无虚假目标信号。波门丢失信号一定时间后会重新转入搜索过程,当雷达速度跟踪波门再次捕获到目标后,新一个周期的拖引又开始了,致使雷达无法对目标建立稳定的速度跟踪。

当雷达速度跟踪波门自动跟踪虚假目标多普勒频移后,多普勒滤波器组获得虚假的目标速度信息,导致大量与真实目标速度不相关的具有扩展多普勒频率谱的杂波进入雷达数据处理器,雷达的距离和角度自动跟踪系统也同时遭到破坏。有规律变化的虚假速度量测和大量杂波造成雷达无法精确跟踪真实目标,甚至跟踪杂波,跟踪航迹逐渐偏离真实目标航迹,最终目标跟踪丢失。

5.3.2.2 雷达网抗速度波门拖引干扰

1. 双模型的建立

对于普通雷达,用于目标跟踪的量测数据主要是空间位置量测;对于PD/MTI体制雷达,可用的量测数据不仅有目标空间位置量测,还有目标径向速度量测[29]。若没有VGPO干扰,雷达可以单纯利用空间位置量测进行目标跟踪,也可以利用空间位置加径向速度量测实现精度更高的目标跟踪。若存在VGPO干扰,在有杂波和目标机动的情况下,雷达无法及时识别出干扰,仍会将虚假的径向速度量测用于目标跟踪,虚假的径向速度量测使跟踪滤波结果偏离目标真实状态,进而使雷达跟踪波门脱离真实目标。然而,速度拖引干扰只是产生了虚假的速度信息,而雷达获得的目标空间位置量测仍是真实的,雷达利用空间位置量测仍能跟踪目标。

为此,依据不同的量测集合分别建立两个跟踪模型:基于空间位置、幅度量测的跟踪模型 M_1 和基于空间位置、径向速度量测的跟踪模型 M_2,其中,模型 M_1 中的量测集包括跟踪雷达在当前时刻探测到的所有位置量测和信号幅度量测,模型 M_2 中的量测集是跟踪雷达自动跟踪系统在当前时刻捕获到的位置和径向速度量测。双模型结构如图5-21所示。

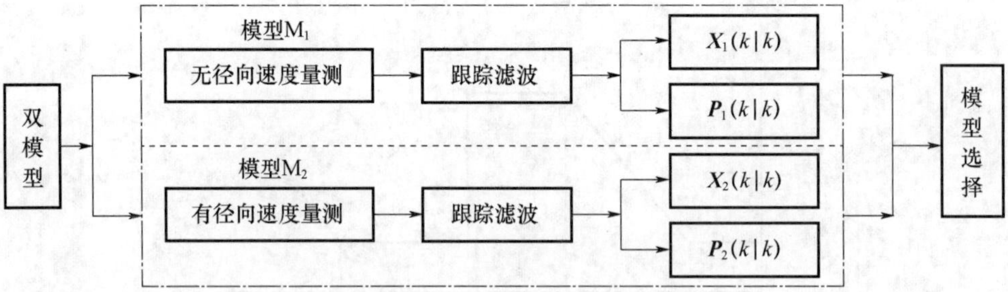

图5-21 双模型结构

模型 M_1 和模型 M_2 各自独立地进行滤波,两个模型分别获得目标状态估计向量 $\hat{\boldsymbol{X}}_1(k|k)$ 和 $\hat{\boldsymbol{X}}_2(k|k)$ 及相应的估计误差协方差 $\boldsymbol{P}_1(k|k)$ 和 $\boldsymbol{P}_2(k|k)$。若雷达没有受到速度拖引干扰,则 $\hat{\boldsymbol{X}}_1(k|k)$ 和 $\hat{\boldsymbol{X}}_2(k|k)$ 都是对目标状态的正确估计,两者具有一定的相关性,其中由于径向速度量测参与滤波,$\hat{\boldsymbol{X}}_2(k|k)$ 的估计精度更高;若雷达受到速度拖引干扰,径向速度量测是虚假的,$\hat{\boldsymbol{X}}_2(k|k)$ 偏离了目标真实状态,则 $\hat{\boldsymbol{X}}_1(k|k)$ 和 $\hat{\boldsymbol{X}}_2(k|k)$ 具有一定差异性。根据以上原则可制定模型选择规则,确定最后的目标状态输出。

2. 模型 M_1 的滤波

由于模型 M_1 中的量测集包含雷达在当前时刻探测到的所有位置量测，因此在进行目标状态估计时需要对量测进行数据关联，保证状态估计结果尽可能地来源于目标量测。杂波的存在会严重影响目标状态估计精度，用于杂波环境下目标跟踪的概率数据互联滤波器(Probabilistic Data Association Filter, PDAF)利用互联概率对源于目标的所有候选量测进行加权处理，尽可能地降低杂波的不良影响。

传统 PDAF 中互联概率的计算只是利用了杂波和目标量测在位置信息上的不同。杂波和目标量测的另一不同之处是从统计意义上目标回波的幅度均值高于杂波的幅度均值。在雷达的信号处理器，恒虚警率(CFAR)检测器设定自适应的检测阈值，若回波检验统计量即回波幅度的似然比高于此阈值，则检测器将其判定为目标；若低于此阈值，则检测器将其判定为噪声并滤除掉。由于目标回波和杂波信号的幅度均存在不同程度的波动，通过检测器的回波中还有可能存在杂波，因此通过目标检测器的所有回波在幅度上还存在可被利用的冗余信息，即目标回波的幅度均值高于杂波的幅度均值，将该信息融入传统的互联概率计算方法中，将会减少互联概率计算误差，提高目标状态估计精度。模型 M_1 滤波过程分为量测输入、概率数据关联、目标状态估计和目标状态输出四部分，如图 5 - 22所示。

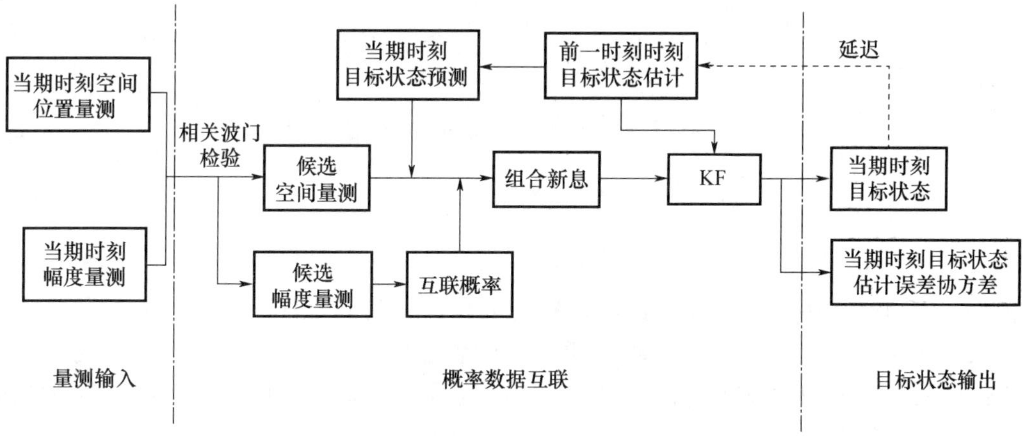

图 5 - 22　模型 M_1 的滤波过程

下面主要介绍滤波过程中的关键步骤：

1) 幅度信息的提取

不失一般性，假设雷达发射的信号为相干的脉冲载波调制信号，不考虑信号初始相位，则其中的单脉冲信号 $s(t)$ 可表示为

$$s(t)=A\exp(\mathrm{j}2\pi f_0 t)p_\tau(t)\ ,p_\tau(t)=\begin{cases}1\ ,\ 0<t<\tau\\ 0,\text{其他}\end{cases}\tag{5-103}$$

式中：A 为脉冲信号幅度；f_0 为雷达工作频率；τ 为脉冲信号宽度。

在没有 VGPO 干扰时，不考虑噪声，真实目标回波信号为

$$x_1(t)=A_1\exp\left[\mathrm{j}2\pi f_0\left(t-\frac{2R_0}{c}\right)\right]p_\tau\left(t-\frac{2R_0}{c}\right)\exp(\mathrm{j}2\pi f_\mathrm{D} t)\tag{5-104}$$

式中：A_1 为真实目标回波信号幅度；R_0 为目标相对雷达的径向距离；c 为光速；f_D 为真实目标的多普勒频率。

当存在 VGPO 干扰时，不考虑噪声和干扰机误差，虚假目标信号为

$$x_2(t)=A_2s\left[t-\frac{2R_0}{c}\right]\exp[\mathrm{j}2\pi(f_D+f_V)t] \tag{5-105}$$

式中：A_2 为 VGPO 干扰时虚假目标回波信号幅度；f_V 为速度同步拖引干扰施加的多普勒频移。为了达到 VGPO 效果，A_2 往往大于 A_1，且真实目标回波信号和虚假目标信号在时间上混叠。

考虑噪声的存在，设瑞利杂波环境下雷达实际接收到的回波信号为 $y(t)$，构建如下假设集：

$$\begin{cases}H_0:y(t)\text{为杂波}\\H_1:y(t)\text{为目标回波}\end{cases} \tag{5-106}$$

则在每个假设为真的情况下 $y(t)$ 可分别表示为

$$\begin{cases}H_0:y(t)=n(t)\\H_1:y(t)=x(t)+n(t)\end{cases} \tag{5-107}$$

式中：$n(t)$ 是均值为 0、功率谱密度为 $N_0/2$ 的窄带噪声；$x(t)=x_1(t)$ 或 $x(t)x_2(t)$。

雷达对高斯白噪声背景下随机信号进行目标存在性检测的最佳检测器是正交接收机，它可由匹配滤波器和包络检波器组合实现。回波信号 $y(t)$ 通过正交接收机后得到信号的包络或幅度值 Λ：

$$I=\int_0^\tau y(t)\cos(2\pi f_0t)\,\mathrm{d}t \tag{5-108}$$

$$Q=\int_0^\tau y(t)\sin(2\pi f_0t)\,\mathrm{d}t \tag{5-109}$$

$$\Lambda=\sqrt{I^2+Q^2} \tag{5-110}$$

式中：I、Q 分别为匹配滤波器输出的同相分量和正交分量，其方差 σ^2 均为 $N_0\tau/4$。

雷达检测目标是否存在的原则：根据一定的虚警率设定阈值 Λ_0，若 Λ 超过阈值 Λ_0，则判断目标存在；否则，认定目标不存在。回波信号幅度值 Λ 是检验目标是否存在的重要信息，它同样可以用于优化目标跟踪处理阶段的跟踪效果。

在不同假设下，回波信号幅度 Λ 的条件概率密度函数为

$$p(\Lambda|H_0)=\frac{\Lambda}{\sigma^2}\exp\left(-\frac{\Lambda^2}{2\sigma^2}\right),\Lambda\geqslant0 \tag{5-111}$$

$$p(\Lambda|H_1)=\frac{\Lambda}{(\sigma^2+S\tau^2/4)}\exp\left[-\frac{\Lambda^2}{2(\sigma^2+S\tau^2/4)}\right],\Lambda\geqslant0 \tag{5-112}$$

式中：$\sigma=N_0\tau/4$。

设目标回波信号的信噪比均值为 D，$D=S\tau/N_0$，以归一化的背景噪声（$\sigma=1$）为例进行分析，则式（5-111）和式（5-112）可转化为

$$p(\Lambda|H_0)=\Lambda\exp\left(-\frac{\Lambda^2}{2}\right),\Lambda\geqslant0 \tag{5-113}$$

$$p(\Lambda|H_1)=\frac{\Lambda}{1+D}\exp\left[-\frac{\Lambda^2}{2(1+D)}\right],\Lambda\geqslant0 \tag{5-114}$$

在雷达目标跟踪阶段,形成量测的回波信号的幅度值 Λ 都是超过检测阈值 Λ_0 的,因此,若在目标跟踪阶段使用 Λ 的统计信息,则需要通过 $\Lambda \geqslant \Lambda_0$ 这一先验信息对 Λ 的概率密度函数进行归一化,即

$$p(\Lambda \mid \mathrm{H}_0, \Lambda \geqslant \Lambda_0) = \frac{p(\Lambda \mid \mathrm{H}_0)}{P_{\mathrm{fa}}}, \Lambda \geqslant \Lambda_0 \tag{5-115}$$

$$p(\Lambda \mid \mathrm{H}_1, \Lambda \geqslant \Lambda_0) = \frac{p(\Lambda \mid \mathrm{H}_1)}{P_{\mathrm{D}}}, \Lambda \geqslant \Lambda_0 \tag{5-116}$$

式中

$$P_{\mathrm{fa}} = \int_{\Lambda_0}^{\infty} p(\Lambda \mid \mathrm{H}_0) \mathrm{d}\Lambda \tag{5-117}$$

$$P_{\mathrm{D}} = \int_{\Lambda_0}^{\infty} p(\Lambda \mid \mathrm{H}_1) \mathrm{d}\Lambda \tag{5-118}$$

综合式(5-115)~式(5-118)可得

$$p(\Lambda \mid \mathrm{H}_0, \Lambda \geqslant \Lambda_0) = \Lambda \exp\left(\frac{\Lambda_0^2 - \Lambda^2}{2}\right), \Lambda \geqslant \Lambda_0 \tag{5-119}$$

$$p(\Lambda \mid \mathrm{H}_1, \Lambda \geqslant \Lambda_0) = \frac{\Lambda}{1+D} \exp\left[\frac{\Lambda_0^2 - \Lambda^2}{2(1+D)}\right], \Lambda \geqslant \Lambda_0 \tag{5-120}$$

2）互联概率的计算

不失一般性,以三坐标脉冲多普勒(PD)跟踪雷达为例进行分析。设 k 时刻落入目标相关波门内的候选量测集合为

$$\boldsymbol{Z}^{\Lambda}(k) = \{[z_i(k) \quad \Lambda_i(k)]^{\mathrm{T}}\}_{i=1}^{m_k} \tag{5-121}$$

式中:m_k 为候选量测个数;$z_i(k)$ 为第 i 个回波的空间位置量测分量;$\Lambda_i(k)$ 为第 i 个回波的幅度量测分量(存在脉冲积累时,可由多个子脉冲的幅度平均值代替)。

用 $\boldsymbol{Z}^k$ 表示直至 k 时刻的所有确认回波的量测累积集合,用 $\boldsymbol{Z}(k)$ 表示 k 时刻候选回波的空间位置量测分量集合 $\{z_{1i}(k)\}_{i=1}^{m_k}$,用 $\Lambda(k)$ 表示 k 时刻候选回波的幅度量测分量集合 $\{\Lambda_i(k)\}_{i=1}^{m_k}$。

定义如下事件:

$$\begin{cases} \theta_i(k):\text{第 } i \text{ 个回波源于目标}, i=1,2,\cdots,m_k \\ \theta_0(k):\text{在 } k \text{ 时刻没有回波源于目标} \end{cases} \tag{5-122}$$

以上事件都是互斥和穷举的。

以确认回波的量测累积集合 Z^k 为条件,第 i 个回波源于目标的条件概率,即互联概率为

$$\beta_i(k) = \Pr\{\theta_i(k) \mid \boldsymbol{Z}^k\} = \Pr\{\theta_i(k) \mid \boldsymbol{Z}^{\Lambda}(k), \boldsymbol{\Lambda}(k), m_k, \boldsymbol{Z}^{k-1}\} \tag{5-123}$$

根据贝叶斯准则可得

$$\beta_i(k) = \frac{\Pr[\theta_i(k) \mid \boldsymbol{\Lambda}(k), m_k, \boldsymbol{Z}^{k-1}] p[\boldsymbol{Z}^{\Lambda}(k) \mid \theta_i(k), \boldsymbol{\Lambda}(k), m_k, \boldsymbol{Z}^{k-1}]}{\sum_{i=0}^{m_k} \Pr[\theta_i(k) \mid \boldsymbol{\Lambda}(k), m_k, \boldsymbol{Z}^{k-1}] p[\boldsymbol{Z}^{\Lambda}(k) \mid \theta_i(k), \boldsymbol{\Lambda}(k), m_k, \boldsymbol{Z}^{k-1}]} \tag{5-124}$$

由于雷达测得的回波空间位置量测分量和幅度量测分量相互独立,因此有

$$p[\boldsymbol{Z}^{\Lambda}(k)|\theta_i(k),\boldsymbol{\Lambda}(k),m_k,\boldsymbol{Z}^{k-1}]=p[\boldsymbol{Z}(k)|\theta_i(k),m_k,\boldsymbol{Z}^{k-1}]p[\boldsymbol{\Lambda}(k)|\theta_i(k),\boldsymbol{\Lambda}(k),m_k,\boldsymbol{Z}^{k-1}] \tag{5-125}$$

则目标位置量测分量的条件概率密度为

$$p[\boldsymbol{Z}(k)|\theta_i(k),m_k,\boldsymbol{Z}^{k-1}]=\begin{cases}\boldsymbol{V}_k^{1-m_k}P_{\mathrm{G}}^{-1}\mathrm{N}[v_i(k);0,S_i(k)], & i=1,\cdots,m_k\\ \boldsymbol{V}_k^{-m_k}, & i=0\end{cases} \tag{5-126}$$

式中：$\boldsymbol{V}_k$ 为相关波门的体积；P_{G} 为门概率，即目标回波落入波门的概率；$v_i(k)$为该回波的新息；$\mathrm{N}[v_i(k);0,S_i(k)]$ 表示 $v_i(k)$服从高斯分布的概率密度函数，其均值为0、协方差为 $S_i(k)$。

根据前面的分析，第 i 个回波的幅度量测分量 $\Lambda_i(k)$ 的概率密度函数为

$$p[\Lambda_i(k)|\theta_i(k),\boldsymbol{\Lambda}(k),m_k,\boldsymbol{Z}^{k-1}]=\frac{\Lambda_i(k)}{1+D}\exp\left[\frac{\Lambda_0^2-\Lambda_i^2(k)}{2(1+D)}\right] \tag{5-127}$$

$$p[\Lambda_i(k)|\theta_j(k),\boldsymbol{\Lambda}(k)\geqslant\Lambda_0,m_k,\boldsymbol{Z}^{k-1}]=\Lambda_i(k)\exp\left(\frac{\Lambda_0^2-\Lambda_i^2(k)}{2}\right),i\neq j \tag{5-128}$$

式中：D 为目标的信噪比期望值，其计算方法可使用 α 估计器。

由于各回波幅度之间是相互独立的，因此可得所有回波幅度量测的条件概率密度为

$$p[\boldsymbol{\Lambda}(k)\mid\theta_i(k),\boldsymbol{\Lambda}(k),m_k,\boldsymbol{Z}^{k-1}]=$$

$$\begin{cases}\dfrac{\Lambda_i(k)}{1+D}\exp\left[\dfrac{\Lambda_0^2-\Lambda_i^2(k)}{2(1+D)}\right]\prod\limits_{j=1,j\neq i}^{m_k}\left[\Lambda_j(k)\exp\left(\dfrac{\Lambda_0^2-\Lambda_j^2(k)}{2}\right)\right], & i=1,\cdots,m_k\\ \prod\limits_{j=1}^{m_k}\left[\Lambda_j(k)\exp\left(\dfrac{\Lambda_0^2-\Lambda_j^2(k)}{2}\right)\right], & i=0\end{cases} \tag{5-129}$$

事件 $\theta_i(k)$的条件概率为

$$\Pr[\theta_i(k)|\boldsymbol{\Lambda}(k),m_k,\boldsymbol{Z}^{k-1}]=$$

$$\begin{cases}\dfrac{1}{m_k}P_{\mathrm{D}}P_{\mathrm{G}}\left[P_{\mathrm{D}}P_{\mathrm{G}}+(1-P_{\mathrm{D}}P_{\mathrm{G}})\dfrac{\mu_{\mathrm{F}}(m_k)}{\mu_{\mathrm{F}}(m_k-1)}\right]^{-1}, & i=1,\cdots,m_k\\ (1-P_{\mathrm{D}}P_{\mathrm{G}})\dfrac{\mu_{\mathrm{F}}(m_k)}{\mu_{\mathrm{F}}(m_k-1)}\left[P_{\mathrm{D}}P_{\mathrm{G}}+(1-P_{\mathrm{D}}P_{\mathrm{G}})\dfrac{\mu_{\mathrm{F}}(m_k)}{\mu_{\mathrm{F}}(m_k-1)}\right]^{-1}, & i=0\end{cases} \tag{5-130}$$

式中：P_{D} 为目标检测概率；$\mu_{\mathrm{F}}(m_k)$为杂波数的概率质量函数，假设杂波数服从泊松分布，则有

$$\mu_{\mathrm{F}}(m_k)=\exp(-\lambda_k\boldsymbol{V}_k)\frac{(\lambda_k\boldsymbol{V}_k)^{m_k}}{m_k!},m_k=0,1,2,\cdots \tag{5-131}$$

其中：λ 为杂波的空间密度，可用下式进行估计，即

$$\hat{\lambda}_k=\left(\sum_{i=1}^{k}\lambda_i\right)/k,\lambda_i=m_i/V_i,i=1,2,\cdots k \tag{5-132}$$

综合以上分析，可得互联概率为

$$\beta_i(k)=\begin{cases}\dfrac{\kappa_i e_i}{b+\sum\limits_{j=1}^{m_k}\kappa_j e_j}, & i=1,\cdots,m_k\\ \dfrac{b}{b+\sum\limits_{j=1}^{m_k}\kappa_j e_j}, & i=0\end{cases} \tag{5-133}$$

式中

$$b=\lambda_k|2\pi S_i(k)|^{1/2}(1-P_\mathrm{D}P_\mathrm{G})/P_\mathrm{D} \tag{5-134}$$

$$e_i=\exp\left[-\frac{1}{2}\boldsymbol{v}_i^\mathrm{T}(k)S_i^{-1}(k)\boldsymbol{v}_i(k)\right] \tag{5-135}$$

κ_i 为幅度似然比，且有

$$\kappa_i=\frac{1}{1+D}\exp\left[\frac{\Lambda_0^2-\Lambda_i^2(k)}{2(1+D)}-\frac{\Lambda_0^2-\Lambda_i^2(k)}{2}\right] \tag{5-136}$$

3. 模型 M_2 的滤波

模型 M_1 和模型 M_2 在滤波过程中都需要对目标状态进行估计，其不同之处：模型 M_1 使用的量测是雷达探测到的空间位置和幅度量测，模型 M_2 使用的量测是雷达探测到的空间位置、幅度和径向速度量测。模型 M_2 滤波过程同样分为量测输入、数据关联、目标状态估计和目标状态输出四部分，如图 5-23 所示。

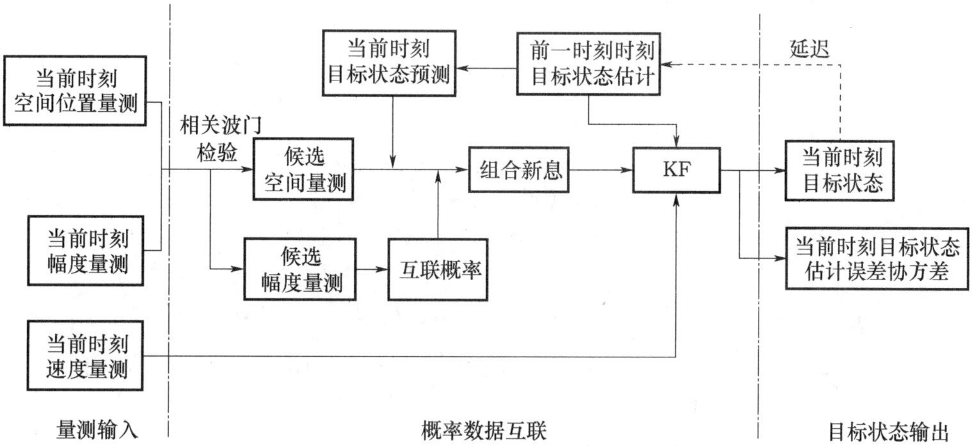

图 5-23　模型 M_2 的滤波过程

下面主要列出模型 M_2 在目标状态估计时与模型 M_1 不同的地方。

设 k 时刻落入相关波门内的所有量测中第 i 个量测为

$$\boldsymbol{z}_{2i}(k)=[\rho_k^i \quad \theta_k^i \quad \varphi_k^i \quad v_k^i]^\mathrm{T} \tag{5-137}$$

式中：ρ_k^i、θ_k^i、φ_k^i 分别为该量测的径向距离分量、方位角分量和俯仰角分量；v_k^i 为该量测的径向速度分量。

模型 M_2 中雷达的量测方程为

$$\boldsymbol{Z}_2(k)=h_2[\boldsymbol{X}(k)]+\boldsymbol{W}_2(k) \tag{5-138}$$

式中

$$h_2[\boldsymbol{X}(k)]=\begin{Bmatrix}\sqrt{x^2(k)+y^2(k)+z^2(k)}\\ \arctan[y(k)/x(k)]\\ \arctan[z(k)/\sqrt{x^2(k)+y^2(k)}]\\ [x(k)\dot{x}(k)+y(k)\dot{y}(k)+z(k)\dot{z}(k)]/\sqrt{x^2(k)+y^2(k)+z^2(k)}\end{Bmatrix} \tag{5-139}$$

$\boldsymbol{W}_2(k)$为量测噪声，其协方差阵 $\boldsymbol{R}_2(k)=\mathrm{diag}(\sigma_\rho^2,\sigma_\theta^2,\sigma_\varphi^2,\sigma_v^2)$，$\sigma_\rho^2$、$\sigma_\theta^2$、$\sigma_\varphi^2$、$\sigma_v^2$ 分别为雷达在径向距离、方位角、俯仰角和径向速度上的测量误差的方差。

新息协方差为

$$\boldsymbol{S}_2(k)=\boldsymbol{h}_{2X}(k)\boldsymbol{P}_2(k|k-1)\boldsymbol{h}_{2X}{}^{\mathrm{T}}(k)+\boldsymbol{R}_2(k) \tag{5-140}$$

式中：$\boldsymbol{h}_{2X}(k)$为雅可比矩阵，且有

$$\boldsymbol{h}_{2X}(k)=\begin{bmatrix} \dfrac{\hat{x}}{\hat{r}} & 0 & \dfrac{\hat{y}}{\hat{r}} & 0 & \dfrac{\hat{z}}{\hat{r}} & 0 & 0 & 0 & 0 \\ -\dfrac{\hat{y}}{\hat{r}_{xy}^2} & 0 & \dfrac{\hat{x}}{\hat{r}_{xy}^2} & 0 & 0 & 0 & 0 & 0 & 0 \\ -\dfrac{\hat{x}\hat{z}}{\hat{r}_{xy}\hat{r}^2} & 0 & -\dfrac{\hat{y}\hat{z}}{\hat{r}_{xy}\hat{r}^2} & 0 & \dfrac{\hat{r}_{xy}}{\hat{r}^2} & 0 & 0 & 0 & 0 \\ \dfrac{\hat{\dot{x}}\hat{r}_{yz}^2-\hat{x}\hat{y}\hat{\dot{y}}-\hat{x}\hat{z}\hat{\dot{z}}}{\hat{r}^3} & \dfrac{\hat{x}}{\hat{r}} & \dfrac{\hat{\dot{y}}\hat{r}_{xz}^2-\hat{x}\hat{y}\hat{\dot{x}}-\hat{y}\hat{z}\hat{\dot{z}}}{\hat{r}^3} & \dfrac{\hat{y}}{\hat{r}} & \dfrac{\hat{\dot{z}}\hat{r}_{xy}^2-\hat{x}\hat{z}\hat{\dot{x}}-\hat{y}\hat{z}\hat{\dot{y}}}{\hat{r}^3} & \dfrac{\hat{z}}{\hat{r}} & 0 & 0 & 0 \end{bmatrix} \tag{5-141}$$

$$\hat{\boldsymbol{X}}_2(k|k-1)=\begin{bmatrix}\hat{x} & \hat{\dot{x}} & \hat{\ddot{x}} & \hat{y} & \hat{\dot{y}} & \hat{\ddot{y}} & \hat{z} & \hat{\dot{z}} & \hat{\ddot{z}}\end{bmatrix} \tag{5-142}$$

$$\hat{r}_{xy}=(\hat{x}^2+\hat{y}^2)^{1/2},\hat{r}_{yz}=(\hat{y}^2+\hat{z}^2)^{1/2},\hat{r}_{xz}=(\hat{x}^2+\hat{z}^2)^{1/2} \tag{5-143}$$

$$\hat{r}=(\hat{x}^2+\hat{y}^2+\hat{z}^2)^{1/2} \tag{5-144}$$

模型 M_2 最终的目标状态估计和相应的估计误差协方差阵为

$$\hat{\boldsymbol{X}}_2(k|k)=\sum_{i=0}^{m_k}\beta_i(k)\hat{\boldsymbol{X}}_{2i}(k|k)=\hat{\boldsymbol{X}}_2(k|k-1)+\boldsymbol{K}_2(k)v_2(k) \tag{5-145}$$

$$\begin{aligned}\boldsymbol{P}_2(k|k)=&\boldsymbol{P}_2(k|k-1)\beta_0(k)+[1-\beta_0(k)][\boldsymbol{I}-\boldsymbol{K}_2(k)\boldsymbol{h}_{2X}(k)]\boldsymbol{P}_2(k|k-1)+\\&\boldsymbol{K}_2(k)\Big[\sum_{i=0}^{m_k}\beta_i(k)\boldsymbol{v}_{2i}(k)\boldsymbol{v}_{2i}{}^{\mathrm{T}}(k)-\boldsymbol{v}_2(\mathrm{k})\boldsymbol{v}_2{}^{\mathrm{T}}(k)\Big]\boldsymbol{K}_2{}^{\mathrm{T}}(k)\end{aligned} \tag{5-146}$$

4. 模型选择

根据模型 M_1 估计出的目标状态为 $\hat{\boldsymbol{X}}_1(k|k)$和相对应的估计误差协方差阵为 $\boldsymbol{P}_1(k|k)$，模型 M_2 估计出的目标状态为 $\hat{\boldsymbol{X}}_2(k|k)$和相对应的估计误差协方差阵为 $\boldsymbol{P}_2(k|k)$。

如果雷达没有受到速度拖引干扰，则空间位置量测和径向速度量测都是真实的，可近似认为

$$\hat{\boldsymbol{X}}_1(k|k)\sim\mathrm{N}[\boldsymbol{X}(k),\boldsymbol{P}_1(k|k)] \tag{5-147}$$

$$\hat{\boldsymbol{X}}_2(k|k)\sim\mathrm{N}[\boldsymbol{X}(k),\boldsymbol{P}_2(k|k)] \tag{5-148}$$

由于两个模型分别独立进行滤波，因此 $\hat{\boldsymbol{X}}_1(k|k)$和 $\hat{\boldsymbol{X}}_2(k|k)$是相互独立的，从而可得

$$\hat{\boldsymbol{X}}_1(k|k)-\hat{\boldsymbol{X}}_2(k|k)\sim\mathrm{N}[\boldsymbol{0},\boldsymbol{P}_1(k|k)+\boldsymbol{P}_2(k|k)] \tag{5-149}$$

式中：$\mathrm{N}[A,B]$表示以 A 为均值、B 为协方差的多元正态分布。

如果雷达受到速度拖引干扰，则径向速度量测是虚假的，而空间位置量测是真实的，可近似认为

$$\hat{\boldsymbol{X}}_1(k|k)\sim\mathrm{N}[\boldsymbol{X}(k),\boldsymbol{P}_1(k|k)] \tag{5-150}$$

$$\hat{\boldsymbol{X}}_2(k|k) \sim \mathrm{N}[\boldsymbol{X}^*(k), \boldsymbol{P}_2(k|k)] \tag{5-151}$$

式中：$\boldsymbol{X}^*(k)$为不等于$\boldsymbol{X}(k)$的未知向量。

进而可得

$$\hat{\boldsymbol{X}}_1(k|k) - \hat{\boldsymbol{X}}_2(k|k) \sim \mathrm{N}[\boldsymbol{\mu}, \boldsymbol{P}_1(k|k) + \boldsymbol{P}_2(k|k)] \tag{5-152}$$

其中：$\boldsymbol{\mu} = E[\hat{\boldsymbol{X}}_1(k|k) - \hat{\boldsymbol{X}}_2(k|k)] \neq \boldsymbol{0}$。

根据以上分析，建立以下假设：

$$\begin{cases} \mathrm{H}_{\mathrm{M0}}: \boldsymbol{\mu} = 0 \\ \mathrm{H}_{\mathrm{M1}}: \boldsymbol{\mu} \neq 0 \end{cases} \tag{5-153}$$

构造如下的检验统计量：

$$T_{12} = [\hat{\boldsymbol{X}}_1(k|k) - \hat{\boldsymbol{X}}_2(k|k)]^{\mathrm{T}} [\boldsymbol{P}_1(k|k) + \boldsymbol{P}_2(k|k)]^{-1} [\hat{\boldsymbol{X}}_1(k|k) - \hat{\boldsymbol{X}}_2(k|k)] \tag{5-154}$$

设$\hat{\boldsymbol{X}}_1(k|k)$和$\hat{\boldsymbol{X}}_2(k|k)$都是$n$维向量，则统计量$T_{12}$服从自由度为$n$的$\chi^2$分布，即$T_{12} \sim \chi^2(n)$。

检验单侧拒绝域为

$$R_{12} = \{T_{12} > \chi_a^2(n)\} \tag{5-155}$$

式中：$\chi_a^2(n)$为$\chi^2(n)$分布关于a的单侧分位数。

在k时刻，对模型 M_1 和模型 M_2 的估计结果进行上述检验。

若$T_{12} < \chi_a^2(n)$，接受假设H_{M0}，则认为两个模型估计的结果差异较小，此时没有速度拖引干扰，两个模型均能对目标状态进行正确估计，而模型 M_2 的估计精度更高，最终的目标状态估计值取模型 M_2 的结果，即

$$\hat{\boldsymbol{X}}(k|k) = \hat{\boldsymbol{X}}_2(k|k), \boldsymbol{P}(k|k) = \boldsymbol{P}_2(k|k) \tag{5-156}$$

若$T_{12} > \chi_a^2(n)$，接受假设H_{M1}，则认为两个模型估计的结果差异较大，而造成这种差异的原因主要有以下两种：

（1）速度拖引干扰使模型 M_2 滤波发散或估计误差增大；

（2）目标机动使两个模型滤波出现不同程度的发散或其中某个模型的估计误差增大。

在实际应用中，模型的估计误差是无法确定的，只能通过判断模型的发散程度来确定选取哪一个模型的估计结果。假设目标状态估计误差协方差阵的第(1,1)、(3,3)、(5,5)个元素分别是目标x轴、y轴、z轴位置估计误差的方差，则构建如下的控制量：

$$\boldsymbol{P}_1 = \sum_{i=1}^{3} \boldsymbol{P}_1(k|k)_{2i-1,2i-1} \tag{5-157}$$

$$\boldsymbol{P}_2 = \sum_{i=1}^{3} \boldsymbol{P}_2(k|k)_{2i-1,2i-1} \tag{5-158}$$

若$T_{12} > \chi_a^2(n)$且$\boldsymbol{P}_1 > \boldsymbol{P}_2$，则认为模型 M_1 的发散程度高，最终的目标状态估计值取模型 M_2 的结果，即

$$\hat{\boldsymbol{X}}(k|k) = \hat{\boldsymbol{X}}_2(k|k), \boldsymbol{P}(k|k) = \boldsymbol{P}_2(k|k) \tag{5-159}$$

若$T_{12} > \chi_a^2(n)$且$\boldsymbol{P}_1 < \boldsymbol{P}_2$，则认为模型 M_2 的发散程度高，最终的目标状态估计值取模

型 M_1 的结果,即

$$\hat{\boldsymbol{X}}(k|k)=\hat{\boldsymbol{X}}_1(k|k),\boldsymbol{P}(k|k)=\boldsymbol{P}_1(k|k) \tag{5-160}$$

5.4 雷达组网抗分布式干扰技术

5.4.1 分布式干扰对雷达和雷达网探测性能的影响

分布式干扰是将多个电子干扰设备分散配置在被干扰目标活动的区域,依靠其距离近、数量多、覆盖范围广、设备简单、生存能力强等方面优势来达到对目标的有效干扰。分布式干扰作为一种新型电子对抗支援干扰手段,采用了逼近的分布式网络化结构,主要从雷达的主瓣进入,干扰信号容易获得较大增益,严重制约和限制了雷达检测跟踪性能的发挥,对低/超低副瓣雷达、雷达群组网等先进预警探测系统构成了严重威胁[30-32]。其特点:①主要是噪声干扰;②利用多干扰源实现空域、频域、时域互补;③在空域覆盖方面能实现对雷达主瓣干扰,也可实现副瓣干扰。

1. 无干扰时雷达作用距离

设雷达的收发为同一天线,则雷达接收的目标信号功率为

$$P_{sr}=\frac{P_t\sigma F^2(\alpha)A_r^2}{4\pi R^4L_tL_r\lambda^2} \tag{5-161}$$

式中:P_t 为雷达的发射脉冲功率;R 为雷达与目标之间的距离;σ 为目标的 RCS;$F(\alpha)$ 为传播损耗因子;A_r 为雷达接收天线的有效接收面积;L_t 为雷达的发射损耗因子;L_r 为接收损耗因子;λ 为雷达的工作波长。

接收机的噪声功率为

$$P_N=FkTB_N \tag{5-162}$$

式中:F 为噪声系数;k 为玻耳兹曼常数;B_N 为雷达的等效带宽;T 为天线的热力学温度。

从而可得目标信号功率与接收机的噪声功率为

$$\left[\frac{P_{sr}}{P_N}\right]=\frac{P_tG_t\sigma F^2(\alpha)A_r^2}{(4\pi)^2R^4L_tL_rFkTB_N} \tag{5-163}$$

令$[P_{sr}/P_N]_{min}$为雷达单个脉冲检测目标所需的最小信噪比,则最大作用距离为

$$R^4=\frac{P_tG_t\sigma F^2(\alpha)A_r^2}{(4\pi)^2L_tL_rFkTB_N\left[\frac{P_{sr}}{P_N}\right]} \tag{5-164}$$

当积累了 n 个脉冲信号后,则

$$\left[\frac{P_{sr}}{P_N}\right]_n=n\left[\frac{P_{sr}}{P_N}\right] \tag{5-165}$$

雷达的最大作用距离为

$$R_m^4=\frac{nP_tG_t\sigma F^2(\alpha)A_r^2}{(4\pi)^2L_tL_rFkTB_N\left[\frac{P_{sr}}{P_N}\right]_{min}} \tag{5-166}$$

考虑雷达的平均功率与峰值功率之间的关系,上式可进一步改写为

$$R_{\mathrm{m}}^{4}=\frac{P_{\mathrm{av}}T_{0}G_{\mathrm{t}}\sigma F^{2}(\alpha)A_{\mathrm{r}}^{2}}{(4\pi)^{2}L_{\mathrm{t}}L_{\mathrm{r}}FkTB_{\mathrm{N}}\left[\frac{P_{\mathrm{sr}}}{P_{\mathrm{N}}}\right]_{\min}} \tag{5-167}$$

式中：P_{av} 为雷达发射的平均功率；T_0 为雷达照射目标的时间。

2. 分布式干扰下的雷达作用距离

分布式干扰条件下，假设 n 个性能完全相同的分布干扰单元，其发射功率为 P_{J}，干扰机天线增益为 G_{J}，干扰机带宽为 B_{J}，干扰机的系统损耗为 L_{J}，第 i 个干扰机与雷达接收机天线之间的距离为 $R_{\mathrm{J}i}$，第 i 个干扰机的方向图传播因子为 $F_{\mathrm{J}i}$，雷达接收机天线的功率增益为 G_{R}，则 n 个干扰机对雷达接收机的干扰功率密度为

$$J_{0}=\sum_{i=1}^{n}\frac{P_{\mathrm{J}}G_{\mathrm{J}}G_{\mathrm{R}}F_{\mathrm{J}i}^{2}\lambda^{2}}{(4\pi)^{2}B_{\mathrm{J}}R_{\mathrm{J}i}^{2}L_{\mathrm{J}}} \tag{5-168}$$

式中：$F_{\mathrm{J}i}$ 为干扰机的方向图传播因子且有

$$F_{\mathrm{J}i}=F'_{\mathrm{J}i}f_{\mathrm{JR}i}f_{\mathrm{RJ}i}$$

其中：$F'_{\mathrm{J}i}$ 为考虑多路径，绕射和折射的传播因子，一般认为 $F'_{\mathrm{J}i}=1$；$f_{\mathrm{JR}i}$ 为雷达接收机为基准的第 i 个干扰机天线方向图因子；$f_{\mathrm{RJ}i}$ 为干扰机为基准的雷达接收机天线方向图因子。

对压制性噪声干扰，干扰机带宽 B_{J} 要大于雷达带宽 B_{R}。当干扰机天线副瓣对雷达接收机主瓣干扰时，有 $f_{\mathrm{JR}i}<1$，$f_{\mathrm{RJ}i}=1$。由式(5-168)可得

$$J_{0}=\sum_{i=1}^{n}J_{0i}=\sum_{i=1}^{n}\frac{P_{\mathrm{J}}G_{\mathrm{J}}G_{\mathrm{R}}f_{\mathrm{JR}i}^{2}\lambda^{2}}{(4\pi)^{2}B_{\mathrm{J}}R_{\mathrm{J}i}^{2}L_{\mathrm{J}}} \tag{5-169}$$

当干扰机天线副瓣对雷达接收机副瓣干扰时，有 $f_{\mathrm{JR}i}<1$，$f_{\mathrm{RJ}i}<1$。由式(5-168)可得

$$J_{0}=\sum_{i=1}^{n}J_{0i}=\sum_{i=1}^{n}\frac{P_{\mathrm{J}}G_{\mathrm{J}}G_{\mathrm{R}}f_{\mathrm{JR}i}^{2}f_{\mathrm{RJ}i}^{2}\lambda^{2}}{(4\pi)^{2}B_{\mathrm{J}}R_{\mathrm{J}i}^{2}L_{\mathrm{J}}} \tag{5-170}$$

利用等效噪声来表示，雷达在干扰下接收机的输入噪声，从正常无干扰工作时的 N_0，变化为 N_0+J_0。从而

$$T'=T+\frac{J_{0}}{K} \tag{5-171}$$

则干扰下雷达的最大作用距离为

$$R_{\mathrm{m}}^{4}=\frac{P_{\mathrm{t}}G_{\mathrm{t}}\sigma A_{\mathrm{r}}F^{2}(\alpha)}{(4\pi)^{2}L_{\mathrm{t}}L_{\mathrm{r}}F(kT+J_{0})B_{\mathrm{s}}\left[\frac{P_{\mathrm{sr}}}{P_{\mathrm{N}}}\right]_{\min}} \tag{5-172}$$

$$R_{\mathrm{m}}=\left[\frac{P_{\mathrm{t}}G_{\mathrm{t}}\sigma A_{\mathrm{r}}F^{2}(\alpha)}{(4\pi)^{2}L_{\mathrm{t}}L_{\mathrm{r}}F(kT+J_{0})B_{\mathrm{s}}\left[\frac{P_{\mathrm{sr}}}{P_{\mathrm{N}}}\right]_{\min}}\right]^{\frac{1}{4}}=k_{\mathrm{B}}\left[\frac{kT}{kT+J_{0}}\right]^{\frac{1}{4}} \tag{5-173}$$

式中：k_{B} 为无干扰下雷达的最大作用距离。

由于

$$J_{0}\gg kT,R_{\mathrm{m}}=k_{\mathrm{B}}\left[\frac{kT}{J_{0}}\right]^{\frac{1}{4}} \tag{5-174}$$

则

$$P_{\mathrm{Jr}}=\frac{\sum_{i=1}^{n}P_{\mathrm{J1}i}B_{\mathrm{s}}G_{\mathrm{J}}}{4\pi R_{\mathrm{J}}^{2}L_{\mathrm{r}}}A_{\mathrm{rJ}}F'(\alpha)r_{j} \tag{5-175}$$

式中:$P_{\mathrm{J1}i}$为第 i 个干扰单元进入雷达中,单位频带内的干扰功率。

分布式干扰下雷达的最大作用距离为

$$R_{\mathrm{m}}=\left[\frac{K_{\mathrm{t}}P_{\mathrm{t}}G_{\mathrm{t}}G_{\mathrm{r}}\lambda^{2}\sigma}{(4\pi)^{3}J_{0}B_{\mathrm{s}}L_{\mathrm{t}}L_{\mathrm{r}}}\right]^{\frac{1}{4}} \tag{5-176}$$

得到雷达的最大作用距离后,当雷达角度从 0 ~ 2π 变化时,雷达各个方位上最大作用距离点连接所包含的区域就是该雷达的探测区域。

5.4.2 分布式干扰下的雷达组网探测跟踪技术

由于分布式干扰的特性,在该干扰情况下雷达群的探测跟踪方法与集中式干扰下的探测跟踪方法会有很大的区别。鉴于此,首先利用分布式干扰的空间特性对集中式干扰与分布式干扰进行区分,然后利用副瓣对消与探测区域互补的方法对分布式干扰进行鉴别,最后利用基于数据压缩的多假设跟踪算法提高对目标的检测跟踪效能。

5.4.2.1 基于空间距离差的集中式与分布式干扰鉴别方法

虽然集中式干扰和分布式干扰同属于压制性干扰,但分布式干扰系统与传统大功率单干扰机系统存在许多不同点,其较为突出的特点是将众多体积小、质量轻、成本低的干扰单元散布在接近被干扰雷达的空域、地域上,自动或受控地对选定的雷达设备进行干扰,因此这种干扰方式可以在空域上对被干扰雷达形成一个干扰扇面。与传统大功率单干扰机系统相比,这一特点为分布式干扰系统带来了很大的优越性,使得一些传统的集中式干扰下目标探测跟踪方法("低副瓣""宽 - 限 - 窄"等)变得效果不佳,必须对分布式干扰进行鉴别,为下一步采取相应探测跟踪技术提供必要的前提和依据。

不失一般性,以两坐标雷达为例,图 5 - 24(a)是分布式干扰的情况,图 5 - 24(b)是集中式干扰的情况,其中 R_1、R_2、R_3 为雷达,J、J_1、J_2、J_3 为干扰机,其中 J 为集中式大功率干扰机,可同时干扰 R_1、R_2、R_3 雷达,J_1、J_2、J_3 为分布式干扰机,由于其功率较小,只能干扰与之较近的雷达,对其他 2 部雷达干扰较小。当分布式干扰数量较多时,此方法同理。

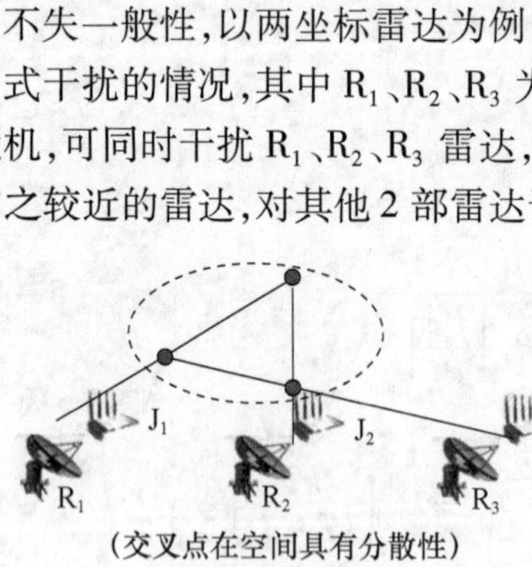

(交叉点在空间具有分散性)

(a)分布式干扰鉴别

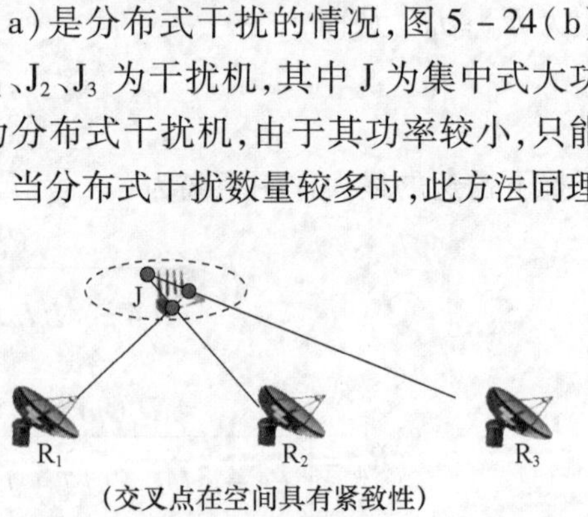

(交叉点在空间具有紧致性)

(b)集中式干扰鉴别

图 5 - 24 基于空间距离的集中式与分布式干扰鉴别方法

假设每部雷达都可以确定一个干扰源所在角度,以该雷达为顶点,沿此角度可作一直线,多个直线两两交点分别定义为 o_{ij},每部雷达测得的干扰源方位角为 $\hat{\theta}_i$,则

$$\tan\hat{\theta}_i=\frac{\hat{y}-y_{si}}{\hat{x}-x_{si}},\tan\hat{\theta}_j=\frac{\hat{y}-y_{sj}}{\hat{x}-x_{sj}}(i,j=1,2,3) \tag{5-177}$$

经过数学运算可求得其在 $X-Y$ 平面坐标下 o_{ij} 的坐标($\hat{x}_{ij},\hat{y}_{ij}$),即

$$\begin{cases}\hat{x}_{ij}=\dfrac{y_{sj}-y_{si}+x_{si}\tan\hat{\theta}_i-x_{sj}\tan\hat{\theta}_j}{\tan\hat{\theta}_i-\tan\hat{\theta}_j}\\ \hat{y}_{ij}=\dfrac{y_{sj}\tan\hat{\theta}_i-y_{si}\tan\hat{\theta}_j+(x_{si}-x_{sj})\tan\hat{\theta}_i\tan\hat{\theta}_j}{\tan\hat{\theta}_i-\tan\hat{\theta}_j}\end{cases}\quad(i=1,2,j=2,3,i<j) \tag{5-178}$$

笛卡儿坐标系下该定位点(x_{ij},y_{ij})和其他某个定位点(x_{il},y_{il})间的距离差为

$$\boldsymbol{D}_{ijl}=\begin{bmatrix}\Delta x\\ \Delta y\end{bmatrix}=\begin{bmatrix}x_{ij}-x_{il}\\ y_{ij}-y_{il}\end{bmatrix} \tag{5-179}$$

经推导可求得距离差($\Delta x,\Delta y$)的均值和方差分别为

$$\mathrm{E}\begin{bmatrix}\Delta x\\ \Delta y\end{bmatrix}=\boldsymbol{0} \tag{5-180}$$

式中:$\boldsymbol{0}=[0\quad 0]^{\mathrm{T}}$。

其协方差阵为

$$\boldsymbol{P}=\begin{bmatrix}r_{\Delta x\Delta x} & r_{\Delta x\Delta y}\\ r_{\Delta x\Delta y} & r_{\Delta y\Delta y}\end{bmatrix} \tag{5-181}$$

式中

$$r_{\Delta x\Delta x}=\mathrm{E}[(\Delta x-E(\Delta x))^2]=r_{x_{ij}x_{ij}}+r_{x_{il}x_{il}}-2r_{x_{ij}x_{il}} \tag{5-182}$$

$$r_{\Delta x\Delta y}=\rho\sqrt{r_{\Delta x\Delta x}}\sqrt{r_{\Delta y\Delta y}} \tag{5-183}$$

$$r_{\Delta y\Delta y}=\mathrm{E}[(\Delta y-\mathrm{E}(\Delta y))^2]=r_{y_{ij}y_{ij}}+r_{y_{il}y_{il}}-2r_{y_{ij}y_{il}} \tag{5-184}$$

式中:ρ 为距离差 Δx 和 Δy 的相关系数。

利用由式(5-179)所求得的距离差和式(5-181)所求得的方差可构造如下的检验统计量:

$$\alpha_{ijl}=\boldsymbol{D}_{ijl}^{\mathrm{T}}\boldsymbol{P}^{-1}D_{ijl}=\frac{1}{1-\rho^2}\left[\frac{\Delta x^2}{r_{\Delta x\Delta x}}-\frac{2\rho\Delta x\Delta y}{\sqrt{r_{\Delta x\Delta x}}\sqrt{r_{\Delta y\Delta y}}}+\frac{\Delta y^2}{r_{\Delta y\Delta y}}\right] \tag{5-185}$$

由式(5-185)所获得的检验统计量可认为是近似服从自由度为 2 的χ^2 分布,利用上述方法可获得其他交叉定位点的距离差所构成的检验统计量。构成的检验统计量的和定义为检验统计量,即

$$S=\sum_{k=1}^{3}\alpha_{ijl} \tag{5-186}$$

检验统计量 S 服从自由度为 6 的χ^2 分布,因此可以推导出基于空间距离差的判别规则,即

$$\mathrm{H}=\begin{cases}1,S<G\\ 0,S>G\end{cases} \tag{5-187}$$

式中:G 为χ^2 检验时给定一个显著性水平 α 值时的阈值;H=1 表示接受假设,此干扰为集中式干扰,H=0 表示拒绝,此干扰为分布式干扰。

5.4.2.2 基于旁瓣对消与探测区域互补的分布式干扰鉴别技术

1. 单雷达旁瓣对消抗分布式干扰

旁瓣对消技术是指对主、辅天线信号采用相干信号处理方法,保持主天线主瓣方向目标信号不受影响,而对消掉从主天线旁瓣进来的干扰信号的信号处理技术。旁瓣对消技术主要应用于相控阵,通常不适于常规单阵元天线,然而给常规雷达增加辅助天线就可以在主天线和辅助天线间形成自适应阵列功能,唯一的要求是辅助天线在干扰机方向的响应必须比主天线在该方向的旁瓣响应大,且雷达的辅助天线与干扰机数量相当,即不能相差很多的情况。

令旁瓣对消后的输出为 V,则有

$$V = \boldsymbol{W}^{\mathrm{H}}\boldsymbol{X} \tag{5-188}$$

式中

$$\boldsymbol{W} = [w_{0k}, w_{1k}, \cdots, w_{Mk}]^{\mathrm{T}} \tag{5-189}$$

$$\boldsymbol{X} = [d_k, x_{1k}, \cdots, x_{Mk}]^{\mathrm{T}} \tag{5-190}$$

旁瓣对消抗分布式干扰是一个空域自适应滤波的问题,旁瓣对消的难点和重点就是依照一定的准则,通过对天线阵输出的处理,找到权系数向量的最佳值 $\boldsymbol{W}$。

经推导可知,若要求旁瓣对消阵能同时对消从 L 个方向 $\theta_1,\theta_2,\cdots,\theta_L$ 到来的干扰信号,就是要使对消加权后的方向图在 $\theta_1,\theta_2,\cdots,\theta_L$ 方向同时产生零点,即应选择加权矢量 $\boldsymbol{W}$,使其满足如下的齐次方程组:

$$\begin{cases} f(\theta_1) = w_0^* G(\theta_1) + w_1^* \mathrm{e}^{\mathrm{j}\varphi_1(\theta_1)} + w_2^* \mathrm{e}^{\mathrm{j}\varphi_2(\theta_1)} + \cdots + w_M^* \mathrm{e}^{\mathrm{j}\varphi_M(\theta_1)} = 0 \\ \quad\vdots \\ f(\theta_L) = w_0^* G(\theta_L) + w_1^* \mathrm{e}^{\mathrm{j}\varphi_1(\theta_L)} + w_2^* \mathrm{e}^{\mathrm{j}\varphi_2(\theta_L)} + \cdots + w_M^* \mathrm{e}^{\mathrm{j}\varphi_M(\theta_L)} = 0 \end{cases} \tag{5-191}$$

式中:$\varphi_m(\theta)(m=1,2,\cdots,M)$是从远处到来的平面波以 θ 角入射时,全向辅助天线 m 的信号相对主天线信号的相移。

由线性代数中的理论可知:当且仅当 $L \leqslant M$ 时,上述齐次方程组存在非零解;当 $L > M$ 时,上述齐次方程组不存在解。由此可知,当位于不同方向的干扰信号的数目超过对消阵中全向辅助天线的数量时,不存在符合旁瓣对消要求的加权系数向量,在这种情况下对消阵失去应有的抗干扰效能,但仍可以将与辅助天线数目相同的数量的干扰方向置零,并且由于分布式干扰机干扰时间有限且位置大都固定,所以对雷达的干扰相对固定,从而可以将雷达的受干扰较严重的方位置零,在一定程度上减小了分布式干扰效果。同时,由于分布式干扰对雷达的干扰相对固定,因此相比于自卫式干扰和随队干扰下必须实时计算权系数来说,分布式干扰下旁瓣对消权系数计算量相对较小。

2. 雷达群基于探测区域互补抗分布式干扰

在敌方施放分布式干扰时,总是希望干扰掩护的区域越大越好,尽量掩护其兵力,但由于雷达群部署的复杂性、分布式干扰机在施放中存在许多不定的因素,使得敌方目标并不能总处于掩护区域,所以在融合中心可以综合利用雷达群内各部雷达具有探测区域互补的优势,发现目标、提高目标的航迹寿命,从而起到抗分布式干扰的效果。

如图 5-25 所示假设 3 部雷达 R_1、R_2、R_3,由于敌方的干扰机数量有限或其他因素,

使得 R_1 受 3 个干扰机影响，R_2 也受三个干扰机影响，R_3 同理，并没有形成有效的干扰掩护区域，因此其分布式干扰机形成的干扰掩护区域并不能完全掩护沿着雷达基线飞行的目标。

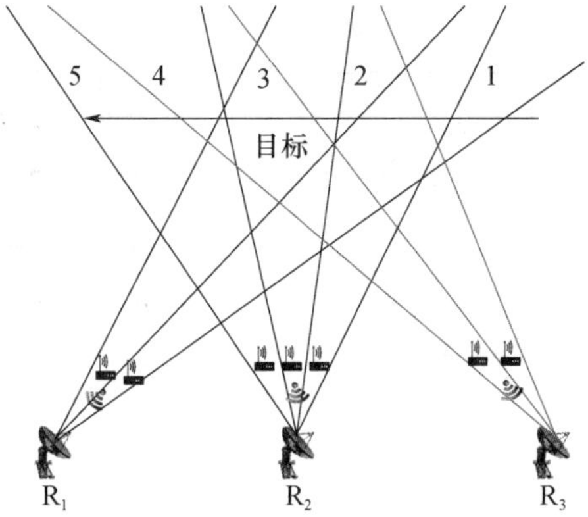

图 5－25　分布式干扰掩护区域示意图

当目标以如图 5－25 所示的轨迹前进时，区域 1 为 R_2 与 R_3 的低信干比区域，此时 R_2 与 R_3 几乎检测不到此目标，但 R_1 可以发现并检测目标，当目标运动到区域 2 和区域 3 时 3 部雷达都处于受干扰区域。信噪比很低，有可能发现不了目标，目标处于有效干扰之中。运动到区域 4 时，则雷达均未受干扰，3 部雷达都可以探测到目标。运动到区域 5 时，R_1、R_2 受到干扰，但 R_3 可以对目标进行探测。在以上 5 个区域，并不是每个区域中 3 部雷达都处于被干扰状态，当其中 1 部雷达未受干扰时，融合中心可以利用此雷达对目标的探测实现对目标的跟踪。

1）干扰情况 Ⅰ 时，雷达群抗分布式干扰

干扰情况 Ⅰ 是指分布式干扰机距离雷达较远，网内雷达接收的信噪比下降，雷达跟踪出现点迹时断时续，对目标不能连续跟踪。雷达有效距离降低，雷达群的主要探测区域未出现较大的干扰带，但是局部雷达不能连续地跟踪目标。

干扰情况 Ⅰ 时，雷达群抗分布式方案如图 5－26 所示。当网内雷达检测概率下降时，各雷达出现航迹不连续，错跟、漏跟现象。如果雷达没有采取抗干扰措施或采取抗干扰措施无效，融合中心对各雷达的航迹进行关联和点航关联，利用雷达群对目标探测区域互补的方法实现对目标的跟踪。融合中心选择某部雷达的航迹或点迹进行关联时，必须先考虑该目标在雷达接收机的信噪比，优先考虑信噪比高的雷达探测的航迹或点迹进行关联。

2）干扰情况 Ⅱ 时，雷达群抗分布式干扰

干扰情况 Ⅱ 是指中间雷达受干扰较重，左右两边雷达相对较轻的情况。

干扰情况 Ⅱ 时，中间雷达受干扰较严重，此时 3 部雷达受干扰较情况 Ⅰ 严重，目标航迹连续性差，断点多。所以 3 部雷达采取副瓣对消技术。假设每部雷达都有三个辅助天线，理论上，可以产生三个凹口，从而可以有效减小三个主要干扰方向的干扰。将各雷达的点迹送入融合中心进行航迹起始，点航关联等处理，其具体方案如图 5－27 所示。

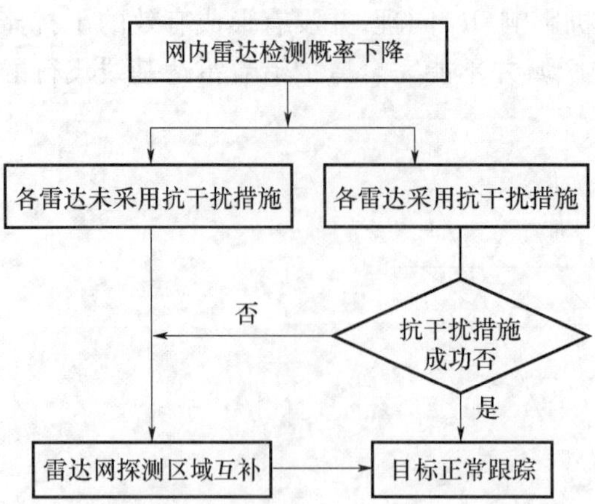

图 5-26　干扰情况Ⅰ时抗分布式干扰方案

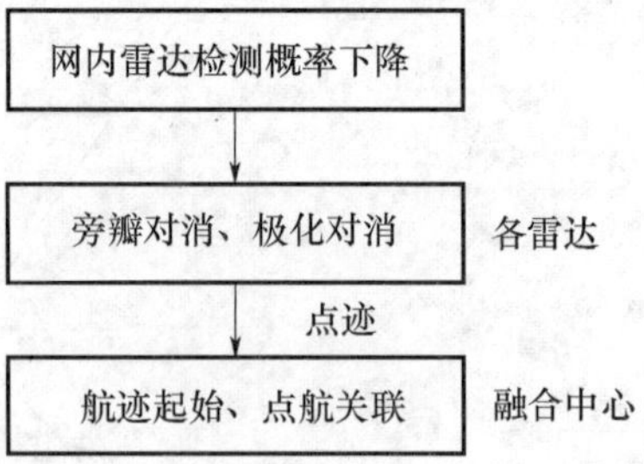

图 5-27　干扰情况Ⅱ时抗分布式干扰方案

5.4.2.3　基于数据压缩的点目标概率多假设跟踪(PPMHT)算法

针对分布式干扰下各雷达由于检测概率下降出现的目标暂消现象，首先采用集中式融合结构计算数据压缩后各量测点迹的综合检测概率，然后把压缩数据和综合检测概率代入基于点目标的概率多假设滤波器中进行跟踪，如图 5-28 所示。

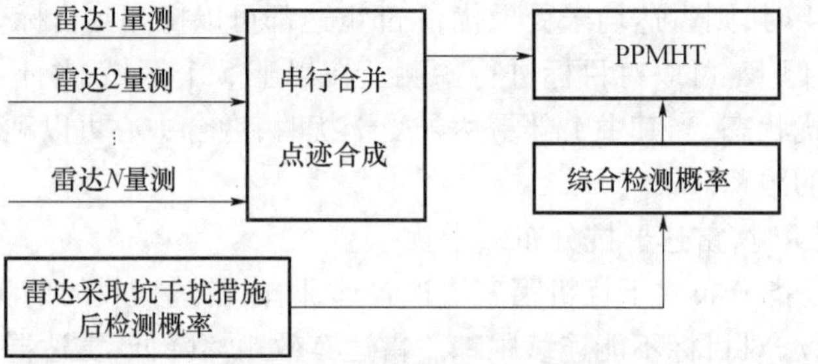

图 5-28　基于数据压缩的点目标概率多
假设跟踪算法设计框图

1. 分布式干扰下雷达采取抗干扰措施后检测概率求解方法

由于在后续的跟踪过程中需要根据检测概率来构建量测模型，因此需要首先计算目标检测概率 $P_{\mathrm{D}j}{}^{*}$。分布式干扰下雷达接收信号的信干比随着目标的运动不断变化，导致雷达对目标的检测概率也在变化，干扰条件下已有的跟踪算法中使用固定检测概率与实际情况不符，容易造成跟踪精度降低甚至丢失航迹。因此，在雷达群跟踪过程中需要根据雷达、干扰机和目标的分布情况计算雷达的检测概率。单部雷达受到分布式干扰后的检测概率由雷达接收机输出端的信干比决定，因此建立分布式干扰情况下雷达探测目标模型，雷达、分布式干扰机与目标之间的空间关系如图 5-29 所示，多部小功率干扰机部署在雷达附近，同时对雷达进行干扰。

雷达接收机输入端的信干比(目标回波信号功率与干扰信号功率加噪声功率之比)为

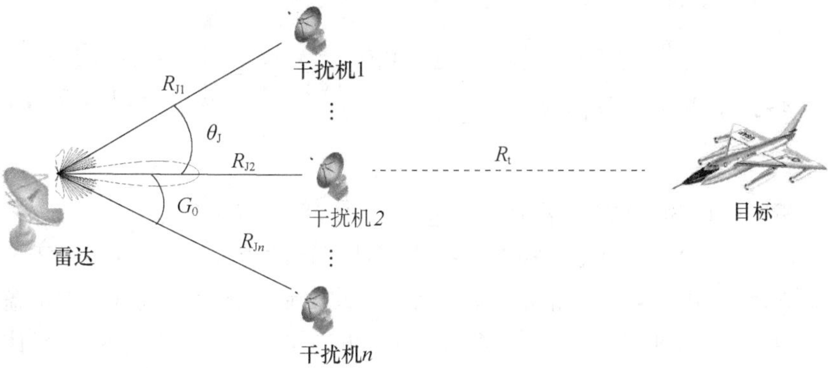

图5-29　雷达、分布式干扰机与目标之间的空间关系

$$R_{SJ}=\frac{P_{rs}}{P_{rJ}+N_o} \tag{5-192}$$

式中：P_{rJ}为雷达接收的干扰信号功率；N_o为噪声功率；P_{rs}为雷达接收的目标回波信号功率，且有

$$P_{rs}=\frac{P_t G_0^2 \lambda^2 \sigma G_p}{(4\pi)^3 R_t^4} \tag{5-193}$$

其中：P_t、G_0分别为雷达发射功率和天线主瓣增益；λ为波长；σ为目标的雷达截面积；G_p为综合考虑了相关处理、匹配接收等各种因素的增益；R_t为雷达与目标之间的距离。

分布式干扰条件下，假设n个性能完全相同的分布干扰单元，其发射功率为P_J，干扰机天线增益为G_J，雷达接收机天线的功率增益为G_R，干扰机的系统损耗为L_J，第i个干扰机与雷达接收机天线之间的距离为R_{Ji}，第i个干扰机的方向图传播因子为F_{Ji}，则n个分布式干扰机对雷达接收机的干扰功率为

$$P_{rJ}=\sum_{i=1}^{n}\frac{P_J G_J G_R F_{Ji}^2 \lambda^2 L_J}{(4\pi)^2 R_{Ji}^2} \tag{5-194}$$

式中：干扰机的方向图传播因子，且有

$$F_{Ji}=F'_{Ji} f_{JRi} f_{RJi}$$

其中：F'_{Ji}为考虑多路径，绕射和折射的传播因子，一般认为$F'_{Ji}=1$；f_{JRi}为雷达接收机为基准的第i个干扰机天线方向图因子，f_{RJi}为干扰机为基准的雷达接收机天线方向图因子。

当干扰机天线副瓣对雷达接收机主瓣干扰时，有$f_{JRi}<1$，$f_{RJi}=1$。由式(5-194)可得

$$P_{rJ}=\sum_{i=1}^{n}P_{rJi}=\sum_{i=1}^{n}\frac{P_J G_J G_R f_{JRi}^2 \lambda^2 L_J}{(4\pi)^2 R_{Ji}^2} \tag{5-195}$$

当干扰机天线副瓣对雷达接收机副瓣干扰时，有$f_{JRi}<1$，$f_{RJi}<1$。由式(5-194)可得

$$P_{rJ}=\sum_{i=1}^{n}P_{rJi}=\sum_{i=1}^{n}\frac{P_J G_J G_R f_{JRi}^2 f_{RJi}^2 \lambda^2 L_J}{(4\pi)^2 R_{Ji}^2} \tag{5-196}$$

将式(5-193)、式(5-194)代入式(5-192)可得雷达接收信号的信干比为

$$R_{SJ}=\frac{P_t G_0^2 \lambda^2 \sigma G_p}{4\pi P_J G_J \sum_{i=1}^{n} G_R F_{Ji}^2 \lambda^2 L_J (R_t^2/R_{Ji})^2+(4\pi)^3 N_0 R_t^4} \tag{5-197}$$

假定分布式干扰机功率远大于接收机噪声功率,则

$$R_{\mathrm{SJ}}=\frac{P_{\mathrm{t}}G_0^2\sigma G_{\mathrm{p}}}{4\pi P_{\mathrm{J}}G_{\mathrm{J}}\sum_{i=1}^{n}G_{\mathrm{R}}F_{\mathrm{J}i}^2L_{\mathrm{J}}\left(R_{\mathrm{t}}^2/R_{\mathrm{J}i}\right)^2}=\left(\frac{P_{\mathrm{t}}G_0}{P_{\mathrm{J}}G_{\mathrm{J}}}\right)\left(\frac{\sigma}{4\pi}\right)\left(\frac{G_0}{G_{\mathrm{R}}}\right)\left(\frac{G_{\mathrm{p}}}{\sum_{i=1}^{n}F_{\mathrm{J}i}^2L_{\mathrm{J}}\left(R_{\mathrm{t}}^2/R_{\mathrm{J}i}\right)^2}\right) \tag{5-198}$$

通过分析上式可知,分布式干扰下雷达接收的信号有以下特点:

(1)由(G_0/G_{R})可知,由于分布式干扰主要从雷达的主瓣进入,分布式干扰信号不会受到低副瓣天线、副瓣匿影或对消的抑制,比集中式压制干扰容易获得较大增益;

(2)由$(R_{\mathrm{t}}^2/R_{\mathrm{J}i})^2$可知,在目标距离雷达不变的情况下,由于分布式干扰比大功率压制干扰更接近目标,根据干扰原理,干扰距离减少到1/10,则干扰强度增大100倍,因此在相同的干扰功率下,近距离的分布式干扰比远距离的集中式压制干扰产生的干扰强度要大得多。

2. 基于数据压缩的点目标概率多假设跟踪

(1)根据分布式干扰下传感器的检测概率$P_{\mathrm{D}j}^*$建立量测模型。考虑目标在二维空间中运动,离散时间系统的状态方程可表示为

$$\boldsymbol{X}(k+1)=\boldsymbol{F}(k)\boldsymbol{X}(k)+\boldsymbol{G}(k)\boldsymbol{u}(k)+\boldsymbol{V}(k) \tag{5-199}$$

式中:$\boldsymbol{X}(k)$为状态向量,$\boldsymbol{X}(k)=[x\quad \dot{x}\quad \ddot{x}\quad y\quad \dot{y}\quad \ddot{y}]^{\mathrm{T}}$;$\boldsymbol{F}(k)$为状态转移矩阵;$\boldsymbol{G}(k)$为输入控制项矩阵;$\boldsymbol{u}(k)$为已知输入或控制信号;$\boldsymbol{V}(k)$是零均值、方差为$\boldsymbol{Q}(k)$的高斯白噪声向量。

建立分布式干扰下传感器的量测模型,该模型用方程可表示为

$$\boldsymbol{Z}(k)=\eta h[\boldsymbol{X}(k)]+\boldsymbol{W}(k) \tag{5-200}$$

式中:$\boldsymbol{Z}(k)$为量测向量;η为随机数;$\boldsymbol{W}(k)$为与$\boldsymbol{V}(k)$相互独立的零均值高斯噪声;$h[\boldsymbol{X}(k)]$为

$$h[\boldsymbol{X}(k)]=\begin{bmatrix}\sqrt{x^2(k)+y^2(k)}\\ \arctan[y(k)/x(k)]\end{bmatrix} \tag{5-201}$$

随机数为

$$\boldsymbol{\eta}=\{0,1\} \tag{5-202}$$

$\Pr\{\boldsymbol{\eta}=1\}=P_{\mathrm{D}j}^*$,$\Pr\{\boldsymbol{\eta}=0\}=1-P_{\mathrm{D}j}^*$,$P_{\mathrm{D}j}^*$为分布式干扰下各雷达采取抗干扰措施后的检测概率。

(2)计算雷达群量测数据压缩后的综合检测概率。针对各雷达对目标观测不同步和有时会出现目标暂消的情况,当雷达量测点迹在时间上没有重合时采用串行合并的方法,串行合并就是把各雷达的数据经过坐标转换后合成类似单雷达的探测点迹,合成后的数据流数据率加大,能够提高跟踪的精度,尤其是目标发生机动的情况下。根据雷达群量测点时间的顺序,串行合并后在t_i时刻的量测和综合检测概率分别为

$$\boldsymbol{Z}(t_i)=\boldsymbol{Z}_j(t_i),j=1,2,\cdots,N \tag{5-203}$$

$$P_{\mathrm{D}}^*(t_i)=P_{\mathrm{D}j}^*(t_i),j=1,2,\cdots,N \tag{5-204}$$

式中:N为雷达的数量;$\boldsymbol{Z}_j(t_i)$、$P_{\mathrm{D}j}^*(t_i)$分别为在t_i时刻有量测的第j部雷达的量测和采取抗干扰措施后的检测概率。

当雷达群量测点迹在时间上重合时采用点迹合成的方法，即经过坐标变换和采用最近邻域法进行点迹－点迹关联后，假设雷达群在 t_i 时刻对同一目标的测量向量共有 M 个，不失一般性，假设为前 M 个，即 $\boldsymbol{Z}_1(t_i),Z_2(t_i),\cdots,\boldsymbol{Z}_M(t_i)$，相对应的测量误差协方差分别为 $\boldsymbol{R}_1(t_i),\boldsymbol{R}_2(t_i),\cdots,\boldsymbol{R}_M(t_i)$，相对应的检测概率分别为 $P_{\mathrm{D1}}^*(t_i),P_{\mathrm{D2}}^*(t_i),\cdots,P_{\mathrm{D}M}^*(t_i)$，通过加权的方式得到其融合的位置数据和协方差数据分别为

$$\boldsymbol{Z}(t_i)=\boldsymbol{R}(t_i)\sum_{j=1}^{M}\boldsymbol{R}_j(t_i)^{-1}\boldsymbol{Z}_j(t_i) \tag{5-205}$$

$$\boldsymbol{R}(t_i)=\left[\sum_{j=1}^{M}\boldsymbol{R}_j(t_i)^{-1}\right]^{-1} \tag{5-206}$$

点迹合成后的综合检测概率为

$$P_{\mathrm{D}}^*(t_i)=1-(1-P_{\mathrm{D1}}^*(t_i))(1-P_{\mathrm{D2}}^*(t_i))\cdots(1-P_{\mathrm{D}M}^*(t_i)) \tag{5-207}$$

从式(5－205)～式(5－207)可以看出，点迹合成的结果是各雷达的测量按精度加权，本质上是数据求精。量测序列经过合成后，点迹位置比单部雷达更精确，点迹合成后的检测概率也更高，这样就可以提高分布式干扰下雷达群跟踪航迹的精度。

(3) 利用雷达群综合检测概率进行滤波初始化，在算法的第一个循环中($i=1$)，首先要初始化先验互联概率 $\pi_{m,k,r}^{(0)}$。假设目标 m 被探测到的概率为 $P_{\mathrm{D}}^*(t_k)$，这个探测概率应该在候选量测中分配，航迹 m 在时刻 k 的候选量测 $z_k(m)$ 使用如下的方法分配探测概率：

$$\pi_{m,k,r}^{(0)}=P_{\mathrm{D}}^*(t_k)\begin{cases}1/n_k(m), & z_{k,r}\in z_k(m)\\ 0, & z_{k,r}\notin z_k(m)\end{cases} \tag{5-208}$$

式中：$\pi_{m,k,r}$ 为下一个循环中使用的先验数据互联概率；$n_k(m)$ 为 $z_k(m)$ 的数量；$z_{k,r}$ 为 $z_k(m)$ 的第 r 个量测。

由于 $\pi_{m,k,r}^{(i)}$ 在后续的循环中可以得以校正，假设量测数最多为 N，并使用下式进行计算：

$$\pi_{m,k,r}^{(0)}=P_{\mathrm{D}}^*(t_k)/N \tag{5-209}$$

第一个循环中的量测 $z_{k,r}$ 与航迹 m 的似然值为

$$p_{m,k,r}=\mathrm{N}(z_{t,r};\boldsymbol{H}\hat{\boldsymbol{x}}_{m,k|k-1},\boldsymbol{H}\boldsymbol{P}_{m,k|k-1}\boldsymbol{H}^{\mathrm{T}}+\boldsymbol{R}) \tag{5-210}$$

式中：$\hat{\boldsymbol{x}}_{m,k|k}$、$\boldsymbol{P}_{m,k|k}$ 分别为目标航迹的均值和方差。

(4) 使用卡尔曼公式进行航迹状态预测。从 $k-1$ 时刻到 k 时刻航迹状态预测为

$$\hat{\boldsymbol{x}}_{m,k|k-1}=\boldsymbol{F}\begin{cases}\hat{\boldsymbol{x}}_{m,0}, k=1\\ \hat{\boldsymbol{x}}_{m,k-1|k-1}, k>1\end{cases} \tag{5-211}$$

$$\boldsymbol{P}_{m,k|k-1}=\boldsymbol{Q}+\begin{cases}\boldsymbol{F}\boldsymbol{P}_{m,0}\boldsymbol{F}^{\mathrm{T}}, & k=1\\ \boldsymbol{F}\boldsymbol{P}_{m,k-1|k-1}\boldsymbol{F}^{\mathrm{T}}, & k>1\end{cases} \tag{5-212}$$

(5) 计算后验数据互联概率。在算法向前更新过程中，量测 r 与航迹 m 在 k 时刻的后验数据互联概率通过下式计算：

$$\omega_{m,k,r}^{(i)}=\frac{p_{m,k,r}\pi_{m,k,r}^{(i-1)}/(1-\pi_{m,k,r}^{(i-1)})}{\rho_{k,r}+\sum_{j=1}^{M}p_{j,k,r}\pi_{j,k,r}^{(i-1)}/(1-\pi_{j,k,r}^{(i-1)})} \tag{5-213}$$

式中

$$p_{m,k,r}=N(z_{k,r};\boldsymbol{H}\hat{\boldsymbol{x}}_{m,k|K\backslash k}^{(i-1)},HP_{m,k|K\backslash k}^{(i-1)}H^{\mathrm{T}}+R) \tag{5-214}$$

式中:$p_{m,k,r}$为量测 $z_{k,r}$ 与航迹 m 的似然值;N 表示高斯分布;$\boldsymbol{H}\hat{\boldsymbol{x}}_{m,k|K\backslash k}^{(i-1)}$ 表示量测的预测,$\boldsymbol{HP}_{m,k|K\backslash k}^{(i-1)}\boldsymbol{H}^{\mathrm{T}}+\boldsymbol{R}$ 为信息协方差。

循环中使用的先验数据互联概率为

$$\boldsymbol{\pi}_{m,k,r}^{(i-1)}=P_{\mathrm{D}}^{*}(t_k)\frac{\boldsymbol{\omega}_{m,k,r}^{(i-1)}}{\sum_{s=1}^{n_t}\boldsymbol{\omega}_{m,k,s}^{(i-1)}} \tag{5-215}$$

(6) 计算量测 r 与航迹 m 互联的概率。根据 k 时刻量测 r 源于目标 m 的后验数据互联概率 $\omega_{m,k,r}^{(i)}$,得到

$$\beta_{m,k,r}=\beta_{m,k,0}\frac{\boldsymbol{\omega}_{m,k,r}^{(i)}}{1-\boldsymbol{\omega}_{m,k,r}^{(i)}} \tag{5-216}$$

式中:$\beta_{m,k,0}$为 k 时刻没有一个量测源于目标 m 的概率,且有

$$\beta_{m,k,0}=\left(1+\sum_{s=1}^{n_t}\frac{\boldsymbol{\omega}_{m,k,s}^{(i)}}{1-\boldsymbol{\omega}_{m,k,s}^{(i)}}\right)^{-1} \tag{5-217}$$

(7) 利用卡尔曼滤波器计算状态更新方程

$$\boldsymbol{K}_{m,k}=\boldsymbol{P}_{m,k|k-1}\boldsymbol{H}^{\mathrm{T}}(\boldsymbol{H}\boldsymbol{P}_{m,k|k-1}\boldsymbol{H}^{\mathrm{T}}+\boldsymbol{R})^{-1} \tag{5-218}$$

$$\boldsymbol{P}_{m,k|k,r}=\begin{cases}\boldsymbol{P}_{m,k|k-1}, & r=0\\ (\boldsymbol{I}-\boldsymbol{K}_{m,k}\boldsymbol{H})\boldsymbol{P}_{m,k|k-1}, & r>0\end{cases} \tag{5-219}$$

$$\hat{\boldsymbol{x}}_{m,k|k,r}=\begin{cases}\hat{\boldsymbol{x}}_{m,k|k-1}, & r=0\\ \hat{\boldsymbol{x}}_{m,k|k-1}+\boldsymbol{K}_{m,k}(\boldsymbol{z}_{k,r}-\boldsymbol{H}\hat{\boldsymbol{x}}_{m,k|k-1}), & r>0\end{cases} \tag{5-220}$$

(8) 利用数据互联概率 $\beta_{m,k,r}$ 得到状态和协方差的更新,即

$$\hat{\boldsymbol{x}}_{m,k|k}=\sum_{r=0}^{n_t}\beta_{m,k,r}\hat{\boldsymbol{x}}_{m,k|k,r} \tag{5-221}$$

$$\boldsymbol{P}_{m,k|k}=\sum_{r=0}^{n_i}\beta_{m,k,r}(\boldsymbol{P}_{m,k|k,r}+\hat{\boldsymbol{x}}_{m,k|k,r}\hat{\boldsymbol{x}}_{m,k|k,r}^{\mathrm{T}})-\hat{\boldsymbol{x}}_{m,k|k}\hat{\boldsymbol{x}}_{m,k|k}^{\mathrm{T}} \tag{5-222}$$

通过对算法流程的分析可知,敌方对雷达群施放分布式干扰主要影响了雷达的检测概率,把 PPMHT 算法应用于分布式干扰下的雷达群跟踪时,核心和难点是计算 PPMHT 算法中使用的雷达群数据压缩后量测的综合检测概率 P_{D}^{*}。

5.5 雷达组网抗复合式干扰技术

5.5.1 复合式干扰对雷达探测的影响

为了使雷达能够应对未来更加恶劣的战场电磁环境,频率捷变、波形捷变、频谱信号以及复杂多参数脉宽内调制等多种抗干扰方法被应用到现代雷达之中,在很大程度上提升了雷达的抗干扰性能[33-35]。单一类型的干扰信号难以同时对多种体制雷达造成有效干扰。而复合干扰是多种干扰信号的有机组合,可以在多个维度上对雷达实施干扰,能够同时对抗多种体制雷达,其干扰效果远远优于单一类型干扰信号。同时在现代战场环境下,往往是多部干扰机进行协同作战,雷达接收到的干扰信号是多种干扰信号的叠加,而

不是单一类型的干扰信号。

复合干扰已经成为雷达面临的主要干扰类型之一，其通常为多种干扰类型的叠加，常见的组合形式有以下三种：

（1）多个遮盖式信号的复合。遮盖式干扰信号主要是通过对噪声干扰信号进行调制来产生，其统计特性比较平稳。对于从旁瓣进入的遮盖式干扰，使用常规的抗干扰算法就能获得较好的抗干扰性能。因此，一般采用多个统计特性不一样的遮盖式干扰信号进行组合，得到的复合干扰信号的统计特性不平稳，可以使常规抗干扰算法的性能下降，从而使干扰信号真正发挥其干扰效用。常见的组合形式为噪声干扰加随机脉冲，二者直接在时域上进行叠加或者在噪声干扰的基础上周期性加入随机脉冲。

（2）欺骗式干扰与遮盖式干扰的复合。欺骗式干扰的特性与真实目标类似，会造成雷达系统在判别真假目标时产生困难；遮盖式干扰能减小真实目标信号的信噪比，降低雷达系统的目标检测概率。欺骗式干扰与遮盖式干扰的复合，不仅可以利用遮盖式干扰去掩盖真实目标信号，而且可以进一步增大欺骗式干扰的欺骗性，使得雷达系统不能完成对目标的检测以及后续的跟踪处理。常见的组合形式有遮盖式干扰与假目标干扰的复合和遮盖式干扰与拖引干扰的复合。

（3）遮盖式干扰与密集假目标干扰的复合。该种组合样式的复合干扰成为电子战中最常见中一种样式，遮盖式干扰可以降低信噪比；密集假目标干扰在短时间内利用大量的欺骗信号可以极大地迷惑雷达系统，同时可以遮盖真实目标信号。二者结合的复合干扰可以进一步减小真实目标的检测概率，显著地提升干扰效果，甚至可以在短时间内使抗干扰性能不佳的雷达瘫痪，具有严重的破坏性。

5.5.2　复合式干扰下的雷达组网探测跟踪技术

在复合式干扰的影响下，单一的信号域处理方法或数据域处理方法已很难对目标和干扰信号进行区分。这时，可采用信号-数据一体化处理的方法来解决复合式干扰条件下目标和干扰的鉴别难题。一方面，雷达信号处理对数据处理有重要的影响，可有效改善数据处理的效能；另一方面，根据数据处理结果对信号处理进行调整也有利于信息处理自适应抗干扰[36-37]，因而，从信号处理和数据处理相结合的角度对复合式干扰进行识别和抑制，有助于雷达抗干扰性能的改善，如图5-30所示。

5.5.2.1　信号层基于多域特征识别的有源压制干扰和欺骗干扰分类技术

对不同方式产生的噪声压制干扰信号，分析其在不同域的信号特征，给出可区分噪声压制干扰与欺骗干扰信号的分类结果及其置信度，并对其特征差异进行对比分析，再对多种特征进行综合分析，构建分类特征集，给出优化分类方法。

1. 基于统计信号 n 阶矩特征分析的自适应分类

由于高阶矩分析对噪声干扰有一定的分类和识别作用，为此，通过分析信号 n 阶矩，找出信号具有明显可分离特征的阶次，进而找出对压制干扰和欺骗干扰具有最优区分效果的阶次，并给出置信度信息，如图5-31所示。

假设存在压制干扰时，雷达回波信号为

$$x(t)=s(t)+n(t)+j_1(t) \tag{5-223}$$

存在欺骗干扰时,雷达回波信号为

$$x(t) = s(t) + n(t) + j_2(t) \tag{5-224}$$

式中:$s(t)$为目标回波信号;$n(t)$为背景噪声;$j_1(t)$为噪声压制干扰信号;$j_2(t)$为欺骗干扰信号,显然$j_2(t)$与$s(t)$有较强的相关性。通过分析 n 阶(一阶、二阶、三阶、四阶等)矩对干扰信号的抑制效果,找出分类的最优阶次。

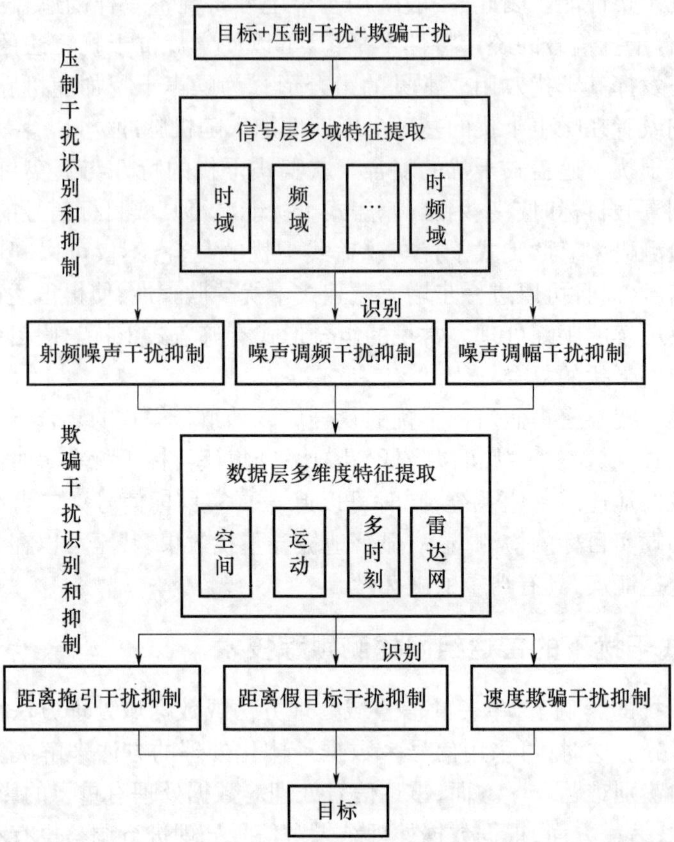

图 5-30 基于信号-数据一体化处理的复合式干扰识别抑制技术

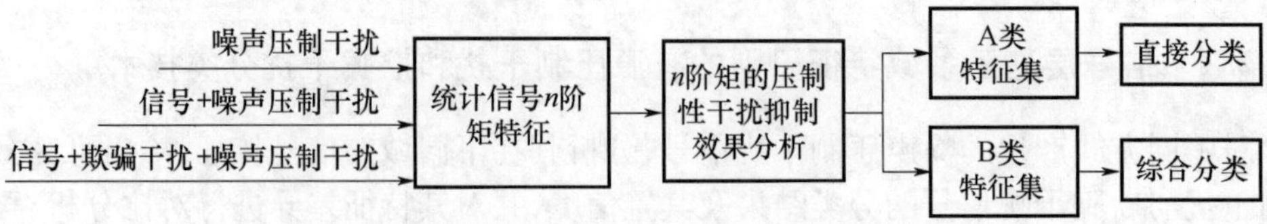

图 5-31 基于 n 阶矩特征分析的干扰分类流程图

下面以三阶矩、四阶矩为例进行分析:

1) 矩偏度特征

设 X 是一随机变量,其均值为 μ、标准差为 σ,则矩偏度系数定义为

$$a_3 = \frac{\mathrm{E}\,(X-\mu)^3}{\sigma^3} \tag{5-225}$$

它表征的是一个分布的不对称程度。如果分布曲线右边的拖尾比左边的长,则称分布有

正偏度。反之,则称分布有负偏度。

矩偏度系数与JNR的关系曲线如图5-32所示。仿真条件:遮盖式干扰中的调制噪声带宽$\Delta f_v=10\text{MHz}$,均值为0,方差$\sigma^2=1$,载频$f_j=100\text{MHz}$,采样频率$f_s=300\text{MHz}$。噪声调幅干扰的有效调制系数$m_{A_e}=0.2$,噪声调频的调频斜率$K_{FM}=10\text{MHz/V}$。欺骗式干扰中:线性调频(LFM)信号带宽为2MHz,脉宽为10μs,PRF=1kHz,拖引采用匀速拖引方式。角度欺骗干扰中的幅度起伏按幂函数方式变化。

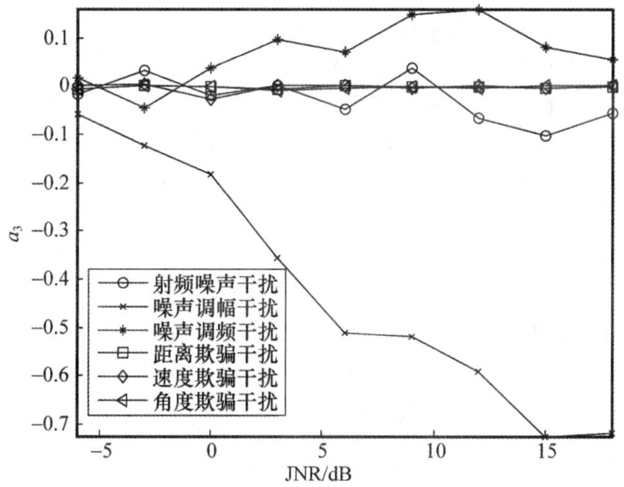

图5-32 时域矩偏度系数与JNR的关系曲线

由图5-33可以看出,当JNR>0dB时,噪声调频干扰的偏度为正,说明其分布曲线右边的拖尾比左边的长;噪声调幅干扰的偏度一直为负,其分布曲线左边的拖尾要更长一些;而其他几种干扰样式的偏度值基本上在零附近,说明其分布基本上是对称的。因此,通过时域矩偏度系数这一特征参数就可以将噪声调幅干扰和其他干扰样式区分开来。

2) 矩峰度系数

设X是一随机变量,其均值为μ,标准差为σ,则矩峰度系数定义为

$$a_4=\frac{\mathrm{E}\,(X-\mu)^4}{\sigma^4} \tag{5-226}$$

它表征的是分布的陡峭程度。时域矩峰度系数与JNR的关系曲线如图5-33所示。

由图5-33可以看出:当JNR=-6dB时,噪声强度很大,在分布上占主导地位,因此几种干扰样式的矩峰度系数值都在3左右,呈现正态分布;随着JNR的增加,射频噪声干扰的值仍将保持在3左右,呈现准正态分布;而其他干扰样式的值将随着JNR的增加而迅速减小,呈现扁峰分布。因此,射频噪声干扰的时域矩峰度系数和其他的干扰样式差异较大,可以通过这一参数将其区分开来。

2. 基于时频域特征分析的自适应分类

欺骗干扰信号与真实目标信号具有高度的相关性,而压制干扰与目标信号相关性很低,因此,采用分数阶傅里叶变换、小波变换、Wigner-Ville分布等方法,利用干扰信号的这一特性,对压制干扰和欺骗干扰进行分类结果分析,并给出不同变换域的分类特征及其对应的分类结果和置信度信息。下面以分数阶傅里叶变换域特征分析为例进行说明。

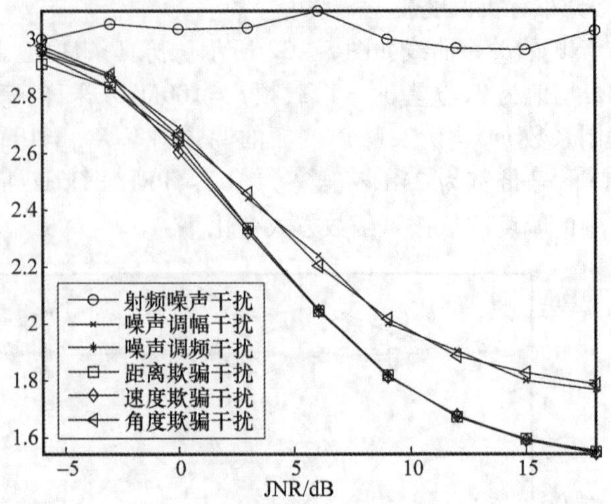

图 5－33　时域矩峰度系数与 JNR 的关系曲线

通常雷达信号为 LFM 信号，一个给定的 LFM 信号在分数阶傅里叶变换（FRFT）域与某个相应的位置会呈现出能量聚集现象，随着分数阶数 p 的变化，当有一个合适的旋转角度 α 时，LFM 信号会出现高度的能量聚集，而高斯白噪声在 FRFT 域上的能量具有均匀分布的特点，噪声调制的干扰信号只可能出现局部能量较弱的聚集[38]。因此，可用这一特征分析是否受到噪声压制干扰。通过分析在分数阶傅里叶变换域内的分布的离散程度，构造统计量进行分类，由于方差可反映分布的离散程度，因此用分数阶傅里叶变换域内的方差来判断干扰方式。

信号 $x(t)$ 的 p 阶 FRFT 定义为

$$x_{\mathrm{p}}(u) = \int_{-\infty}^{+\infty} x(t) K_{\mathrm{p}}(t,u)\,\mathrm{d}t \tag{5-227}$$

式中：$K_{\mathrm{p}}(t,u)$ 为变换核，且有

$$K_p(t,u) = \begin{cases} \sqrt{\dfrac{1-\mathrm{j}\cot\alpha}{2\pi}}\mathrm{e}^{\mathrm{j}\pi\left(\frac{t^2+u^2}{2}\cot\alpha - ut\mathrm{ssc}\alpha\right)}, \alpha \neq n\pi \\ \delta(t-u), \alpha = 2n\pi \\ \delta(t+u), \alpha = (2n+1)\pi \end{cases} \tag{5-228}$$

其中：$n=0,\pm1,\pm2,\cdots$；α 为旋转角度，$\alpha = p\pi/2$，p 为 FRFT 阶次。

设变换处理后各个频率分量对应的功率大小为 p_i，则 N 个频率分量的平均功率 $\bar{p} = \sum_{i=1}^{N} p_i/N$，由此计算得到方差为

$$\sigma^2 = \frac{1}{n-1}\sum_{i=1}^{N}(p_i - \bar{p})^2 \tag{5-229}$$

建立统计量为

$$T = \sigma^2 \tag{5-230}$$

基于分数阶傅里叶变换的压制干扰和欺骗干扰分类问题可用如下的假设检验进行判决：若 $T \leqslant \lambda_0$，则可能为压制干扰；若 $T > \lambda_0$，则可能不是压制干扰。其中，σ^2 为分数阶傅里叶域内的方差，λ_0 为统计判决阈值，根据判决结果的显著性水平确定。

3. 基于 D－S 证据理论的有源压制干扰和欺骗干扰分类

在信号特征分析的基础上，合理构建信号特征集，将特征集中的特征分为两类：一类是可以直接区分压制干扰和有源欺骗干扰的信号特征，将其记为 A 类特征集；另一类是除 A 类特征以外的特征构成的集合，称为 B 类特征集。由于 A 类特征可以直接用来对干扰进行分类和识别，因此这里重点研究对 B 类特征的利用。

在利用 B 类特征集区分压制干扰和有源欺骗干扰的过程中，由于 B 类特征不能对干扰信号确切分类，而 D－S 证据理论可以区分“不确定”和“不知道”，因此采用证据理论对 B 类特征进行融合。

设 B 类特征集为 $B=\{b_1,b_2,\cdots,b_n\}$，$b_i(i=1,2,\cdots,n)$ 对应的分类结果为 C_i，$C_i\triangleq\{c_1,c_2,c_3\}=\{$RF 噪声干扰，AM 噪声干扰，FM 保声干扰$\}$，即 C_i 既可能是 C 的元素 c_i，也可能是 C 的子集，对应的置信度为 α_i，将 α_i 作为证据理论中的信任函数 Bel，然后求出基本概率赋值函数 m_i，则采用如下 Dempster 组合公式对 B 类中的各个特征识别结果进行融合：

$$m(C)=\begin{cases}\dfrac{\sum\limits_{A_i\cap B_j\cap\cdots\cap z_k=C}m_1(A_i)m_2(B_j)\cdots m_n(Z_k)}{1-K_1}, & \forall C\subset U, C\neq\varnothing\\ 0, & C=\varnothing\end{cases}\tag{5-231}$$

式中

$$K_1=\sum_{A_i\cap B_j\cap\cdots\cap Z_k=\varnothing}m_1(A_i)m_2(B_j)\cdots m_n(Z_k)\tag{5-232}$$

得到融合识别结果后，基于概率赋值进行决策。决策结果如下：

设 U 是识别框架，$\exists A_1,A_2\subset U$，满足

$$m(A_1)=\max\{m(A_i),A_i\subset U\}\tag{5-233}$$

$$m(A_2)=\max(m(A_i),A_i\subset U \text{ 且 } A_i\neq A_1)\tag{5-234}$$

若有

$$\begin{cases}m(A_1)-m(A_2)>\varepsilon_1\\ m(U)<\varepsilon_2\\ m(A_1)>m(U)\end{cases}\tag{5-235}$$

则 A_1 即为判决结果，其中 $\varepsilon_1,\varepsilon_2$ 为预先设定的阈值。

5.5.2.2　数据层基于多维度特征识别有源欺骗干扰鉴别技术

1. 有源干扰的运动特征分析和提取

针对干扰信号与目标回波的运动特征差异，采用多普勒测速比对的方法来对不同类型、不同产生方式的有源干扰进行分析，进而确定多普勒速度比对方法对哪种有源干扰是有效的，如图 5－34 所示。

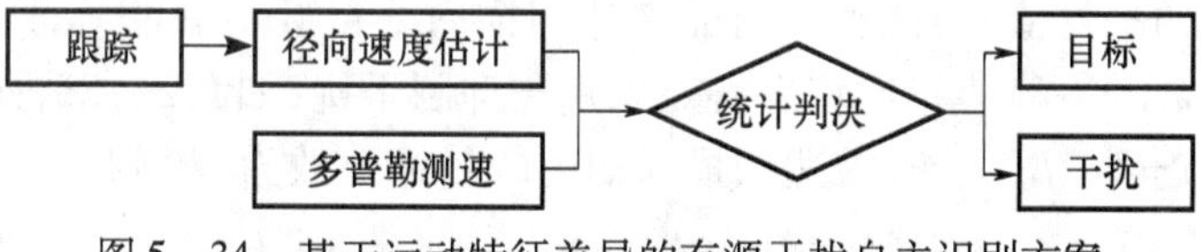

图 5－34　基于运动特征差异的有源干扰自主识别方案

在采用多普勒测速比对的方法对有源欺骗干扰识别与抑制的过程中,假设 k 时刻的目标状态向量为

$$\boldsymbol{X}(k)=[x(k),v_x(k),y(k),v_y(k),z(k),v_z(k)]^{\mathrm{T}} \tag{5-236}$$

k 时刻的径向速度估计可表示为

$$v(k)=\frac{x(k)v_x(k)+y(k)v_y(k)+z(k)v_z(k)}{\sqrt{x(k)^2+y(k)^2+z(k)^2}} \tag{5-237}$$

对应地,假设 k 时刻的多普勒测速为 $V_{\mathrm{r}}(k)$,则可构建统计量

$$\boldsymbol{\eta}(k)=\frac{(v(k)-V_{\mathrm{r}}(k))^2}{\boldsymbol{\sigma}_{\mathrm{v}}^2(k)+\boldsymbol{\sigma}_{\mathrm{r}}^2} \tag{5-238}$$

式中:$\boldsymbol{\sigma}_v^2(k)$ 为径向速度估计的协方差;$\boldsymbol{\sigma}_{\mathrm{r}}^2$ 为多普勒测速误差。

进而,基于多普勒测速比对的有源欺骗干扰识别问题可用如下假设检验做进一步的分析判决:

H_0:若 $\boldsymbol{\eta}(k)=\boldsymbol{V}(k)^{\mathrm{T}}(\boldsymbol{R}_i(k)+\boldsymbol{R}_j(k))^{-1}\boldsymbol{V}(k)$,则目标回波可能源自真实目标。

H_1:若 $\boldsymbol{\eta}(k)>\lambda(\lambda=\chi_{\alpha}^2(1)$ 为统计判决阈值),则目标回波可能源自虚假目标干扰。

2. 有源干扰的空间特征分析和提取

在实际空间中,考虑目标的点迹分布和航迹位置不可能无限密集,干扰机却可产生密集的假目标干扰信号,则利用干扰信号和目标回波的空间特征差异,将目标位置与所得的回波点迹位置进行对比分析,以消除不合理的目标点迹和航迹,如图 5-35 所示。

图 5-35 基于空间特征差异的有源干扰自主识别方案

假设 k 时刻任意两个回波点的位置分别为 $\boldsymbol{X}_1(k)=[x_1(k),y_1(k),z_1(k)]^{\mathrm{T}}$ 和 $\boldsymbol{X}_2(k)=[x_2(k),y_2(k),z_2(k)]^{\mathrm{T}}$,则构建检验统计量

$$\boldsymbol{\eta}(k)=\|\boldsymbol{X}_1(k)-\boldsymbol{X}_2(k)\|_2 \tag{5-239}$$

这时,基于空间特征差异的假目标干扰识别问题可用如下的假设检验做进一步的分析判决:

H_0:若 $\boldsymbol{\eta}(k)\leqslant\lambda$,则点迹 $\boldsymbol{X}_2(k)$ 可能源自假目标干扰。

H_1:若 $\boldsymbol{\eta}(k)>\lambda$,则点迹 $\boldsymbol{X}_2(k)$ 可能源自真实目标。

其中,λ 为距离统计判决阈值。

3. 干扰的杂波图变化特征分析和提取

针对干扰在雷达开机一段时间后才会出现的特征,利用杂波图变化特征来有效识别与抑制干扰。考虑杂波图既能统计出当前雷达扫描周期的目标个数,又能统计出多个扫描周期目标个数的平稳值,为此利用当前雷达扫描周期目标个数的统计值与多个雷达扫描周期内目标个数的平稳值相比较来有效识别与抑制干扰,如图 5-36 所示。

假设时刻 $i(i=k-L,\cdots,k)$ 雷达扫描周期内的目标个数为 N_i,则 L 个扫描周期内目标数的平均值为

$$N = \frac{N_{k-L} + N_{k-L+1} + \cdots + N_{k-1} + N_k}{L} \tag{5-240}$$

当 $k+1$ 时刻雷达扫描周期内的目标数为 M 时，基于杂波图的假目标干扰识别问题可用如下的假设检验做进一步的分析判决：

H_0：若 $M < \mu N$，则判断当前雷达扫描周期内不存在假目标干扰，继续更新杂波图。

H_1：若 $M > \mu N$，则判断当前雷达扫描周期内存在假目标干扰，需冻结杂波图，并通过当前杂波图和所存储杂波图的比较来有效识别和抑制假目标干扰。

其中，μ 为判决系数，L 为滑窗长度。

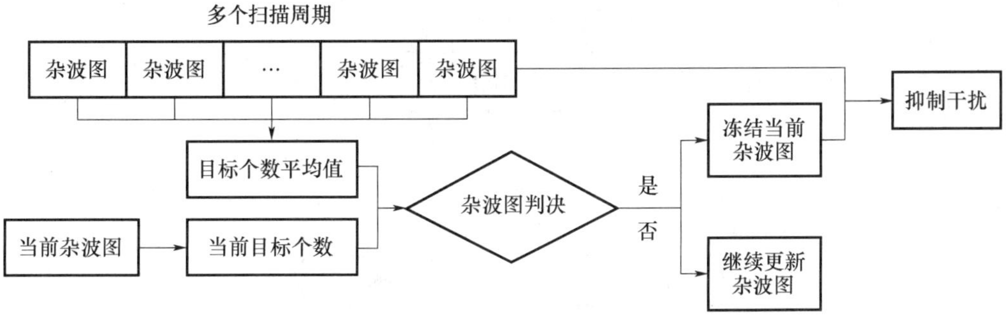

图 5-36　基于杂波图的有源干扰自主识别方案

4. 基于多时刻的有源干扰特征分析和提取

1）先判决后积累

分别在不同时刻利用多维度特征集进行识别，再将所有判决结果按照如图 5-37 的方式进行综合评判和分析，进而实现对目标和干扰的综合判决，判决规则如下：

若 $\eta(k) \leqslant \lambda$，则 $\xi(k) = 1$；否则，$\xi(k) = 0$。

在对目标和干扰初步判决的基础上，令

$$T = \sum_{k=1}^{N} \xi(k) \tag{5-241}$$

并取阈值 M，若 $T > M$，则回波信号可能来自目标；否则，认为来自假目标干扰。

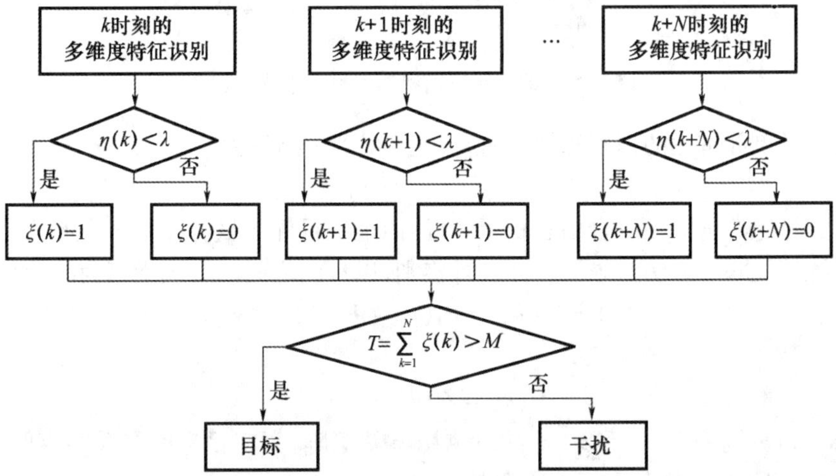

图 5-37　基于先判决后积累的有源干扰自主识别方案

2）先积累后判决

直接将不同时刻多维度特征集的识别结果输入综合判决系统，再在综合判决系统内选取恰当的方法对假目标干扰进行集中分析和判别，如图 5－38 所示。

令 T 为多个时刻的融合特征，在测量噪声服从高斯分布的情况下：$T \sim \chi^2(N)$ 分布，根据显著水平 α，确定阈值 T_α，判决规则如下：

若 $T < T_\alpha$，则判决为目标；否则，判决为假目标干扰。

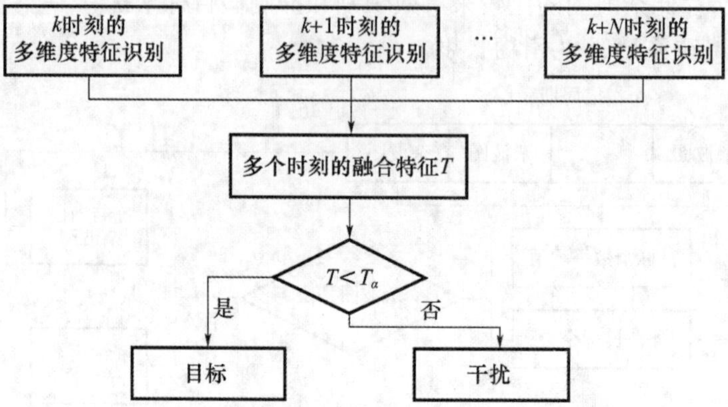

图 5－38　基于先积累后判决的有源干扰自主识别方案图

5. 基于雷达网的有源干扰特征分析和提取

针对密集假目标干扰下传统数据关联方法计算量大、雷达数据处理能力有限的问题，先利用单雷达构建的特征集，对确定的密集假目标干扰进行识别和抑制，保留特征不确定的目标，再利用雷达网数据关联方法对其进行剔除，如图 5－39 所示。

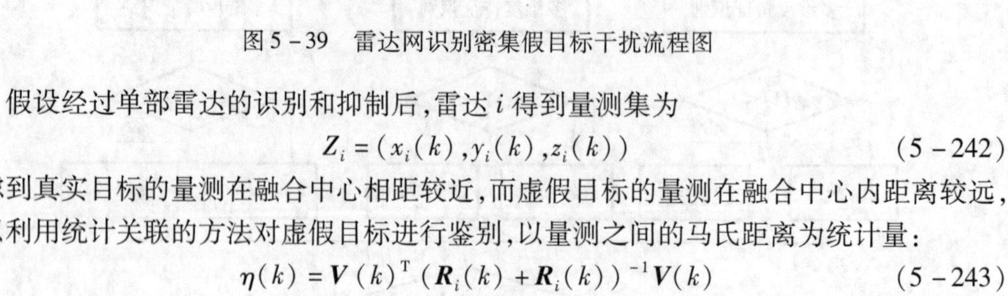

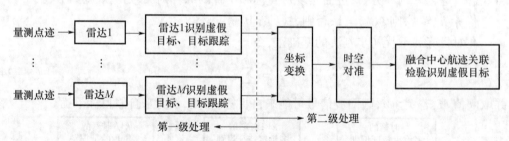

图 5－39　雷达网识别密集假目标干扰流程图

假设经过单部雷达的识别和抑制后，雷达 i 得到量测集为

$$Z_i = (x_i(k), y_i(k), z_i(k)) \tag{5-242}$$

考虑到真实目标的量测在融合中心相距较近，而虚假目标的量测在融合中心内距离较远，可以利用统计关联的方法对虚假目标进行鉴别，以量测之间的马氏距离为统计量：

$$\eta(k) = \boldsymbol{V}(k)^{\mathrm{T}} (\boldsymbol{R}_i(k) + \boldsymbol{R}_i(k))^{-1} \boldsymbol{V}(k) \tag{5-243}$$

式中

$$\boldsymbol{V}(k) = \boldsymbol{Z}_i(k) - \boldsymbol{Z}_j(k) \tag{5-244}$$

$\boldsymbol{R}_i(k)$ 和 $\boldsymbol{R}_j(k)$ 分别为 $\boldsymbol{Z}_i(k)$ 和 $\boldsymbol{Z}_j(k)$ 的量测协方差矩阵，真实目标的马氏距离服从中心卡方分布，而虚假目标量测的马氏距离服从非中心卡方分布。

这时,可用如下的假设检验进行判决:

H_0:若 $\eta(k)\leqslant\lambda$,则目标回波源自真实目标。

H_1:若 $\eta(k)\geqslant\lambda$,则目标回波源自密集假目标干扰。

其中,$\lambda=\chi_{\alpha}^{2}(3)$为统计判决阈值。

5.5.2.3　雷达信号-数据处理一体化抗有源干扰技术

1. 雷达信号检测和目标跟踪模式对的优化选择

在采用上述多种方法对压制和有源欺骗干扰进行分类和识别的基础上,合理构建干扰环境下的 CFAR 检测模型和目标跟踪模型,并通过对不同干扰环境下目标检测和跟踪模型成对组合输出的检测、跟踪组合的识别效果,选出相对性能更优的检测和跟踪方法组合,以实现对干扰信号的识别和抑制,如图 5-40 所示。

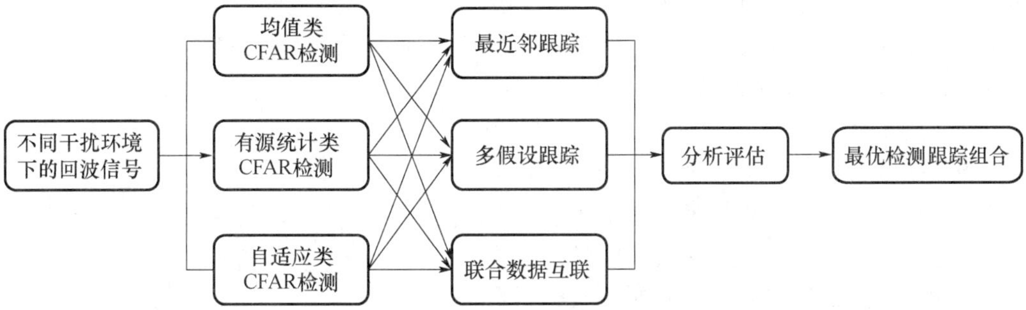

图 5-40　雷达信号检测和目标跟踪模式对的优化选择流程图

2. 基于反馈调制的雷达信号与数据一体化处理

在选出最佳检测和跟踪方法组合的基础上,合理构建反馈调节机制,根据跟踪环节的数据处理结果对检测环节的信号处理进行反馈调制,并通过对跟踪性能的分析、评估和判断,自适应地调整检测、跟踪算法的参数,进而实现对压制干扰和有源欺骗干扰的综合识别和抑制,如图 5-41 所示。

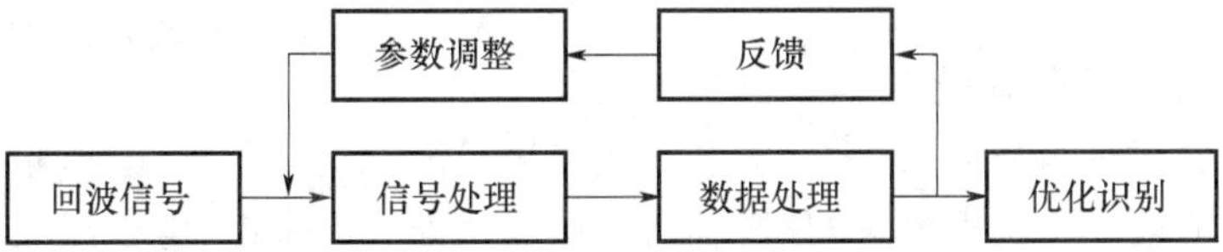

图 5-41　基于反馈调制的雷达信号与数据一体化处理流程图

3. 基于雷达信号与数据精细化处理的有源干扰识别与抑制

在对雷达信号检测和目标跟踪方法最优模式配对的基础上,结合副瓣匿影、恒虚警、点迹凝聚、负荷控制、杂波图、环境自适应检测、相关处理及点迹过滤、多假设航迹跟踪处理等方面对干扰信号的识别和抑制进行精细化处理。

5.6 雷达组网抗航迹欺骗干扰技术

5.6.1 针对防空雷达网的协同航迹欺骗干扰误差特性分析

作为一种新颖的电子干扰手段，多机协同航迹欺骗瞄准雷达组网系统，旨在为雷达网释放具有空间相关性的虚假航迹。虽然，多机协同航迹欺骗的根本仍然是雷达假目标欺骗，但作为一种能够在融合中心形成稳定航迹的“特殊”假目标，这种干扰极易对雷达网产生虚假空情。因此，对多机协同航迹欺骗的相关研究一直是国内外学者关注的焦点。

1. 多机协同航迹欺骗的基本原理

为了方便对问题的讨论，首先对多机协同航迹欺骗进行简要介绍，其基本原理如图5-42所示。在图5-42中，假设雷达网由S_a、S_b、S_c3部两坐标雷达组成，与之对应的是干扰方派遣的电子战飞机E_a、E_b、E_c。为了更好地完成干扰计划，同时不暴露自身的具体行踪，电子战飞机编队通常由隐身无人机组成。

在实施干扰之前，干扰方通过电子侦察、电子情报等手段掌握了雷达的性能参数以及部署位置，并且利用这些资源提前设计出了需要进行的航迹欺骗，包括期望生成的虚假航迹以及各电子战飞机的飞行航路。在航迹欺骗过程中，电子战飞机只需按部就班地执行干扰计划：在相应的时间节点飞临预定的空间位置，利用随机携带的电子干扰设备截获并且按原路延迟转发雷达辐射的电磁脉冲[39-40]。考虑雷达网具有信息共享的优势，电子战飞机通过协同控制，使得干扰信号形成的虚假目标在空间上巧妙重合，如图5-42中P_1、P_2所示，最终实现对雷达网的欺骗。

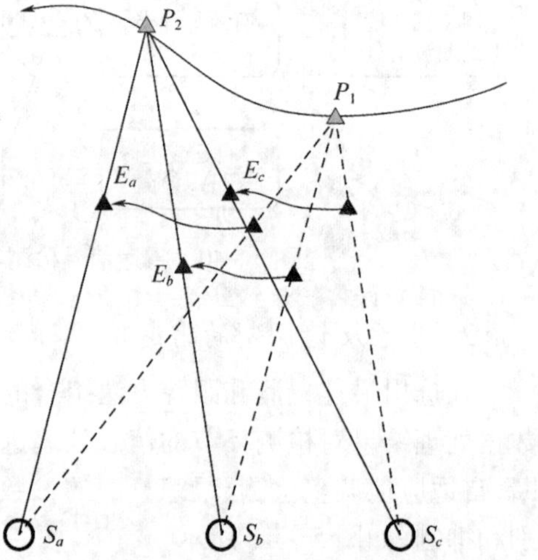

图5-42 航迹欺骗的基本原理

从多机协同航迹欺骗的基本原理可知，这种干扰技术至少存在四个优点：①一架电子战飞机只需干扰一部雷达，欺骗过程对机载干扰设备的工作负载以及技术要求相对较低；②从干扰模式上来讲，电子战飞机编队实施的是雷达主瓣干扰，因此干扰机能够可靠获取雷达的电磁脉冲，并且能够确保干扰信号进入雷达接收系统；③多机协同航迹欺骗实际上是将距离欺骗与角度欺骗进行拆解，利用电子战飞机的航路规划实现角度欺骗，同时，利用干扰设备对雷达信号的时间延迟实现距离欺骗，这两者之间的完美结合缩短了干扰机与雷达站之间的距离，从而降低了对干扰机的功率需求；④相比大型复杂干扰机而言，参与航迹欺骗的电子战飞机机动性较好，便于采取隐身、伪装等反侦察措施。

2. 多机协同航迹欺骗的一般模型

在多机协同航迹欺骗中，电子战飞机编队高度协同的目的是给雷达网释放具有空间相关性的虚假目标。空间相关性是指同一时刻电子战飞机编队释放的虚假目标在空间中的重合程度。一种最简单的表述方法是计算虚假目标之间的距离。假设在同一时刻，电子战飞机编队为雷达网释放的虚假目标集为

$$\boldsymbol{P}=\{P_1,P_2,\cdots,P_q\} \tag{5-245}$$

式中：q 为对应雷达网内的雷达数量。

假设虚假目标 P_i 的位置坐标为

$$\boldsymbol{X}_{P_i}=[x_{P_i},y_{P_i}]\qquad(i=1,2,\cdots,q) \tag{5-246}$$

则虚假目标 P_i 与虚假目标 $P_j(i\neq j)$ 之间的距离为

$$D_{ij}=|\boldsymbol{X}_{P_i},\boldsymbol{X}_{P_j}|=[(x_{P_i}-x_{P_j})^2+(y_{P_i}-y_{P_j})^2]^{1/2} \tag{5-247}$$

相应地，所有虚假目标之间的平均距离为

$$\overline{D}=\frac{\sum D_{ij}}{C_q^2}\quad(i=1,2,\cdots,q;j=1,2,\cdots,q\text{ 且 }i\neq j) \tag{5-248}$$

一般而言，虚假目标之间的平均距离越小，它们的空间相关性就越高。在理想条件下 $D_{ij}=0(i\neq j)$，并且 $\overline{D}=0$，即虚假目标之间完全重合。但是，在实际干扰过程中，各方面因素导致同一时刻电子战飞机编队为雷达网释放的虚假目标相互偏离，最终影响航迹欺骗的干扰效果。更为一般的模型如图5-43所示。图中，P_1 是电子战飞机编队预期产生的理想虚假目标，P_{11}、P_{12}、P_{13}是与 P_1 对应的实际释放的虚假目标，它们由 E_a、E_b、E_c 释放，分别用于干扰雷达 S_a、S_b、S_c。由于航迹欺骗过程中存在各方面的误差，导致 P_{11}、P_{12}、P_{13}偏离了预设虚假目标 P_1。出现上述情况是干扰方不希望的，事实上，由于雷达网在数据融合处理的过程中将会利用航迹关联或者点迹关联对公共监区内的航迹（点迹）进行相关性检验，当 P_{11}、P_{12}、P_{13}之间的偏差足够大时，由它们生成的虚假航迹（点迹）在关联检验的过程中就会被剔除，从而达不到预期的航迹欺骗效果。

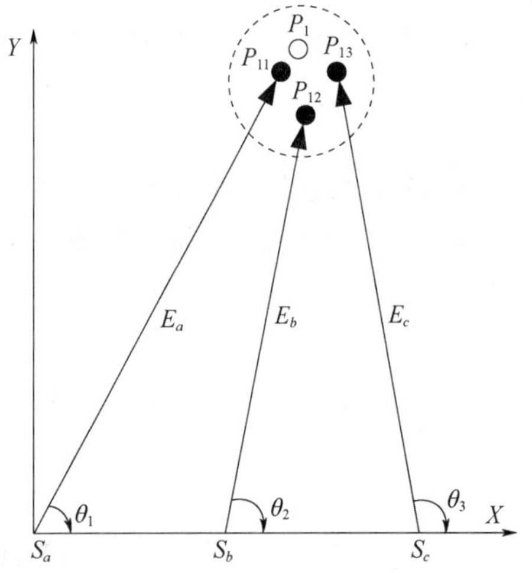

图5-43　电子战飞机转发的虚假目标

引起真实虚假目标偏离预设虚假目标的原因是多方面的，这里主要针对两个方面的问题进行讨论：一是电子战飞机编队对雷达的定位误差；二是电子战飞机在飞行过程中的位置误差。

3. 雷达站址误差对航迹欺骗的影响

从航迹欺骗的基本原理可知，在干扰方对雷达网进行航迹欺骗之前，首先需要对雷达站进行侦察定位，定位不准将使电子战飞机实际释放的虚假目标偏离预先设计的虚假目标，如图5-44所示。

假设$\boldsymbol{S}_l=[x_{s_l},y_{s_l}]^{\mathrm{T}}$ 为电子战飞机编队事先侦察获得的雷达位置，$\boldsymbol{S}=[x_s,y_s]^{\mathrm{T}}$ 为雷达的真实位置。由于侦察过程存在误差，导致$\boldsymbol{S}_l$ 偏离 $\boldsymbol{S}$。定义雷达的站址误差

$$\boldsymbol{\delta}_s=\boldsymbol{S}_l-\boldsymbol{S}=[\Delta x_s,\Delta y_s]^{\mathrm{T}} \tag{5-249}$$

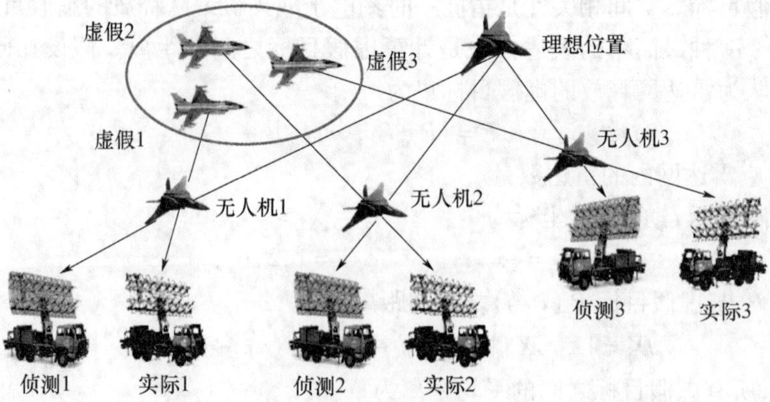

图 5 - 44　雷达站址误差对虚假航迹欺骗的影响

从多机协同航迹欺骗的基本原理可知,在航迹欺骗过程中,电子战飞机的干扰设备始终是瞄准对应雷达释放干扰。在图 5 - 44 中,由于电子战飞机侦察到的雷达位置在$\boldsymbol{S}_l$处,因此,干扰设备对准$\boldsymbol{S}_l$并且企图在P_l点为雷达设置虚假目标。然而,雷达实际位于$\boldsymbol{S}$处,它在电子战飞机所在方向收到经过时间延迟的干扰信号,并且在P点观测到了电子战飞机释放的虚假目标。假设P、P_l的位置分别为$\boldsymbol{P}=[x_P,y_P]^{\mathrm{T}}$、$\boldsymbol{P}_l=[x_l,y_l]^{\mathrm{T}}$,定义虚假目标偏离误差

$$\delta_P=\boldsymbol{P}-\boldsymbol{P}_l=[\Delta x_P,\Delta y_P]^{\mathrm{T}} \tag{5-250}$$

下面分析雷达站址误差与虚假目标偏离误差的大小关系。

假设电子战飞机的位置坐标为$\boldsymbol{E}=[x_e,y_e]^{\mathrm{T}}$,则电子战飞机与图 5 - 44 中四个点的距离分别为

$$D_{ES_l}=[(x_e-x_{sl})^2+(y_e-y_{sl})^2]^{1/2} \tag{5-251}$$

$$D_{ES}=[(x_e-x_s)^2+(y_e-y_s)^2]^{1/2} \tag{5-252}$$

$$D_{EP_l}=[(x_e-x_{pl})^2+(y_e-y_{pl})^2]^{1/2} \tag{5-253}$$

$$D_{EP}=[(x_e-x_p)^2+(y_e-y_p)^2]^{1/2} \tag{5-254}$$

由于电子战飞机对雷达脉冲的距离延时始终是根据产生预设虚假目标而计算的,因此,$D_{EP_l}=D_{EP}$,并且根据图 5 - 44 中的几何关系可知

$$\boldsymbol{P}_l=\begin{bmatrix}x_{p_l}\\y_{p_l}\end{bmatrix}=\begin{bmatrix}x_e\\y_e\end{bmatrix}+D_{EP_l}\begin{bmatrix}(x_e-x_{sl})/D_{ES_l}\\(y_e-y_{sl})/D_{ES_l}\end{bmatrix} \tag{5-255}$$

$$\boldsymbol{P}=\begin{bmatrix}x_p\\y_p\end{bmatrix}=\begin{bmatrix}x_e\\y_e\end{bmatrix}+D_{EP}\begin{bmatrix}(x_e-x_s)/D_{ES}\\(y_e-y_s)/D_{ES}\end{bmatrix} \tag{5-256}$$

将式(5 - 255)、式(5 - 256)代入式(5 - 250),可得

$$\delta_p=D_{EP_l}\begin{bmatrix}\dfrac{x_e-x_s}{D_{ES}}-\dfrac{x_e-x_{sl}}{D_{ES_l}}\\[2ex]\dfrac{y_e-y_s}{D_{ES}}-\dfrac{y_e-y_{sl}}{D_{ES_l}}\end{bmatrix} \tag{5-257}$$

在雷达站址误差较小的情况下,$D_{ES}\approx D_{ES_l}$,相应地有

$$\delta_p \approx \frac{D_{EP_l}}{D_{ES_l}} \delta_s \tag{5-258}$$

即雷达站址误差转换成了虚假目标的偏离误差。定义 $\varepsilon = D_{EP_l}/D_{ES_l}$ 为站址误差转换因子,它由电子战飞机与预设虚假目标以及预测雷达站之间的距离所决定。

4. 电子战飞机(ECAV)位置误差对航迹欺骗的影响

从多机协同航迹欺骗的基本原理可知,电子战飞机编队需要在飞行过程中高度协同,以实现对雷达网的角度欺骗。然而航路规划问题十分复杂:首先,电子战飞机的位置必须限定在各自所对应的雷达站到虚假目标点之间的方向线上;其次,每架电子战飞机都需要安装高精度的信号截获转发设备,对网内雷达实施精确的距离假目标欺骗;最后,在满足上述要求的同时,各电子战飞机还必须具备优良的气动性能,随时调整自身的飞行位置。

上述这些严苛的前提条件以及复杂的控制过程,导致电子战飞机不可避免地会引入各种控制误差。其中,电子战飞机偏离预定飞行位置是各种控制误差中最重要的一种,将其定义为电子战飞机的位置误差。在存在位置误差的情况下,电子战飞机为雷达转发产生的虚假目标与预设虚假目标不再重合,如图 5-45 所示。

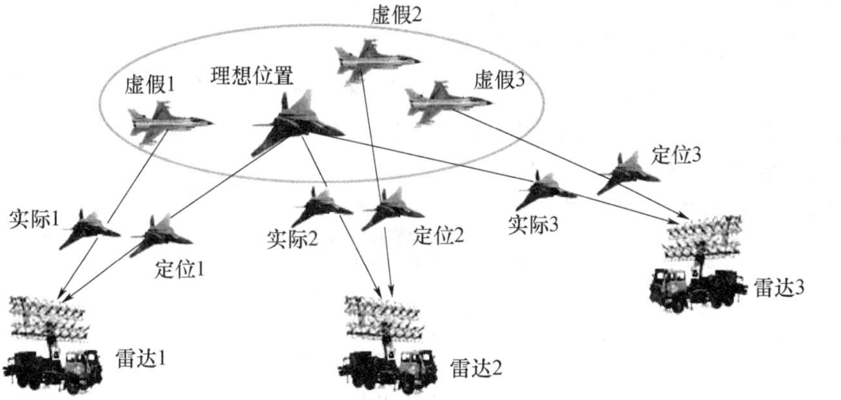

图 5-45　电子战飞机位置误差对航迹欺骗的影响

假设 $\boldsymbol{E} = [x_e, y_e]^{\mathrm{T}}$ 为电子战飞机预期的飞行位置,$\boldsymbol{E}_r = [x_{e_r}, y_{e_r}]^{\mathrm{T}}$ 为电子战飞机实际到达的位置,由于电子战飞机在对自身进行定位以及在飞行控制过程中引入了一定的误差,导致其偏离了预期的飞行位置。

电子战飞机的位置误差为

$$\boldsymbol{\delta}_e = \boldsymbol{E}_r - \boldsymbol{E} = [\Delta x_e, \Delta y_e]^{\mathrm{T}} \tag{5-259}$$

在电子战飞机存在位置误差的情况下,"真实"虚假目标 $\boldsymbol{P}_r$ 偏离预设虚假目标 $\boldsymbol{P}$。设 $\boldsymbol{P} = [x_P, y_P]^{\mathrm{T}}$,$\boldsymbol{P}_r = [x_{Pr}, y_{Pr}]^{\mathrm{T}}$,虚假目标偏离误差为

$$\boldsymbol{\delta}_p = \boldsymbol{P}_r - \boldsymbol{P} = [\Delta x_P, \Delta y_P]^{\mathrm{T}} \tag{5-260}$$

定义 D_{ES}、D_{EP} 为电子战飞机预定飞行位置到雷达站以及到预定虚假目标之间的距离,D_{ErS}、D_{ErPr} 为电子战飞机实际飞行位置到雷达站以及到"真实"虚假目标之间的距离。在电子战飞机位置误差较小的情况下,此处有 $D_{ErS} \approx D_{ES}$。与前文类似,得出 $\boldsymbol{P}$、$\boldsymbol{P}_r$ 的位置

$$\boldsymbol{P} = \begin{bmatrix} x_P \\ y_P \end{bmatrix} = \begin{bmatrix} x_e \\ y_e \end{bmatrix} + D_{EP} \begin{bmatrix} (x_e - x_s)/D_{ES} \\ (y_e - y_s)/D_{ES} \end{bmatrix} \tag{5-261}$$

$$\boldsymbol{P}_r=\begin{bmatrix}x_{Pr}\\y_{Pr}\end{bmatrix}=\begin{bmatrix}x_{er}\\y_{er}\end{bmatrix}+D_{ErPr}\begin{bmatrix}(x_{er}-x_s)/D_{ErS}\\(y_{er}-y_s)/D_{ErS}\end{bmatrix}\tag{5-262}$$

则电子战飞机的位置误差与虚假目标偏离误差之间的关系为

$$\boldsymbol{\delta}_p\approx\left(1+\frac{D_{EP}}{D_{ES}}\right)\boldsymbol{\delta}_e\tag{5-263}$$

定义 $\xi=1+D_{EP}/D_{ES}$ 为位置误差转换因子。

5.6.2 航迹欺骗干扰下的雷达组网探测跟踪技术

1. 基于协方差阵检验的航迹欺骗干扰鉴别方法

1）量测误差分析

不失一般性，以 3 部两坐标雷达组网在 t 时刻的观测为例。如图 5－46 所示，R_1、R_2、R_3 为 3 部两坐标雷达，以雷达 R_1 为原点建立坐标系，则 3 部雷达的坐标分别为 $(0,0)$、$(x_{R2},0)$、$(x_{R3},0)$，r_1、r_2、r_3 分别为 3 部雷达在 t 时刻获得的距离量测，θ_1、θ_2、θ_3 分别为 3 部雷达在 t 时刻获得的方位量测，T_1、T_2、T_3 分别为 3 部雷达在 t 时刻确定的目标位置量测，经关联后确定为来自同一目标，设其坐标分别为 (X_1,Y_1)、(X_2,Y_2)、(X_3,Y_3)，目标真实位置坐标为 (X_t,Y_t)。

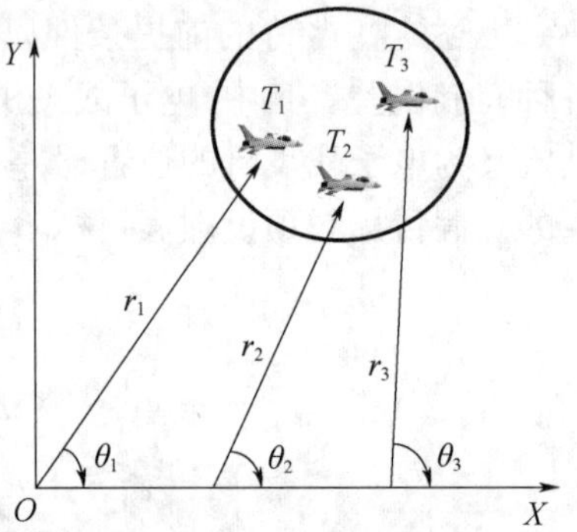

图 5－46　t 时刻 3 部雷达观测示意图

从图 5－46 可得如下关系式：

$$\begin{bmatrix}X_1\\Y_1\\X_2\\Y_2\\X_3\\Y_3\end{bmatrix}=\begin{bmatrix}r_1\cos\theta_1\\r_1\sin\theta_1\\r_2\cos\theta_2+X_{R2}\\r_2\sin\theta_2\\r_3\cos\theta_3+X_{R3}\\r_3\sin\theta_3\end{bmatrix}\tag{5-264}$$

设 X_1、Y_1、X_2、Y_2、X_3、Y_3 的误差分别为 $\mathrm{d}X_1$、$\mathrm{d}Y_1$、$\mathrm{d}X_2$、$\mathrm{d}Y_2$、$\mathrm{d}X_3$、$\mathrm{d}Y_3$，结合式（5－264）则有

$$\begin{bmatrix}X_1\\Y_1\\X_2\\Y_2\\X_3\\Y_3\end{bmatrix}=\begin{bmatrix}X_t\\Y_t\\X_t\\Y_t\\X_t\\Y_t\end{bmatrix}+\begin{bmatrix}\cos\theta_1&-r_1\sin\theta_1&0&0&0&0\\\sin\theta_1&r_1\cos\theta_1&0&0&0&0\\0&0&\cos\theta_2&-r_2\sin\theta_2&0&0\\0&0&\sin\theta_2&r_2\cos\theta_2&0&0\\0&0&0&0&\cos\theta_3&-r_3\sin\theta_3\\0&0&0&0&\sin\theta_3&r_3\cos\theta_3\end{bmatrix}\begin{bmatrix}\mathrm{d}r_1\\\mathrm{d}\theta_1\\\mathrm{d}r_2\\\mathrm{d}\theta_2\\\mathrm{d}r_3\\\mathrm{d}\theta_3\end{bmatrix}\tag{5-265}$$

式中：(X_t,Y_t) 为目标的真实位置；$\mathrm{d}r_1$、$\mathrm{d}\theta_1$、$\mathrm{d}r_2$、$\mathrm{d}\theta_2$、$\mathrm{d}r_3$、$\mathrm{d}\theta_3$ 分别为距离和方位角测量误差，服从零均值高斯分布，方差分别为 σ_{r1}^2、$\sigma_{\theta1}^2$、σ_{r2}^2、$\sigma_{\theta2}^2$、σ_{r3}^2、$\sigma_{\theta3}^2$。通过上文分析，该误差由

两部分构成：雷达固有的随机量测误差为 dr_{11}、$d\theta_{11}$、dr_{21}、$d\theta_{21}$、dr_{31}、$d\theta_{31}$，服从零均值高斯分布，方差分别为 σ_{r11}^2、$\sigma_{\theta11}^2$、σ_{r21}^2、$\sigma_{\theta21}^2$、σ_{r31}^2、$\sigma_{\theta31}^2$；由电子战飞机引入的误差为 dr_{12}、$d\theta_{12}$、dr_{22}、$d\theta_{22}$、dr_{32}、$d\theta_{32}$，服从零均值高斯分布，方差分别为 σ_{r12}^2、$\sigma_{\theta12}^2$、σ_{r22}^2、$\sigma_{\theta22}^2$、σ_{r32}^2、$\sigma_{\theta32}^2$。由于两种误差产生的原因不同，且没有直接的关联性，因此可认为两种误差是相互独立的，则有：$\sigma_{ri}^2 = \sigma_{ri1}^2 + \sigma_{ri2}^2 (i=1,2,3)$，$\sigma_{\theta i}^2 = \sigma_{\theta i1}^2 + \sigma_{\theta i2}^2 (i=1,2,3)$。设总量测误差的协方差阵为 $\boldsymbol{\Sigma}$，雷达固有的量测误差协方差阵为 $\boldsymbol{\Sigma}_1$，电子战飞机引入的随机量测误差协方差阵为 $\boldsymbol{\Sigma}_2$，则有

$$\boldsymbol{\Sigma} = \boldsymbol{\Sigma}_1 + \boldsymbol{\Sigma}_2$$

从上式可知：若航迹是真实航迹，则 $\boldsymbol{\Sigma}_2 = 0$，从而 $\boldsymbol{\Sigma} = \boldsymbol{\Sigma}_1$，且 $\boldsymbol{\Sigma}_1$ 是由雷达自身所决定的已知矩阵；若航迹是虚假航迹，则 $\boldsymbol{\Sigma} = \boldsymbol{\Sigma}_1 + \boldsymbol{\Sigma}_2$，其中 $\boldsymbol{\Sigma}_2$ 是正定矩阵，即航迹的量测误差会增大。

2）检验样本构造

通过上述分析可知，如果能够提取出一种样本向量采用多元统计假设检验对 $\boldsymbol{\Sigma} = \boldsymbol{\Sigma}_1$ 进行检验，就能够进行虚假航迹识别。

判断航迹的条件：

H_0：$\boldsymbol{\Sigma} = \boldsymbol{\Sigma}_1$，航迹为真实航迹。

H_1：$\boldsymbol{\Sigma} \neq \boldsymbol{\Sigma}_1$，航迹为虚假航迹。

由式(5－264)、式(5－265)可以得到随机向量：

$$e = \begin{bmatrix} \cos\theta_1 & -r_1\sin\theta_1 & -\cos\theta_2 & r_2\sin\theta_2 & 0 & 0 \\ \sin\theta_1 & r_1\cos\theta_1 & -\sin\theta_2 & -r_2\cos\theta_2 & 0 & 0 \\ 0 & 0 & \cos\theta_2 & -r_2\sin\theta_2 & -\cos\theta_3 & r_3\sin\theta_3 \\ 0 & 0 & \sin\theta_2 & r_2\cos\theta_2 & -\sin\theta_3 & -r_3\cos\theta_3 \\ -\cos\theta_1 & r_1\sin\theta_1 & 0 & 0 & \cos\theta_3 & -r_3\sin\theta_3 \\ -\sin\theta_1 & -r_1\cos\theta_1 & 0 & 0 & \sin\theta_3 & r_3\cos\theta_3 \end{bmatrix} \begin{bmatrix} dr_1 \\ d\theta_1 \\ dr_2 \\ d\theta_2 \\ dr_3 \\ d\theta_3 \end{bmatrix} \tag{5-266}$$

显然，该随机向量服从均值向量为 $\mathbf{0}$、方差阵为 $\boldsymbol{Q\Sigma Q}^{\mathrm{T}}$ 的高斯分布，其中矩阵 $\boldsymbol{Q}$ 是随时间变化的矩阵。若矩阵 $\boldsymbol{Q}$ 可逆，则将式(5－266)两端同时左乘 $\boldsymbol{Q}$ 的逆矩阵，就可以构造随机向量，该向量方差阵是常数矩阵 $\boldsymbol{\Sigma}$，即去掉了时间的耦合，那么每一时刻该向量的取值是均值向量为 $\mathbf{0}$、方差阵为 $\boldsymbol{\Sigma}$ 的正态总体的一个样本，这样就能利用它对假设 H_0（航迹为真）进行识别，但是此处 $\boldsymbol{Q}$ 为奇异矩阵，因此需要对 $\boldsymbol{e}$ 进行改造。

设量测 r_3、θ_3 的真值为 r_3^z、θ_3^z，则

$$\mathrm{E}(r_3 - r_3^z) = 0, \mathrm{E}(\theta_3 - \theta_3^z) = 0 \tag{5-267}$$

鉴于式(5－266)中矩阵 $\boldsymbol{Q}$ 的奇异性，将式(5－266)的两端同时加上向量 $\boldsymbol{L}_e$，$\boldsymbol{L}_e$ 表达式为

$$\boldsymbol{L}_e = \begin{bmatrix} 0 \\ 0 \\ 0 \\ 0 \\ r_3 - r_3^z \\ \theta_3 - \theta_3^z \end{bmatrix} \tag{5-268}$$

$$
\boldsymbol{I}=\boldsymbol{e}+\boldsymbol{L}_e=\begin{bmatrix} X_1-X_2 \\ Y_1-Y_2 \\ X_2-X_3 \\ Y_2-Y_3 \\ X_3-X_1+r_3-r_3^z \\ Y_3-Y_1+\theta_3-\theta_3^z \end{bmatrix}=\begin{bmatrix} r_1\cos\theta_1-r_2\cos\theta_2-x_{R2} \\ r_1\sin\theta_1-r_2\sin\theta_2 \\ r_2\cos\theta_2+x_{R2}-r_3\cos\theta_3-x_{R3} \\ r_2\sin\theta_2-r_3\sin\theta_3 \\ r_3\cos\theta_3+x_{R3}-r_1\cos\theta_1+r_3-r_3^2 \\ r_3\sin\theta_3-r_1\sin\theta_1+\theta_3-\theta_3^z \end{bmatrix} \tag{5-269}
$$

由于向量 $\boldsymbol{I}$ 中各个随机变量都是服从正态分布的,因此该向量近似服从多维正态分布。易知,其均值向量为 $\boldsymbol{0}$,设其方差阵为 $\boldsymbol{R}$,则

$$
\boldsymbol{R}=\boldsymbol{P\Sigma P}^{\mathrm{T}} \tag{5-270}
$$

式中

$$
\boldsymbol{P}=\begin{bmatrix} \cos\theta_1 & -r_1\sin\theta_1 & 0 & 0 & 0 & 0 \\ \sin\theta_1 & r_1\cos\theta_1 & 0 & 0 & 0 & 0 \\ 0 & 0 & \cos\theta_2 & -r_2\sin\theta_2 & 0 & 0 \\ 0 & 0 & \sin\theta_2 & r_2\cos\theta_2 & 0 & 0 \\ 0 & 0 & 0 & 0 & \cos\theta_3 & -r_3\sin\theta_3 \\ 0 & 0 & 0 & 0 & \sin\theta_3 & r_3\cos\theta_3 \end{bmatrix} \tag{5-271}
$$

从而可得随机向量

$$
\boldsymbol{J}=\boldsymbol{P}^{-1}\boldsymbol{I} \tag{5-272}
$$

$\boldsymbol{J}$ 服从均值向量为 $\boldsymbol{0}$、方差阵为 $\boldsymbol{\Sigma}$ 的正态分布,$\boldsymbol{J}$ 的每一个取值即为一个样本向量。

在实际应用中真实值 r_3^z、θ_3^z 不可能获得,因此用其估计值代替。为提高其精度,采用 3 部雷达的集中式融合估计算法:

状态方程为

$$
\boldsymbol{X}(k+1)=\boldsymbol{\Phi}(k)\boldsymbol{X}(k)+\boldsymbol{G}(k)\boldsymbol{V}(k) \tag{5-273}
$$

雷达 i 的量测方程为

$$
\boldsymbol{Z}_i(k+1)=\boldsymbol{H}_i(k+1)\boldsymbol{X}(k+1)+\boldsymbol{W}_i(k+1) \tag{5-274}
$$

$$
\hat{\boldsymbol{X}}(k+1\mid k+1)=\hat{\boldsymbol{X}}(k+1\mid k)+\sum_{i=1}^{3}\boldsymbol{K}(k+1)\left[\boldsymbol{Z}_i(k+1)-\boldsymbol{H}_i(k+1)\hat{\boldsymbol{X}}(k+1\mid k)\right] \tag{5-275}
$$

$$
\hat{\boldsymbol{X}}(k+1|k)=\boldsymbol{\Phi}(k)\hat{\boldsymbol{X}}(k|k) \tag{5-276}
$$

$$
\boldsymbol{K}(k+1)=[\boldsymbol{K}_1(k+1),\boldsymbol{K}_2(k+1),\boldsymbol{K}_3(k+1)] \tag{5-277}
$$

$$
\boldsymbol{P}(k+1\mid k+1)^{-1}=\boldsymbol{P}(k+1\mid k)^{-1}+\sum_{i=1}^{3}\left[\boldsymbol{P}_i(k+1\mid k+1)^{-1}-\boldsymbol{P}(k+1\mid k)^{-1}\right] \tag{5-278}
$$

$$
\boldsymbol{P}(k+1|k)=\boldsymbol{\Phi}(k)\boldsymbol{P}(k)\boldsymbol{\Phi}(k)^{\mathrm{T}}+\boldsymbol{G}(k)\boldsymbol{Q}(k)\boldsymbol{G}(k)^{\mathrm{T}} \tag{5-279}
$$

利用式(5-279)融合估计的结果计算如下:

$$
r_3^z\approx\sqrt{\hat{x}(k+1|k+1)^2+\hat{y}(k+1|k+1)^2} \tag{5-280}
$$

$$\theta_3^z \approx \begin{cases} \arctan\left[\dfrac{\hat{y}(k+1|k+1)}{\hat{x}(k+1|k+1)}\right], \dfrac{\hat{y}(k+1|k+1)}{\hat{x}(k+1|k+1)} \geqslant 0 \\ \arctan\left[\dfrac{\hat{y}(k+1|k+1)}{\hat{x}(k+1|k+1)}\right] + \pi, \dfrac{\hat{y}(k+1|k+1)}{\hat{x}(k+1|k+1)} \leqslant 0 \end{cases} \tag{5-281}$$

3）虚假航迹识别算法

由上所述，航迹欺骗的识别可以利用统计检验的方法来实现，原假设为协方差阵 $\boldsymbol{\Sigma} = \boldsymbol{\Sigma}_1$，修正的似然比为

$$\lambda = (N-1)\ln|\boldsymbol{\Sigma}_1| - (N-1)p - (N-1)\ln|\boldsymbol{S}| + (N-1)\ \mathrm{tr}(\boldsymbol{S}\boldsymbol{\Sigma}_1^{-1}) \tag{5-282}$$

式中：N 为观测的个数（可以根据实际情况在各个时刻上选取）；p 为随机向量的维数（此处 $p=6$），$\boldsymbol{S}$ 为观测样本方差阵，且有

$$\boldsymbol{S} = \frac{1}{N-1}\sum_{\alpha=1}^{N}(\boldsymbol{J}_\alpha - \bar{\boldsymbol{J}}_\alpha)(\boldsymbol{J}_\alpha - \bar{\boldsymbol{J}}_\alpha)^{\mathrm{T}} \tag{5-283}$$

其中

$$\bar{\boldsymbol{J}}_\alpha = \frac{1}{N}\sum_{\alpha=1}^{N}\boldsymbol{J}_\alpha \tag{5-284}$$

这时，当 $\lambda \geqslant \lambda_G$ 时，判定 $\boldsymbol{\Sigma} \neq \boldsymbol{\Sigma}_1$，航迹为虚假航迹；当 $\lambda < \lambda_G$ 时，判定 $\boldsymbol{\Sigma} = \boldsymbol{\Sigma}_1$，航迹为真实航迹，其中 λ_G 为判别阈值。

2. 基于位置偏差检验的航迹欺骗干扰鉴别方法

在实施航迹欺骗干扰之前，电子战飞机首先要获取雷达站的站址信息，然而这种侦测的雷达站位置存在一定的误差，雷达站址误差最终会使虚假目标点偏离预定的位置，使雷达量测在雷达量测误差的基础上叠加一个固定偏差，如图 5－47 所示。

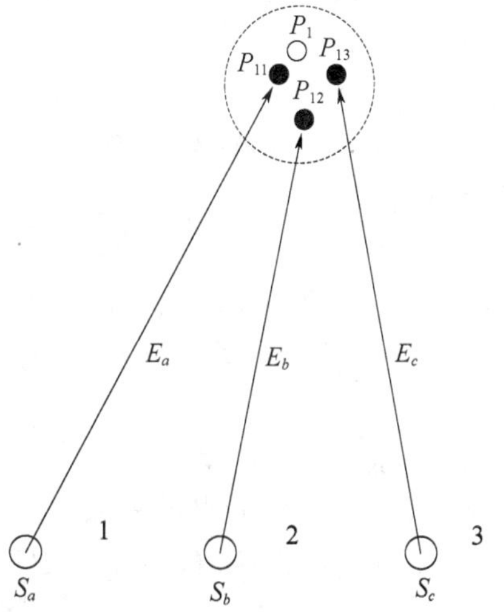

图 5－47　虚假目标量测模型

从图 5－47 可以看出，实际的雷达量测在空间上并不是完全重合在一起的点，这些点之间的误差产生于雷达站址误差和雷达量测误差。

设 k 时刻目标在雷达站 i 极坐标系内的量测值为 $(\rho_i(k), \theta_i(k), \varphi_i(k))$ $(i=1,2,\cdots,N; k=1,2,\cdots,M)$，则雷达 i 的量测模型为

$$\begin{cases}\rho_i(k)=\rho^i(k)+\eta_\rho^i+\zeta_\rho^i\\ \theta_i(k)=\theta^i(k)+\eta_\theta^i+\zeta_\theta^i(i=1,2,\cdots,N;k=1,2,\cdots,M)\\ \varphi_i(k)=\varphi^i(k)+\eta_\varphi^i+\zeta_\varphi^i\end{cases} \tag{5-285}$$

式中：$(\rho^i(k),\theta^i(k),\varphi^i(k))$为目标在雷达$i$极坐标系内的真实值；$(\eta_\rho^i,\eta_\theta^i,\eta_\varphi^i)$为由雷达站址误差引起的目标在雷达$i$极坐标系内的固定偏差；$(\zeta_\rho^i,\zeta_\theta^i,\sigma_\varphi^i)$为雷达$i$的量测误差，且服从高斯分布，即$\zeta_\rho^i\sim(0,\sigma_{\rho i}^2)$，$\zeta_\theta^i\sim(0,\sigma_{\theta i}^2)$，$\zeta_\varphi^i\sim(0,\sigma_{\varphi i}^2)$。

将极坐标内量测转化到笛卡儿坐标系内，则有

$$\begin{cases}X_i(k)=\rho_i(k)\cos\varphi_i(k)\cos\theta_i(k)\\ Y_i(k)=\rho_i(k)\cos\varphi_i(k)\sin\theta_i(k)(i=1,2,\cdots,N;k=1,2,\cdots,M)\\ Z_i(k)=\rho_i(k)\sin\varphi_i(k)\end{cases} \tag{5-286}$$

式中：$(X_i(k),Y_i(k),Z_i(k))$为雷达i的量测值转化到笛卡儿坐标系内的值。

1）位置量测偏差分布特征分析

雷达网内的2部雷达对同一目标进行跟踪时，由于雷达站址误差和雷达量测误差的存在，使得两个量测的位置发生偏差，因此其位置偏差为

$$\begin{cases}\Delta X(i,j)=X_i-X_j\\ \Delta Y(i,j)=Y_i-Y_j\\ \Delta Z(i,j)=Z_i-Z_j\end{cases} \tag{5-287}$$

进一步，可得

$$\begin{cases}\Delta X(i,j)=X_{R,i}-X_{R,j}+r_{11}X_i+r_{12}Y_i+r_{13}Z_i-(r'_{11}X_j+r'_{12}Y_j+r'_{13}Z_j)\\ \Delta Y(i,j)=Y_{R,i}-Y_{R,j}+r_{21}X_i+r_{22}Y_i+r_{23}Z_i-(r'_{21}X_j+r'_{22}Y_j+r'_{23}Z_j)\\ \Delta Z(i,j)=Z_{R,i}-Z_{R,j}+r_{31}X_i+r_{32}Y_i+r_{33}Z_i-(r'_{31}X_j+r'_{32}Y_j+r'_{33}Z_j)\end{cases} \tag{5-288}$$

式中：r_{11}、r_{12}、r_{13}、r_{21}、r_{22}、r_{23}、r_{31}、r_{32}、r_{33}为雷达i的转化矩阵$\boldsymbol{R}_i$的各个元素；r'_{11}、r'_{12}、r'_{13}、r'_{21}、r'_{22}、r'_{23}、r'_{31}、r'_{32}、r'_{33}为雷达j的转化矩阵$\boldsymbol{R}_j$的各个元素；$(X_{R,i},Y_{R,i},Z_{R,i})$和$(X_{R,j},Y_{R,j},Z_{R,j})$分别为雷达$i$和雷达$j$的位置。

令

$$f_X(\boldsymbol{\rho},\boldsymbol{\eta},\boldsymbol{\zeta})=r_{11}X_i+r_{12}Y_i+r_{13}Z_i-(r'_{11}X_j+r'_{12}Y_j+r'_{13}Z_j) \tag{5-289}$$

$$f_Y(\boldsymbol{\rho},\boldsymbol{\eta},\boldsymbol{\zeta})=r_{21}X_i+r_{22}Y_i+r_{23}Z_i-(r'_{21}X_j+r'_{22}Y_j+r'_{23}Z_j) \tag{5-290}$$

则进一步，可得

$$\begin{aligned}f_X(\boldsymbol{\rho},\boldsymbol{\eta},\boldsymbol{\zeta})=&r_{11}(\rho^i+\eta_\rho^i+\zeta_\rho^i)\cos(\varphi^i+\eta_\varphi^i+\zeta_\varphi^i)\cos(\theta^i+\eta_\theta^i+\zeta_\theta^i)\\&+r_{12}(\rho^i+\eta_\rho^i+\zeta_\rho^i)\cos(\varphi^i+\eta_\varphi^i+\zeta_\varphi^i)\sin(\theta^i+\eta_\theta^i+\zeta_\theta^i)\\&+r_{13}(\rho^i+\eta_\rho^i+\zeta_\rho^i)\sin(\varphi^i+\eta_\varphi^i+\zeta_\varphi^i)\\&-(r'_{11}(\rho^j+\eta_\rho^j+\zeta_\rho^j)\cos(\varphi^j+\eta_\varphi^j+\zeta_\varphi^j)\cos(\theta^j+\eta_\theta^j+\zeta_\theta^j)\\&+r'_{12}(\rho^j+\eta_\rho^j+\zeta_\rho^j)\cos(\varphi^j+\eta_\varphi^j+\zeta_\varphi^j)\sin(\theta^j+\eta_\theta^j+\zeta_\theta^j)\\&+r'_{13}(\rho^j+\eta_\rho^j+\zeta_\rho^j)\sin(\varphi^j+\eta_\varphi^j+\zeta_\varphi^j))\end{aligned} \tag{5-291}$$

将函数$f_X(\rho,\eta,\zeta)$在固定偏差$\boldsymbol{\eta}=\mathbf{0}$和量测随机误差$\boldsymbol{\zeta}=\mathbf{0}$处进行泰勒展开，则有

$$f_X(\boldsymbol{\rho},\boldsymbol{\eta},\boldsymbol{\zeta})\approx f_X(\boldsymbol{\rho},\boldsymbol{\eta}',\boldsymbol{\zeta}')+\frac{\partial f_X(\boldsymbol{\rho},\boldsymbol{\eta}',\boldsymbol{\zeta}')}{\partial\boldsymbol{\eta}}(\boldsymbol{\eta}-\boldsymbol{\eta}')+\frac{\partial f_X(\boldsymbol{\rho},\boldsymbol{\eta}',\boldsymbol{\zeta}')}{\partial\boldsymbol{\zeta}}(\zeta-\zeta') \tag{5-292}$$

式中
$$\boldsymbol{\eta}'=\boldsymbol{\zeta}'=[0\quad 0\quad 0\quad 0\quad 0\quad 0]^{\mathrm{T}}$$

$$f_X(\boldsymbol{\rho},\boldsymbol{\eta}',\boldsymbol{\zeta}')=r_{11}\rho^i\cos\varphi^i\cos\theta^i+r_{12}\rho^i\cos\varphi^i\sin\theta^i+r_{13}\rho^i\sin\varphi^i \\ -(r'_{11}\rho^j\cos\varphi^j\cos\theta^j+r'_{12}\rho^j\cos\varphi^j\sin\theta^j+r'_{13}\rho^j\sin\varphi^j) \tag{5-293}$$

$$\begin{aligned}\frac{\partial f_X(\boldsymbol{\rho},\boldsymbol{\eta}',\boldsymbol{\zeta})}{\partial\boldsymbol{\eta}}(\boldsymbol{\eta}-\boldsymbol{\eta})=&(r_{11}\cos\varphi^i\cos\theta^i+r_{12}\cos\varphi^i\sin\theta^i+r_{13}\sin\varphi^i)\eta_\rho^i\\&+(-r_{11}\rho^i\cos\varphi^i\sin\theta^i+r_{12}\rho^i\cos\varphi^i\cos\theta^i)\eta_\theta^i\\&+(-r_{11}\rho^i\sin\varphi^i\cos\theta^i-r_{12}\rho^i\sin\varphi^i\sin\theta^i+r_{13}\rho^i\cos\varphi^i)\eta_\varphi^i\\&+(r'_{11}\cos\varphi^j\cos\theta^j+r'_{12}\cos\varphi^j\sin\theta^j+r'_{13}\sin\varphi^j)\eta_\rho^j\\&+(-r'_{11}\rho^j\cos\varphi^j\sin\theta^j+r'_{12}\rho^j\cos\varphi^j\cos\theta^j)\eta_\theta^j\\&+(-r'_{11}\rho^j\sin\varphi^j\cos\theta^j-r'_{12}\rho^j\sin\varphi^j\sin\theta^j+r'_{13}\rho^j\cos\varphi^j)\eta_\varphi^j\end{aligned} \tag{5-294}$$

$$\begin{aligned}\frac{\partial f_X(\boldsymbol{p},\boldsymbol{\eta}',\boldsymbol{\zeta}')}{\partial\boldsymbol{\zeta}}(\boldsymbol{\zeta}-\boldsymbol{\zeta}')=&(r_{11}\cos\varphi^i\cos\theta^i+r_{12}\cos\varphi^i\sin\theta^i+r_{13}\sin\varphi^i)\zeta_\rho^i\\&+(-r_{11}\rho^i\cos\varphi^i\sin\theta^i+r_{12}\rho^i\cos\varphi^i\cos\theta^i)\zeta_\theta^i\\&+(-r_{11}\rho^i\sin\varphi^i\cos\theta^i-r_{12}\rho^i\sin\varphi^i\sin\theta^i+r_{13}\rho^i\cos\varphi^i)\zeta_\varphi^i\\&+(r'_{11}\cos\varphi^j\cos\theta^j+r'_{12}\cos\varphi^j\sin\theta^j+r'_{13}\sin\varphi^j)\zeta_\rho^j\\&+(-r'_{11}\rho^j\cos\varphi^j\sin\theta^j+r^j_{12}\rho^j\cos\varphi^j\cos\theta^j)\zeta_\theta^j\\&+(-r'_{11}\rho^j\sin\varphi^j\cos\theta^j-r'_{12}\rho^j\sin\varphi^j\sin\theta^j+r'_{13}\rho^j\cos\varphi^j)\zeta_\varphi^j\end{aligned} \tag{5-295}$$

进一步，可得

$$\Delta X(i,j)\approx X_{R,i}-X_{R,j}+f_X(\boldsymbol{\rho},\boldsymbol{\eta}',\boldsymbol{\zeta}')+\frac{\partial f_X(\boldsymbol{\rho},\boldsymbol{\eta}',\boldsymbol{\zeta}')}{\partial\boldsymbol{\eta}}(\boldsymbol{\eta}-\boldsymbol{\eta})+\frac{\partial f_X(\boldsymbol{\rho},\boldsymbol{\eta}',\boldsymbol{\zeta}')}{\partial\boldsymbol{\zeta}}(\boldsymbol{\zeta}-\boldsymbol{\zeta}') \tag{5-296}$$

若目标是真实目标，则 2 部雷达的量测不存在站址误差引入的固定误差。假设雷达量测误差也为零，则 $\Delta X(i,j)=0$，即 $X_{R,i}-X_{R,j}+f_X(\boldsymbol{\rho},\boldsymbol{\eta}',\boldsymbol{\zeta}')=0$。因此，对真实目标有

$$\Delta X(i,j)\approx\frac{\partial f_X(\boldsymbol{\rho},\boldsymbol{\eta}',\boldsymbol{\zeta}')}{\partial\boldsymbol{\zeta}}(\boldsymbol{\zeta}-\boldsymbol{\zeta}') \tag{5-297}$$

若目标是虚假目标，则有

$$\Delta X(i,j)\approx\frac{\partial f_X(\boldsymbol{\rho},\boldsymbol{\eta}',\boldsymbol{\zeta}')}{\partial\boldsymbol{\eta}}(\boldsymbol{\eta}-\boldsymbol{\eta}')+\frac{\partial f_X(\boldsymbol{\rho},\boldsymbol{\eta}',\boldsymbol{\zeta}')}{\partial\boldsymbol{\zeta}}(\boldsymbol{\zeta}-\boldsymbol{\zeta}') \tag{5-298}$$

虚假目标的位置偏差由两部分构成，一部分是雷达站址误差引起的固定偏差 $\boldsymbol{\eta}$，另一部分是雷达量测误差 $\boldsymbol{\zeta}$。令

$$\begin{aligned}f_X(\boldsymbol{\eta})&=\frac{\partial f_X(\boldsymbol{\rho},\boldsymbol{\eta}',\boldsymbol{\zeta}')}{\partial\boldsymbol{\eta}}(\boldsymbol{\eta}-\boldsymbol{\eta}')\\&=(r_{11}\cos\varphi^i\cos\theta^i+r_{12}\cos\varphi^i\sin\theta^i+r_{13}\sin\varphi^i)\eta_\rho^i\\&\quad+(-r_{11}\rho^i\cos\varphi^i\sin\theta^i+r_{12}\rho^i\cos\varphi^i\cos\theta^i)\eta_\theta^i\\&\quad+(-r_{11}\rho^i\sin\varphi^i\cos\theta^i-r_{12}\rho^i\sin\varphi^i\sin\theta^i+r_{13}\rho^i\cos\varphi^i)\eta_\varphi^i\\&\quad+(r'_{11}\cos\varphi^j\cos\theta^j+r'_{12}\cos\varphi^j\sin\theta^j+r'_{13}\sin\varphi^j)\eta_\rho^j\end{aligned}$$

$$+(-r'_{11}\rho^j\cos\varphi^j\sin\theta^j+r'_{12}\rho^j\cos\varphi^j\cos\theta^j)\eta_\theta^j$$
$$+(-r'_{11}\rho^j\sin\varphi^j\cos\theta^j-r'_{12}\rho^j\sin\varphi^j\sin\theta^j+r'_{13}\rho^j\cos\varphi^j)\eta_\varphi^j \quad (5-299)$$

$$\begin{aligned} f_X(\zeta) &= \frac{\partial f_X(\boldsymbol{\rho},\boldsymbol{\eta}',\boldsymbol{\zeta}')}{\partial\boldsymbol{\zeta}}(\boldsymbol{\zeta}-\boldsymbol{\zeta}') \\ &= (r_{11}\cos\varphi^i\cos\theta^i+r_{12}\cos\varphi^i\sin\theta^i+r_{13}\sin\varphi^i)\zeta_\rho^i \\ &\quad+(-r_{11}\rho^i\cos\varphi^i\sin\theta^i+r_{12}\rho^i\cos\varphi^i\cos\theta^i)\zeta_\theta^i \\ &\quad+(-r_{11}\rho^i\sin\varphi^i\cos\theta^i-r_{12}\rho^i\sin\varphi^i\sin\theta^i+r_{13}\rho^i\cos\varphi^i)\zeta_\varphi^i \\ &\quad+(r'_{11}\cos\varphi^j\cos\theta^j+r'_{12}\cos\varphi^j\sin\theta^j+r'_{13}\sin\varphi^j)\zeta_\rho^j \\ &\quad+(-r'_{11}\rho^j\cos\varphi^j\sin\theta^j+r'_{12}\rho^j\cos\varphi^j\cos\theta^j)\zeta_\theta^j \\ &\quad+(-r'_{11}\rho^j\sin\varphi^j\cos\theta^j-r'_{12}\rho^j\sin\varphi^j\sin\theta^j+r'_{13}\rho^j\cos\varphi^j)\zeta_\varphi^j \end{aligned} \quad (5-300)$$

从高斯分布和的性质可得,$f_X(\zeta)$是高斯函数的线性组合,因此它仍然服从于高斯分布,且 $E[f_Y(\zeta)]=0$

$$\begin{aligned} \sigma^2(f_X(\zeta)) &= (r_{11}\cos\varphi^i\cos\theta^i)^2(\zeta_\rho^i)^2+(r_{12}\cos\varphi^i\sin\theta^i)^2(\zeta_\rho^i)^2+(r_{13}\sin\varphi^i)^2(\zeta_\rho^i)^2 \\ &+(r_{11}\rho^i\cos\varphi^i\sin\theta^i)^2(\zeta_\theta^i)^2+(r_{12}\rho^i\cos\varphi^i\cos\theta^i)^2(\zeta_\theta^i)^2(r_{11}\rho^i\sin\varphi^i\cos\theta^i)^2(\zeta_\varphi^i)^2 \\ &+(r_{12}\rho^i\sin\varphi^i\sin\theta^i)^2(\zeta_\varphi^i)^2+(r_{13}\rho^i\cos\varphi^i)^2(\zeta_\varphi^i)^2+(r'_{11}\cos\varphi^j\cos\theta^j)^2(\zeta_\theta^j)^2 \\ &+(r'_{12}\cos\varphi^j\sin\theta^j)^2(\zeta_\rho^j)^2+(r'_{13}\sin\varphi^j)^2(\zeta_\rho^j)^2+(r'_{11}\rho^j\cos\varphi^j\sin\theta^j)^2(\zeta_\theta^j)^2 \\ &+(r'_{12}\rho^j\cos\varphi^j\cos\theta^j)^2(\zeta_\theta^j)^2+(r'_{11}\rho^j\sin\varphi^j\cos\theta^j)^2(\zeta_\varphi^j)^2+(r'_{12}\rho^j\sin\varphi^j\sin\theta^j)^2(\zeta_\varphi^j)^2 \\ &+(r'_{13}\rho^j\cos\varphi^j)^2(\zeta_\varphi^j)^2 \end{aligned} \quad (5-301)$$

若目标是真实目标,则目标在 X 轴的位置偏差 $\Delta X(i,j)$ 服从均值为零的高斯分布。若目标是虚假目标,则位置偏差 $\Delta X(i,j)$ 服从均值不为零的高斯分布。

通过上述分析可知,对位置偏差进行检验可以将虚假航迹鉴别问题转化为一个假设检验问题,建立的假设如下:

H_0:航迹为真实航迹;

H_1:航迹为虚假航迹。

2)构造检验统计量

构造检验统计量为

$$T=\sum_{k=1}^{N}\left(\frac{(\Delta X_k(i,j))^2}{\sigma^2(f_X(\zeta))}\right) \quad (5-302)$$

易得当目标为真实目标时,统计量 T 服从自由度 $n=N$ 的中心卡方分布。

选择阈值 $\eta=\chi_\alpha^2(N)$,其中 α 是显著性水平,则雷达网的虚假航迹鉴别问题就可用如下的判决规则做分析判决:

若 $T\leqslant\eta$,则判决为真实航迹;

若 $T>\eta$,则判决为虚假航迹。

参考文献

[1] 土叙之战,电子战胜[EB/OL]. 国际电子战,2020-03-07.
[2] 崔炳福. 雷达对抗干扰有效性评估[M]. 北京:电子工业出版社,2017.
[3] 朱松,王燕,常晋聘,等. 应对新一代威胁的电子战[M]. 北京:电子工业出版社,2017.

[4] 赵国庆. 雷达对抗原理[M]. 西安电子科技大学出版社,2012.

[5] 赵珊珊,张林让,周宇,等. 利用空间散射特性差异进行有源假目标鉴别[J]. 西安电子科技大学学报(自然科学版),2015,42(2):20-27.

[6] Zhu Y,Wu L,Wang H,Li X. Anti-jamming of inverse synthetic aperture radar based on slope-varying linear frequency modulation signal[J]. Defence Science Journal,2009,59(5):537-544.

[7] Neri F. Introduction to electronic defense systems[M]. 2nd Ed. Beijing:Publishing House of Electronics Industry,2014.

[8] David L A. EW102:A second course in electronic warfare[M]. Beijing:Publishing House of Electronics Industry,2009.

[9] Zhao S S,Zhang L R,Zhou Y,et al. Signal fusion-based algorithms to discriminate between radar targets and decetion jamming in distributed multiple-radar architectures[J]. IEEE Sensors Journal,2015,15(11):6697-6706.

[10] El-Fadl A A,Ahmed F M,Samir M. Performance analysis of linear frequency modulated pulse compression radars under pulsed noise jamming[J]. Esrsa Publications,2013,5(6):27-29.

[11] Zhu Y,Wu L,Wang H,Li X. Anti-jamming of inverse synthetic aperture radar based on slope-varying linear frequency modulation signal[J]. Defence Science Journal,2009,59(5):537-544.

[12] 杨忠,王国宏,孙殿星. 雷达网航迹欺骗干扰协同规划技术研究[J]. 指挥控制与仿真,2015,37(6):45-49.

[13] 最先进电子战飞机"EA-18G Growler"详细介绍[EB/OL]. 雷达通信电子战,2017-08-12.

[14] EA-18G"咆哮者"电子战飞机[EB/OL]. 雷达通信电子战,2019-12-23.

[15] 澳大利亚的 EA-18G"咆哮者"电子战飞机实现了初始作战能力[EB/OL]. 雷达通信电子战,2019-05-15.

[16] 什么使"下一代干扰机"如此强大[EB/OL]. 国际电子战,2020-04-11.

[17] 下一代电子战,应对新的威胁环境[EB/OL]. 雷达通信电子战,2019-06-16.

[18] 利用电子支援与攻击,夺取制空权[EB/OL]. 雷达通信电子战,2018-05-21.

[19] 李世忠,王国宏,白晶. 压制干扰下雷达网点目标概率多假设跟踪算法[J]. 西安交通大学学报,2012,46(10):101-106.

[20] 徐海全,王国宏,关成斌. 远距离支援干扰下的目标跟踪技术[J]. 北京航空航天大学学报,2011,37(11):1353-1358.

[21] 电子防护技术(EP),对自卫干扰的影响[EB/OL]. 雷达通信电子战,2019-10-21.

[22] Wang G H,Bai J,He Y,et al. Optimal deployment of multiple passive sensors in the sense of minimum concentration ellipse[J]. IET Radar,Sonar & Navigation,2009,3(1):8-17.

[23] Jagadesh T,Nanammal V. Implementation of sidelobe cancellation in multiple jammerenvironments[J]. International Journal of Applied Engineering Resaerch,2015,10(1):1091-1098.

[24] 赵雪飞,赵川,刘峥. PD 雷达抗距离-速度同步拖引干扰的频谱识别法[J]. 雷达与对抗,2005(3):21-24.

[25] 徐海全,王国宏,关成斌. RGPO 干扰条件下一种改进的机动目标跟踪方法[J]. 弹箭与制导学报,2010,30(4):157-162.

[26] 刘峥,沈福民,张守宏. 单脉冲跟踪雷达抗距离欺骗干扰方法[J]. 西安电子科技大学学报,1991,24(12):82-87.

[27] 张善文,甄蜀春,赵兴录. 速度拖引干扰下运动目标检测[J]. 系统工程与电子技术,2001,23(5):57-59.

[28] 孙闽红,唐斌. 距离-速度同步拖引欺骗干扰的频谱特征分析[J]. 系统工程与电子技术,2009,31

(1):83 - 85.
[29] 李迎春,王国宏,关成斌,等. 速度拖引干扰和杂波背景下脉冲多普勒雷达目标跟踪算法[J]. 电子与信息学报,2015,37(4):989 - 994.
[30] 李世忠,王国宏,白晶,等. 分布式干扰下组网雷达目标检测与跟踪技术[J]. 系统工程与电子技术,2012,34(4):782 - 788.
[31] 麦超云,孙进平,崔如心,等. 压缩感知合成孔径雷达射频干扰抑制处理[J]. 北京航空航天大学学报,2014,40(1):59 - 62.
[32] 汤小为,唐波,汤俊. 集中式多输入多输出雷达信号盲分离算法研究[J]. 宇航学报,2013,34(5):679 - 685.
[33] 毛滔,罗军,夏卫民,等. 高频地波超视距雷达特点及应用研究[J]. 现代雷达技术,2009,31(3):7 - 10.
[34] 史小斌,黄金杰,顾红,等. 战场侦察相控阵雷达波束调度研究[J]. 兵工学报,2016,37(7):1220 - 1228.
[35] 刘波,李道京,李烈辰. 基于压缩感知的干涉逆合成孔径雷达成像研究[J]. 电波科学学报,2014,29(1):19 - 25.
[36] 刘旻. 雷达复合干扰信号特征提取及智能识别算法研究[D]. 成都:电子科技大学,2008.
[37] 鲍大祥. 雷达干扰分类判别方法研究[D]. 西安:西安电子科技大学,2015.
[38] 黄克武,陶然,吴葵,等. 分数阶傅里叶域与时域联合干扰抑制研究[J]. 中国科学,2011,41(10):1393 - 1404.
[39] 孙殿星,王国宏,盛丹. 基于均值 - 方差联合检验的雷达网抗航迹欺骗干扰技术[J]. 航空学报,2016,42(9):1680 - 1685.
[40] 马亚涛,赵国庆,徐晨. 现有技术条件下对组网雷达的航迹欺骗[J]. 电子信息对抗技术,2013,28(2):34 - 37.

第6章　雷达组网反隐身技术

随着新军事革命浪潮的到来，高度信息化的武器平台开始发挥战场主导作用，C^4ISR系统、各种精确制导兵器、超低空飞行器、反辐射巡航导弹、隐身兵器、电子战已成为高技术常规战争的主要技术支柱。隐身技术的发展及其在战争中的广泛应用，大大降低了雷达对敌方目标的探测与跟踪性能，隐身目标已成为现代雷达面临的“四大威胁”之一，引起各国的高度重视。

1989年12月19日晚7点，美国内华达州托诺帕基地，6架形状怪异的飞机悄然腾空而起向巴拿马飞去，这6架飞机一路上穿越加勒比地区数个国家的领空，令人惊奇的是这几个国家的防空雷达都没有发现它们。当地时间20日凌晨1点，机群长途跋涉数千千米顺利飞抵巴拿马上空。此时，在巴拿马城以西120km的里奥哈托机场的兵营，执勤哨兵在巡逻，防空雷达天线在转动，值班军官警惕地注视着显示器，却未发现任何情况。“神秘夜鹰”在奥哈托机场军营上空悄然盘旋，随着几声巨响，防空雷达被摧毁，弹药被引爆，兵营里烈火滚滚；紧接着美国伞兵从天而降，在未遭遇任何抵抗的情况下，就轻易占领了奥哈托机场[1]。

防空雷达在转动，却也丝毫未发现异常，就在巴拿马军方大惑不解时，美国国防发言人发布新闻“目前世界上最神秘的一种飞机，也就是使美国人引以为豪的一种隐身飞机正式面世了，它们从托诺帕起飞，躲过了由巴拿马从某大国引进的高灵敏度防空雷达的监视，一举炸毁了巴拿马的两个重要兵营。”这6架神秘战机就是美国F－117A隐身飞机，一经问世，便引起世界广泛关注。在1991年的海湾战争中，F－117再次雄风大观，隐身技术名噪一时、身价倍增。战后有人评论说隐身技术将在航空领域引起一场革命，也有人说隐身技术将代表航空发展史上一个新的里程碑。

案例分析：与常规目标探测性能相比，雷达对隐身目标探测距离明显降低。如果再加上电子干扰、反辐射导弹、低空突防三大威胁，雷达的工作性能将进一步下降，导致预警雷达系统对隐身目标的监视产生明显的空隙。如图6－1所示，由于雷达探测系统不能对隐身目标进行连续跟踪，难以引导飞机对其进行拦截，隐身目标突防能力大大提升，严重影响攻守双方的战场态势。由于采用了优良的吸波材料和先进的外形设计等改进技术，隐身目标的RCS大大减小，雷达只能接收到目标微弱的回波信号，因此该类目标也称为微弱目标。例如，美国的B－2隐身轰炸机和F－117A隐身战斗机，由于采用了隐身技术，其RCS分别为$0.1m^2$和$0.025m^2$，其回波信号强度相比常规机型降低了两个数量级[2]。隐身技术发展至今，已经形成了从巡航导弹、战斗机到远程轰炸机等一系列较为齐全的武器门类[3]。从海湾战争到伊拉克战争的几场现代战争中，隐身飞机都表现出相当优良的战绩。因此，雷达能否准确快速地探测和跟踪包括隐身飞机在内的微弱目标对未来战争的胜负起到极为关键的作用。

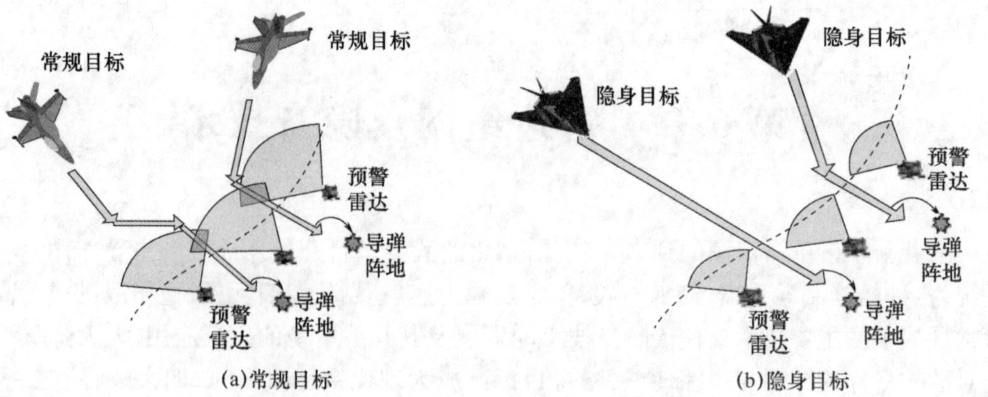

图 6-1　常规目标与隐身目标突防示意图

6.1　雷达目标隐身技术

飞行器隐身技术始于20世纪50年代美国的U-2高空侦察机,特别是1980年以来,技术上得到了突破性的进展,并在以后的军事应用中表现出了非凡的性能。雷达目标隐身技术通过改变目标的可探测信息特征,使敌方雷达探测系统不易发现目标或发现距离缩短,这种情况下雷达只能测到目标的微弱回波信号。海湾战争中,F-117隐身战斗机是唯一能够在严密设防的巴格达上空自由活动的飞机,42架F-117A战斗轰炸机的飞行架次,仅占美国飞行总架次的2%,却承担了美国战略任务的43%,成为美国空军执行战略轰炸任务的主力。在1999年的科索沃战争中,北约又使用多种隐身兵器对南联盟进行轰炸和导弹攻击。在几十天的空袭行动中,北约除使用了F-117A隐身战斗机和AGM-129隐身巡航导弹外,还首次使用了B-2隐身轰炸机。继F-117A和B-2之后,美国的洛克希德公司又推出了可以被称为新一代隐身战机的F-22及后续的F-35。其他国家如俄罗斯、英国、法国、德国、日本等也在积极发展隐身技术,并取得了明显进展。隐身技术发展至今,已经形成了从远程轰炸机、战斗机到巡航导弹的一系列较为齐全的隐身飞行器,可以说,隐身技术是现代电子对抗领域中最完美的举措。

在未来高技术条件下的局部战争中,侦察与反侦察斗争更加激烈,战争突发性增加。一方面随着隐身技术的发展,隐身飞机、巡航导弹等微弱目标大量投入使用,这些微弱目标的出现和使用给雷达检测跟踪技术带来了新的挑战;另一方面由于电子干扰和反辐射技术的广泛应用,雷达探测能力和生存能力受到了严重的威胁。雷达在探测微弱信号时,获得的数据是复杂未知而又实时变化的,隐身目标的有用信息被大量杂波和干扰湮没。从中提取出有用的目标信息时,必须针对瞬息万变(异常复杂)的电磁环境,根据未知多变的目标特性,对雷达获得的隐身目标信息进行实时自适应调整。

6.1.1　隐身目标特性分析

飞行器隐身的根本目的是增加传感器探测的不确定性。隐身的基本理念是,即使威胁方已完全了解隐身设计的技术细节,对其而言,也不会构成很大的帮助。这一理念在现代隐身目标的设计中，如在 F-22，F-35 等典型第四代战斗机中得到了广泛体现[4]。

雷达能检测、跟踪目标，有时还能识别目标，是因为存在回波信号，目标回波的强弱由其 RCS 决定。因此，雷达隐身技术最本质的特征是，通过减小目标的 RCS 以达到缩短雷达作用距离、降低目标可探测性的效果，从而实现目标对雷达隐身的目的。RCS 是单位立体角内目标朝发射源方向反射的功率和从给定方向入射于该目标的平面波功率密度之比的 4π 倍，RCS 值可通过在不同入射场条件下进行大量测试获得，而瞬态的雷达入射场又可以通过平台上传感器检测得到。RCS 的定义为[5]

$$\sigma = \lim_{R\to\infty} 4\pi R^2 \frac{|E_S|^2}{|E_0|^2} \tag{6-1}$$

式中：R 为雷达到目标的距离；E_0 为照射到目标处的入射波的电场强度；E_S 为回到雷达的目标回波信号的电场强度。

RCS 是目标在一定视角、一定频率下用一个各向均匀的等效球反射器的投影面积，该等效球反射器与被定义的目标在接收方向单位立体角内具有相同的回波功率，无论是在测量还是在分析中，雷达接收机和发射机通常置于目标的远场，在这一距离上散射场的衰减与距离 R 成反比，于是，方程分子中的 R^2 项可被分母中隐含的 R^2 项消掉。因此，RCS 与 R 的关系以及求极限的要求通常不出现。

基于目标 RCS 的概念，隐身飞机通过特殊的外形设计以及采用雷达吸波材料实现对雷达照射到飞机上的电磁波的散射衰减控制。实际上，目标的 RCS 不是一个单值，对于每个视角、不同的雷达频率等都对应不同的 RCS。隐身目标 RCS 随观测角度的变化而不断变化的关系式为

$$\sigma(\alpha) = \sigma_0\, 10^{f(\alpha)/10} \tag{6-2}$$

式中：σ_0 为雷达平视时的目标 RCS；$f(\alpha)$ 为角度的函数，满足 $f(\alpha)=0$，可知隐身目标 RCS 分布也具有强起伏特性。

图 6-2 为常规飞机与隐身飞机 RCS 散射特征示意图，可以看出常规飞机目标在全空域上 RCS 幅度较大，而隐身目标除在正侧翼正后方等少数角度方向上出现较大 RCS 值外，大部分区域 RCS 都非常小。

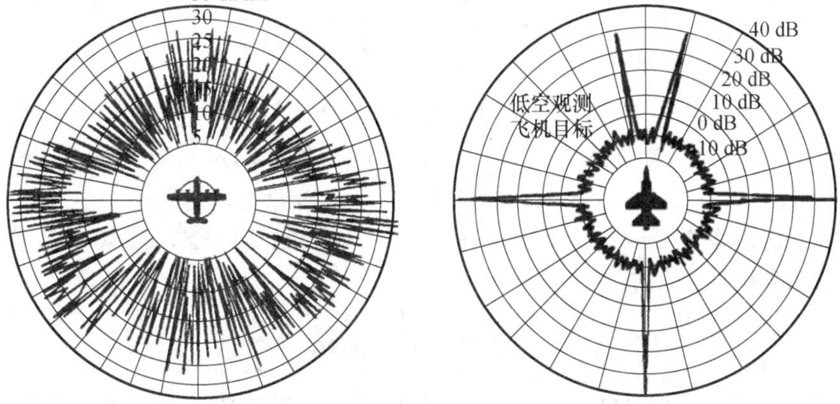

(a)常规目标　　(b)隐身目标

图 6-2　常规飞机与隐身飞机 RCS 散射特征示意图

影响 RCS 的因素很多,主要有目标的几何外形,入射波的波长极化特性波阵面,目标表面导电性,目标与雷达的相对位置方位姿态等。常见的隐身技术有外形设计、特殊材料涂层、电子措施隐身技术和等离子体隐身技术等,综合使用这些技术可使目标 RCS 值减少 20 ~ 30dB。

表 6 - 1　典型隐身飞行器 RCS 减缩水平

隐身目标	RCS/m^2	非隐身目标	RCS/m^2	RCS 减缩水平/dB
F - 22	0.01	F/A - 18 E/F	3	25
F - 35C	0.05	F/A - 18 E/F	3	18
AGM(ACM) - 129A	0.02	AGM - 86B	1	17
F - 117A	0.02	F - 16	4	23
ATF	0.05	F - 15	10	23
B - 2	0.1	B - 52	100	30
B - 1B	1	B - 52	100	20

表 6 - 1 列出典型隐身飞行器 RCS 减缩水平。可见,与常规武器相比,隐身目标的 RCS 大大缩减,而目标 RCS 的减少又极大地缩短了雷达对这些目标的探测距离,从而大大增强了隐身飞机的空中突防能力。根据雷达方程[6],对于 RCS 为 σ 的隐身目标,雷达的最大作用距离为

$$R_{\max}=\left[\frac{P_t G_t G_r \sigma \lambda^2 F_t^2 F_r^2}{(4\pi)^3 (S/N)_{\min} k T_s B_n L}\right]^{1/4} \tag{6-3}$$

式中:P_t 为发射信号的功率(天线端);G_t 为发射天线功率增益;G_r 接收天线功率增益;σ 为雷达目标截面积;λ 为波长;F_t 为从发射天线到目标的方向图传播因子;F_r 为从目标到接收天线的方向图传播因子;$(S/N)\min$ 为接收机最小可检测信噪比;T_s 为接收系统噪声温度;k 为玻耳兹曼常数,$k = 1.38 \times 10^{-23}$ Js/K;B_n 为接收机检波前滤波器的噪声带宽;L 为损耗因子,发射机输出功率与实际传到天线端功率之比。

假设理想条件下发射和接收使用同一天线,发射机输出功率全部传到天线,且在自由空间中目标位于发射和接收天线波瓣图的最大值方向时,式(6 - 3)可简化为

$$R_{\max}=\left[\frac{P_t G^2 \lambda^2}{(4\pi)^3 P_{\min}}\sigma\right]^{1/4} \propto \sigma^{\frac{1}{4}} \tag{6-4}$$

式中:$P_{\min}$ 为接收机最小可检测信号功率,$P_{\min} = (S/N)_{\min}F$,噪声系数 $F = kT_sB_n$。可见,$R_{\max}$ 是 σ 的正相关函数,即如果方程中的其他因子保持不变,随着 σ 的降低,雷达最大探测距离 $R_{\max}$ 会急剧减小。

针对某强国海军常规舰载机 F/A - 18 E/F 和 F - 35C 隐身舰载探测距离进行比较。当 RCS 下降 18dB 时,可以求得

$$\frac{R}{R_{\max}}=\left(\frac{\sigma}{\sigma_0}\right)^{\frac{1}{4}}=0.36 \tag{6-5}$$

可见,对空作战中,当 F/A - 18 E/F 改为 F - 35C 后,雷达对其最大探测距离下降到原来的 40% 以下,极大削弱了现役雷达的探测性能。如表 6 - 2 所列,相比于对常规目标,现役雷达对隐身目标的作用距离仅为其 17% ~ 53%。

表 6-2　雷达探测距离随 RCS 减缩而减小的情况

RCS 减缩水平/dB	雷达探测距离减小率/%	实际雷达探测距离占比/%
10	43.77	53.23
15	57.83	42.17
20	68.38	31.62
25	76.29	23.71
30	82.22	17.78

6.1.2　常用的雷达目标隐身技术

广义的隐身包括雷达隐身、红外隐身、抗声波隐身和抗可见光隐身等方面，随着隐身技术的发展，等离子体隐身技术也越来越受到人们的重视。早期，隐身技术主要用于飞机，所以也常称为飞行器隐身技术，最典型的代表是 F-117A，曾在多次战争中发挥了威力，最先进的隐身飞行器主要有 F-22、B-2、F-35 等。随着隐身技术的发展，现代的一些舰艇也开始采用隐身技术。从物理特征上说，雷达隐身是指改变目标对电磁波的反射特性，核心是降低目标对雷达方向的 RCS 和增大雷达跟踪误差，从而大大降低雷达发现和跟踪隐身目标的能力。影响 RCS 的主要因素有目标的几何外形、入射波的长极化特性波阵面、目标面导电性、目标与雷达的相对位置方位姿态等，综合其中多种手段可以使目标 RCS 值减少 20~30dB。

1. 隐身外形技术

不同形体具有不同的散射特性，且不同形体的散射特性有不同的频率依赖关系。对一些复杂目标，RCS 随视线角发生很大变化，不同相位的若干反射之间的干涉可导致散射中心偏离几何中心，这成为隐身外形技术和它能增大雷达跟踪误差的理论依据。

通过采用多体多角体等特殊外形设计来消除角反射器效应，变后向散射为非后向散射，可以改变目标电磁特性，产生低反射率，从而缩短雷达探测距离，降低发现概率。在满足飞机的空气动力学要求条件下，可以用平板外形代替曲面外形以及对反射大的发动机进气口进行遮挡等，尽量减小雷达截面积。例如，B-2 隐身轰炸机采用角反射小的翼身融合体，全埋式座舱，V 形垂尾，发动机半埋式安装，进气口置于机身背部，取消外挂式武器吊舱等，其表面没有明显的突变，表面的曲率半径小，都可以使回波大大降低。F-117 隐身战机外形采取钻石形设计，尽量避免外形出现镜面反射、角反射器等强反射形状。从正前方看，反射面与入射方向的角度都在 30°以上，这些综合性措施使它在正前方的 ±30°范围内 RCS 比 F-16 的 RCS 减缩 20dB 以上。

2. 隐身材料技术

隐身材料技术分为雷达波吸波材料和雷达波吸波结构两大类。其中，吸波材料又分为“谐振”类和“宽带”类，是一种将反雷达涂层涂敷在产生强烈反射的部位，如发动机进气口、机翼前沿及突出部位，入射电磁波被吸收转换为热能而耗散，通过材料上下表面的电磁波叠加干涉而消失，或使入射电磁波迅速分散到整个装备，降低目标散射的电场强度，达到减小 RCS 的目的。由于高损耗材料波阻抗往往与自由空间波阻抗差异很大而导致强反射，常采用渐变参数介质涂敷和组合介质涂敷，前者如渐变电介质、几何过渡吸收体等，后者利用磁性材料的低频特性优点与渐变电介质高频特性优点以降低散射，缺点是容易剥落和高温特性不易满足超声速飞行器的要求。如果将吸波材料集成到飞行器结构中即构成吸波结构，该结构具有吸收和承载双重功能，该技术已被美军应用于 B－1、B－2、F－117A 等隐身和半隐身飞机中。

3. 电子措施隐身技术

电子措施隐身技术分为有源电磁对消和自适应无源阻抗加载两大类。有源电磁对消是指发射与入射波频率相同的电磁波对雷达实施干扰来消除照射到机体上的雷达波。这种方式建立在逆反射基础上，目标必须能预知本身的电磁散射特性，然后发射幅度与之相等、相位与之相反的电磁波。美国 B－2 隐身轰炸机装载了有源对消电子战设备，它主动发射电磁波来消除照射在其机体上的雷达能量，在电磁传播的节点形成静止不动的驻波，大大降低了自身的 RCS。

阻抗加载方法是在目标纯导体的表面并联一个等效负载，以改变目标的固有谐振特性，降低非镜面后向散射。负载一般是由缝隙或在目标表面粘上金属条构成，通过改变飞机蒙皮表面的电流分布，使产生的附加辐射场与飞行器的原辐射场等幅反相，叠加后的总辐射场趋近于零，达到降低 RCS 的目的。该方法本质上是在目标表面引进另一个回波源，通过合理设计，使其散射场和其他散射场相抵消，但是只对简单形体目标容易实现，而对有众多散射中心的复杂目标，实现比较困难。此外，无源对消技术不可能覆盖所有频率，因此发展前景不大。

4. 等离子体隐身技术

任何不带电的普通气体在受到外界高能作用后，部分原子中电子成为自由电子，同时原子失去电子而成为带正电的离子。这样，原中性气体变成由大量自由电子、正电离子和部分中性原子组成的新气体，该气体被称为物质的第四态或等离子态。等离子体能够吸收雷达电磁波，通过等离子体发生器或放射性同位素在飞机周围产生等离子体云，利用等离子体与入射电磁波的相互作用，从而吸收折射电磁波，使返回到雷达接收机的电磁波能量较少，可以达到隐身的目的。等离子体隐身技术具有吸波频带宽、吸收率高、使用时间长、隐身效果好和维护费用低等优点，并且不需要改变飞机外形设计，不影响飞机飞行性能，具有很大的应用空间。

上述技术中，效果最显著的外形隐身技术，可降低 RCS 值 15～20dB，雷达波吸波结构可降低 5～10dB，雷达波吸波材料可降低 3～5dB 等。另外，机载电子设备工作时所产生的电磁波对隐身不利，因此隐身飞行器常采用被动式红外雷达、全球卫星导航系统、激光测高系统以达到不发射或少发射电磁波的目的。

6.1.3 隐身目标局限性分析

雷达目标隐身技术是通过改变武器装备等目标的可探测信息特征，使敌方雷达探测系统不易发现或发现距离缩短的综合性技术，主要包括外形设计，吸波材料，有源、无源对消，干扰和微波传播指示技术五个方面，它们的隐身效果各不相同。综合采用这些技术，可以使飞行器的雷达反射截面积减缩水平降低大约 20dB 或者更多。但隐身目标也不是不可探测的，充分利用隐身目标在频率域和空间域的不足，就可以实现对隐身目标的有效探测。现有隐身技术性能局限性主要体现在以下四个方面[7]。

1. 空域窗口

隐身目标通过外形设计虽然增加了单基地雷达探测目标的难度，但为双/多基地雷达探测隐身目标提供了“空域观察窗口”。隐身飞行器很难在所有方向都得到极低的雷达截面，采用整形设计主要针对正前方易受攻击的鼻锥方向上水平 $\pm45°$、垂直 $\pm30°$ 范围内的单基地雷达，而在其他方向上 RCS 并没有显著减小，在侧向、前向和后向都存在较强散射回波信息。雷达只要避开隐身目标 RCS 明显减缩的方向，从其他角度对隐身目标进行照射，就有可能保持原有作用距离上对隐身目标的探测能力，所以可以采用双/多基地雷达或组网雷达实现隐身目标的探测和跟踪。

2. 极化域窗口

目标散射强度是入射波极化状态的函数，采用变极化技术可以使目标回波增强，达到探测隐身的目的；对阻抗加载技术引起的隐身性能，也可以通过选择合适的工作波长及控制天线收发极化匹配得到抑制。

3. 频域窗口

在目标上涂敷雷达吸波材料可以降低反射回波，但吸收材料具有一定的频率相关特征，其吸收频带较窄不能在宽频带内得到好的吸收效果，例如在 VHF/UHF 频段米波雷达隐身目标已经部分进入散射的谐振，隐身飞机根据几何光学原理采用的某些外形措施已经不能完全适用，于是其 RCS 值将会增长，隐身效果差，从而为双/多波段雷达探测隐身目标提供了一个“频域观察窗口”。隐身技术的吸波材料涂层和吸波结构主要局限在 1～20GHz 的微波频段内，在该频率范围外 RCS 增大 20dB 以上。如果雷达网中采用工作频率在这一范围以外的雷达，即利用隐身技术的频率窗口，则可望实现频率域上的雷达反隐身。

4. 无源探测窗口

隐身飞机虽然通过外形设计及材料选择可以在某些方面实现隐身，但在执行任务过程中难免会自己辐射信号，这就为电子侦察设备探测隐身目标提供了可能。F-22、F-35 等隐身飞机对被动感知手段高度依赖，严格的射频管控使主动辐射源的使用受到严格限制，大多数情况下需要依赖 ESM 来感知态势，如果对方不辐射或同样采取射频隐身措施，就无法感知外部态势；另外，如果发现战场中存在高威胁目标，这种辐射限制就会被自动放开，而一旦开始辐射，就可以通过 ESM 手段进行侦察；此外，隐身目标运动将产生热辐射，这为红外搜索跟踪系统探测到隐身目标提供了可能。

6.2　新体制雷达反隐身技术

电磁隐身的核心问题在于降低 RCS。因为 RCS 越小，雷达就越难对目标做出正确判断。针对雷达目标隐身的机理，充分利用隐身目标在频率域和空间域的不足，采用反制措施研制新体制雷达是对抗雷达隐身的有效途径，不同体制的雷达往往具有不同的反隐身效果。

6.2.1 采用长波或毫米波雷达

利用隐身目标的频域窗口,可以采用米波或毫米波雷达等进行目标探测。长波雷达可以对付隐身飞机的外形调整设计及现用的雷达吸波材料(RAM),使得隐身飞机外形设计与 RAM 涂层厚度有难以实现的过高要求。目前发展很快的长波雷达是超视距(OTH)雷达,其工作波长达 10 ~ 60m(频率为 5 ~ 28MHz),完全在正常雷达工作波段范围之外。这种雷达靠谐振效应探测大多数目标,几乎不受现有 RAM 的影响。毫米波雷达是反隐身技术的有效途径。由于频率为30GHz、94GHz、140GHz 的毫米波在目前隐身技术所能对抗的波段之外,同时毫米波雷达具有天线波束窄、分辨率高、频带宽、抗干扰力强并对目标细节反应敏感等特点,使得目标外形图像可在雷达荧屏上直接显示出来,因而具有反隐身能力。目前对长波或毫米波雷达主要研究解决如下问题:VHF 雷达(频率 160 ~ 180MHz、波长 1.65 ~ 1.90m)在探测低飞目标或对付人工干扰时存在严重问题;OTH 雷达提供的跟踪和定位数据不够精确;毫米波雷达(频率约为 94GHz)探测概率不高。

6.2.2 采用双/多基地雷达

利用隐身目标的空域窗口,采用双/多基地雷达或雷达组网技术,由不同频率的雷达从不同方位照射目标,从而获得隐身目标完整而连续探测信息。双/多基地雷达系统是将发射机和接收机分置在 2 个或 2 个以上不同的站址,其中包括地面、空中、海上或卫星等多种平台。利用远离发射机的接收机接收隐身飞机偏转的雷达波,从侧面探测隐身目标,并因无源而不会受到反辐射导弹的威胁。目前正在研究解决的主要问题是,不论是双站还是多站雷达,接收机都必须在发射波束的作用范围之内并与发射机精确同步。解决这个问题的一个办法是采用广角天线并利用 GPS。

6.2.3 采用无载频超宽波段雷达

无载频超宽波段雷达被称为"反隐身雷达",无载频脉冲可覆盖 L、S、C 等波段。产生这种脉冲的小型低功率雷达已广泛用于民用。目前,正是积极探索适用于防空的无载频超宽波段雷达,以及研究解决提高无载频超宽波段雷达平均功率和在没有载频引导下保证宽波段接收机能区分出噪声与目标回波的问题。

6.2.4 采用激光雷达和红外探测系统

由于隐身飞机主要是针对雷达电磁波隐身,其声、光、红外隐身效果较之雷达隐身相差很大,因此采用光学、红外、紫外探测器,可弥补雷达探测的缺陷。英国宇航公司曾将"轻剑"雷达改装成光电跟踪系统,在 6km 的距离上截获和跟踪了 B-2 隐身轰炸机。目前正在研究解决的主要问题是,提高其作用距离以及在恶劣环境下的使用效能。

6.2.5 发展空基或天基平台雷达

隐身飞行器的隐身重点一般放在鼻锥方向 ±45°角范围内,因此,将探测系统安装在空中或卫星上进行俯视,可提高探测雷达截面较小目标的概率。美国空军的 E-3A 预警机和海军正在研制的"钻石眼"预警机以及高空预警气球,都能有效地探测隐身目标。美国还正在研制预警飞艇、预警直升机、预警卫星等。此外,俄罗斯、英国、印度等国家都很重视发展预警机的工作。

6.2.6　采用无源雷达

无源雷达的初衷主要是用来抗电子干扰,由于它依靠利用电视和调频广播等外辐射源或隐身目标雷达的电磁辐射对飞行器进行探测、跟踪、定位,而并没有涉及目标的RCS,因此不受目标隐身措施的影响。当捕获到隐身目标的雷达信息时,通过一定的原理对飞行器状态进行解算,飞行器所采用的全部隐身技术将会荡然无存。但当目标不辐射电磁波时,则该雷达失去反隐身效果。

6.2.7　提高雷达对弱信号的检测能力

由于隐身目标的雷达有效反射面积很小,因此回波信号很弱。对单站雷达来说,要检测到目标,必须采用先进的信号和数据处理方法以提高雷达对弱信号的检测能力。美国采用先进技术将现有雷达加以改进,通过采用功率合成技术和大时宽脉冲压缩技术来增加雷达的发射功率。

雷达接收机通过采用数字滤波、电荷耦合器件、声表面滤波和光学方法等先进技术来提高信号处理能力。基于先进信号和数据处理方法的隐身目标检测和跟踪方法,目前引起了人们广泛的重视。但是在实际应用中也存在问题,例如:隐身目标信号的强弱随隐身目标所处的杂波背景不同而发生变化;隐身目标运动状态随不同的作战任务机动多变,导致TBD模型的假定条件不再适用;雷达对目标的分辨情况随着隐身目标和雷达之间距离、方向的变化而发生变化;进入雷达探测范围的隐身目标的数量通常是随机未知的。因此,对目标的有效探测迫切需要解决这些不确定性带来的问题。而目前的目标检测和跟踪的TBD技术一般是在某种假定条件下得到的,因而对隐身目标和环境复杂多变的特点适应性较差。

6.3　组网雷达反隐身技术

隐身目标的检测跟踪是一个困难而又至关重要的问题,对于打赢未来高科技战争具有决定性意义。对隐身方来讲,RCS每缩减10dB,假设其付出的技术与成本代价为1,那么如果反隐身方单纯通过提高雷达的孔径功率来达到原有的探测效能,则其付出的技术与成本代价大约为10。这种不对称性恰恰是隐身设计者的一个目的,即逼迫对方陷入一种不对称的博弈陷阱之中,从而占据对抗的主动和优势。事实证明,在反隐身问题上,没有可以一招制敌的"灵丹妙药"。事实上,组网系统是一种资源的高效综合平台,为寻求技术与策略的最佳组合提供了基础。雷达组网是指将多部不同体制、不同频段、不同工作方式、不同极化方式的雷达或者无源侦察装备优化布站,借助通信手段链接成网,由中心站统一调配形成的一个有机整体。网内各雷达和雷达对抗侦察装备的信息由中心站收集,综合处理后形成雷达网覆盖范围内情报信息,并按照战争态势的变化,自适应地调整网内各雷达装备的优势,从而完成整个覆盖范围内目标的探测定位和跟踪等任务。

6.3.1 组网雷达频域抗隐身

目标对电磁波的反射与它的电尺寸的关系可分为瑞利区、振荡区和光学区三个部分。一般情况下,目标位于光学散射区内,目标的几何尺寸比雷达波长大得多。因此,可以认为,雷达有效反射面积与波长无关。但是,若飞行器采用外形隐身技术情况就不一样了。例如,鼻形外形的雷达有效反射面积在振荡区和光学区范围内与波长的平方成正比。实际目标是许多外形的组合,其雷达有效反射面积为

$$\sigma = \kappa\lambda^{n} \tag{6-6}$$

式中:λ 为雷达波长;$n \in [0,2]$为外形系数;K 为比例常数。

文献[8]给出了实测情况下 F-16 飞机和某小型飞行器的有效反射面积与雷达频率的关系曲线。从图 6-3 中可见,在米波阶段,雷达有效反射面积随频率降低而指数增加,在频率为 200MHz 时,F-16 雷达有效反射面积为 3.2m^2;而在频率为 100MHz 时,雷达有效反射面积增大 11m^2。根据式(6-6)和雷达方程,可以得到雷达最大作用距离关系如下:

$$R_{max} = \kappa\lambda^{n/4} \tag{6-7}$$

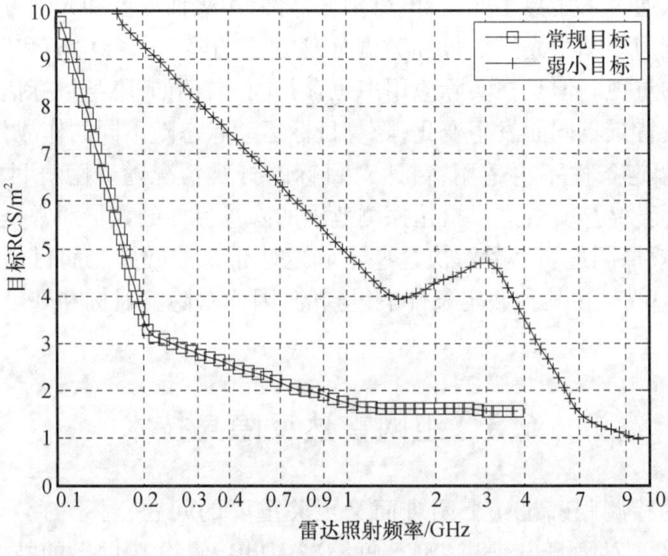

图 6-3 目标 RCS 与雷达照射频率的关系

波长大于 1m 的探测雷达,最大作用距离与外形系数呈指数增大关系,若飞行器采用外形隐身技术,其外形系数增加到 $n=2$ 时,雷达有效反射面积随频率的变化更加显著。同样,若飞行器采用吸收涂料和阻抗加载隐身技术,其雷达有效反射面积也与频率有密切关系。一般地,波长越长,飞行器隐身效果越差。米波雷达工作在 VHF/UHF 频段,工作波长为 0.3~10m。米波雷达的反隐身机理:一是目前隐身飞行器采用的 RAM 涂敷措施,受飞行器气动性能要求等限制,尚不能够覆盖米波及其以下频段;二是隐身飞行器针对微波雷达采用整形设计后的独特外形及其固有的电磁散射性反而有利于米波雷达的探测和跟踪。对于隐身目标,其鼻锥方向多为尖锥多面体。研究表明,在光学区和谐振区,尖锥体的 RCS 与波长平方成正比,波长增加 10 倍,RCS 增加 20dB,作用距离可以增加 3.2 倍。

米波雷达可以提高目标的探测概率，在反隐身方面的优势是明显的，但是也存在一些明显的缺点，如信号处理能力差、波束宽、测量精度和分辨率太低、信号带宽普遍较窄、抗干扰能力差等。在采用先进技术对米波雷达进行改造或者重新设计后，这些问题可以得到改善或者解决。

OTH 雷达工作在 HF 频段（5 ~ 30MHz），工作波长为 10 ~ 60m。这种雷达依靠的是经电离层反射回来的目标回波（天波），探测距离为 900 ~ 4000km 的飞机和巡航导弹等目标。OTH 雷达的反隐身机理：一是针对隐身飞行器所用 RAM 的工作频率局限于 1 ~ 20GHz 微波频段这一弱点。二是基于隐身飞行器固有的电磁散射特性，即大部分军用飞行器的尺寸或其主要特征结构的尺寸都小于或者接近于 OTH 雷达的工作波长，飞行器的后向散射均处于谐振区或者瑞利区。在谐振区，隐身飞行器会产生较强的后向散射，其 RCS 会大于光学区的 RCS；而在瑞利区，隐身飞行器的 RCS 与其形状无关，只取决于飞行器的体积或者照射面积。这说明隐身飞行器所采用的整形设计、RAM 涂敷及吸波结构等减缩 RCS 的措施对于 OTH 雷达而言，不仅无法奏效，而且使通过采用阻抗加载等措施对雷达进行引偏、欺骗和加大跟踪误差的努力也难以见效。三是隐身飞行器的整形设计，主要是为了大大减缩其鼻锥方向的 RCS 值，而 OTH 雷达利用电离层对雷达波的反射传播机理，自上而下地照射隐身飞行器，恰好针对了整形设计最薄弱的环节，因此可以进一步使隐身飞行器的整形设计措施失效。

由此可见，OTH 雷达是探测隐身飞行器最为有效的手段之一。但是，这种雷达也有一定的局限性，它不能给出隐身飞行器的精确位置，测距误差达到几十千米，只能确定隐身飞行器存在的大致区域，所以通常用于早期预警目的。OTH 雷达的另一个缺点是其探测性能随着电离层高度及参数随机变化，因此，OTH 雷达需要配备能够对电离层实时监控的装备及计算能力强大的计算机。

从频域角度看，除米波雷达和超视距雷达之外，冲激脉冲雷达在反隐身飞机方面也具有许多优点。首先，由于这种雷达发射信号中丰富的低频含量，使其具有探测迎面飞来飞机的有利条件。由于瞬态响应，隐身飞机后掠机翼对雷达波的反射能量将分散于散射波瓣的旁瓣中，而在主瓣中的能量减小，有利于检测面向雷达飞来的隐身飞机。由于脉冲极窄，减小了散射时干涉作用的角范围，因此散射旁瓣电平均匀而无凹口。冲激脉冲雷达既具有长波长雷达的反隐身能力，又有微波雷达的角分辨能力和测角精度。它还有利于对低空目标的检测与跟踪，并兼有抗干扰、抗反辐射导弹的能力。

在所有雷达反隐身技术中，最有前途的是应用低频，它利用的是吸波材料在低频上效率降低这一特点。另外，各种原因导致飞机发动机和机体的某些部分仍然多为金属制造，因此，飞机上有一些尺寸约为 1m 的区域性能必定像传统的材料一样。如果雷达载波波长也约为 1m，将会发生共振现象，适用于隐身飞机反射的规律将不再适用。在这些条件下，隐身飞机未必能够呈现远小于 $1m^2$ 的 RCS。然而，有必要解决所有困扰低频雷达的问题，包括波束转换、鉴别力低、低空作用距离近等，这些可以通过采用目前最可用的新技术来解决。一种采用毫米波雷达的反隐身技术利用飞机表皮上每个裂痕或者不平坦之处引起的散射，RCS 的增加相当大，但是大气衰减（特别是气象干扰）引起距离的缩短，使这一技术的应用遇到阻力。

6.3.2 组网雷达空域抗隐身

外形技术隐身的基本原则是消除尖顶反射和把反射大的部件（如发动机）避开飞行方向，以减小飞行正前下方向的后向散射，但是并没有减小非后向散射面积，可见隐身整形技术不可能使隐身目标的 RCS 在所有方向上同样减小。下面以 F－117 飞机为例具体了解其外形隐身特性。

F－117 飞机采用多面体结构，除几条棱外所有反射面与入射方向夹角都大于 30°，发动机进气道口用金属屏蔽并构成向上大于 30°反射面，极大降低了前向反射面积；另外，机上不装雷达，执行任务期间敌我识别和通信机的天线都缩在机身内不工作，座舱玻璃有导电膜涂层以屏蔽舱内强散射物，机身有吸波涂层等。这些综合性措施使它在正前方的 ±30°范围内 RCS 比 F－16 飞机的 RCS 减缩 20dB 以上。文献[9]采用缩比模型技术研究了照射频率为 5.6GHz 时不同方位角下 F－117 飞机 RCS 特性，如图 6－4 所示。

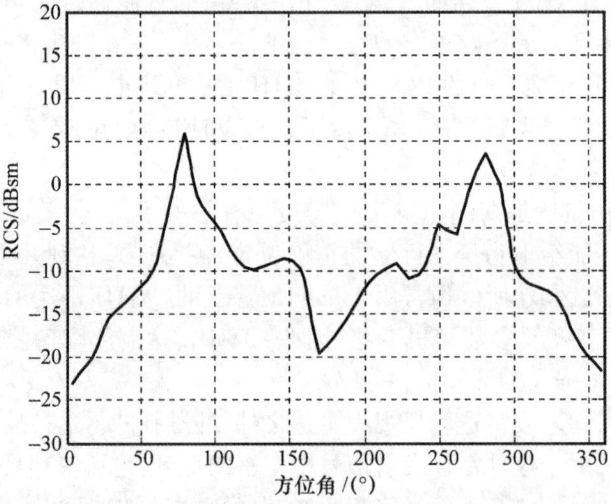

图 6－4　不同方位角下 F－117 飞机 RCS 特性

图 6－4 中采用的是相对 RCS(dBsm)，目标的平均 RCS 的绝对数值相当于 0.01m^2，是一种典型的隐身目标，但是发动机进气道前缘（50°和 310°）、机翼前沿（60°～70°，290°～300°）、机身侧向（90°～270°）等处的 RCS 峰值都大于正前方（0°）15～25dB，特别是侧面 RCS 达 5.9dBsm，对应 3.9m^2 反射截面积，在该角度下很容易被雷达探测到。因此，雷达只要避开隐身飞行器 RCS 明显减缩的方向，从其他角度对隐身飞行器进行照射，就有可能保持原有作用距离上对隐身目标探测的能力，这正是空域抗隐身的技术基础。组网雷达的全方位布站使得隐身目标的空域窗口能很好地利用，尤其是双/多基地雷达和机载或者星载的空基雷达网的入网，使得其抗隐身性能得到明显改善。

双基地雷达一般由 1 个发射站和 1 个接收站构成（T/R 型），多基地雷达一般由 1 个发射站和多个接收站构成。其反隐身技术的基本原理是针对隐身飞机设计中的一个特点，即隐身飞机力图减小直接散射给雷达的残余信号。其方法是增大朝其他方向的反射。因此，如果雷达接收机和发射机不在同一地点，对飞机就有较大的探测概率。换言之，隐身目标的前向散射 RCS 一般大于后向散射 RCS。因此，通过合理的布站，使接收站能够接收来自隐身飞行器的前向散射，就可以抑制其 RCS 的下降。此时，用于隐身飞行器 RCS 减缩的整形设计、RAM 涂敷与吸波结构等隐身措施完全失效。即使双多基地体制雷达工作在微波频段，仍可以在现有雷达作用距离上实现对隐身飞行器的探测与跟踪。这一点对于保证雷达的跟踪和定位精度是有好处的。

机载或者星载雷达等空基雷达是从上往下“看”隐身飞行器的，可以做到从侧向、背部及尾部对其进行照射，针对的是隐身飞行器 RCS 无法减缩或者减缩不明显的方向，因此是一种很有希望的反隐身技术途径。雷达组网反隐身重要的特点是对共同空域实现多重覆盖，即对空域内的同一目标具有一定的观测重叠系数，以挖掘低 RCS 目标的空间相关性，提高系统对隐身目标的探测能力。例如，对某一空域，当雷达重叠系数等于 3 时，假设单部雷达检测概率均为 0.5，则雷达网对该空域内目标一次扫描发现概率为

$$P = 1 - (1 - 0.5)^3 = 0.875 \tag{6-8}$$

6.3.3　组网雷达极化域抗隐身

极化信息是电磁波蕴含的重要信息之一，隐身飞行器的 RCS 与雷达波的极化方向有着密切关系，改变雷达发射极化的方向能够使隐身目标的 RCS 达到最大值，从而可以抑制隐身飞行器 RCS 的减缩。随着极化雷达理论的成熟和各种新型极化器件的出现，开展极化雷达体制下的目标检测、增强、滤波、对消及目标识别等方面的研究已形成可实现的基础。

电波在空间传播时，其电场矢量的瞬时取向称为极化。极化方式有线极化、圆极化和椭圆极化，如图 6－5～图 6－7 所示。其中线极化分为水平极化和垂直极化；（椭）圆极化分为左旋（椭）圆极化和右旋（椭）圆极化。电波传播时电场矢量的空间描出轨迹为一直线，它始终在一个平面内传播，称为线极化波。线极化波分为水平极化波和垂直极化波。当电场强度方向垂直于地面时，此电波称为垂直极化波；当电场强度方向平行于地面时，此电波称为水平极化波。电波的极化特性取决于发射天馈系统的极化特性和目标散射特性。通过测量在垂直于电磁波传播方向的平面内电场矢量端点在一个周期内所画出的轨迹，就能感知电磁波的极化状态。极化描述电场矢量端点作为时间的函数所形成的空间轨迹的形状和旋向，它表明其电场强度的取向和幅度随时间变化的性质。在既定信杂比条件下，通过对目标回波的极化处理，可以提高目标的检测概率。把极化域反隐身技术需要与频域、空域反隐身技术相结合，还可以进一步增强雷达反隐身的能力。

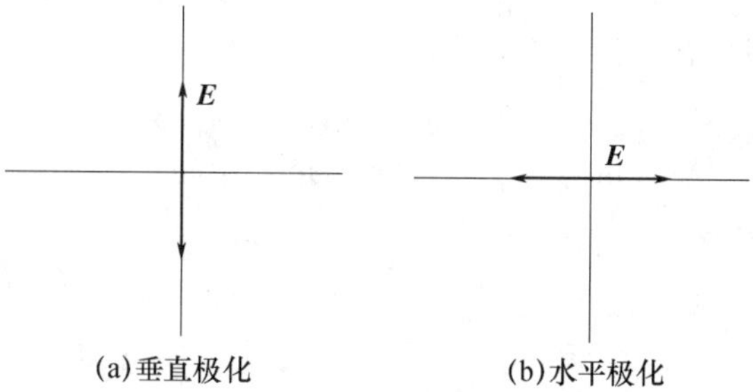

(a)垂直极化　　(b)水平极化

图 6－5　线极化方式

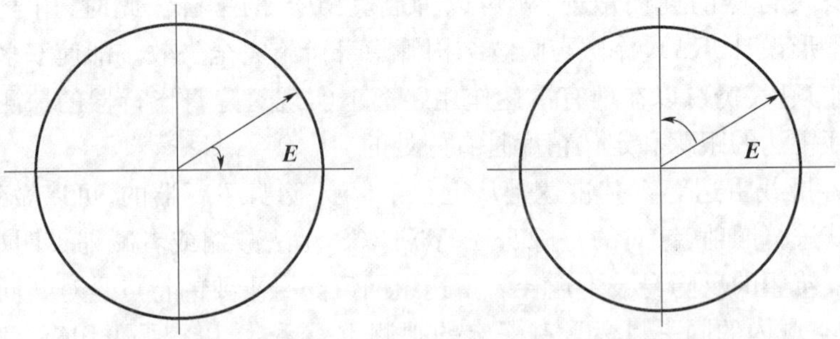

(a) 右旋圆极化　　(b) 左旋圆极化

图 6-6　圆极化方式

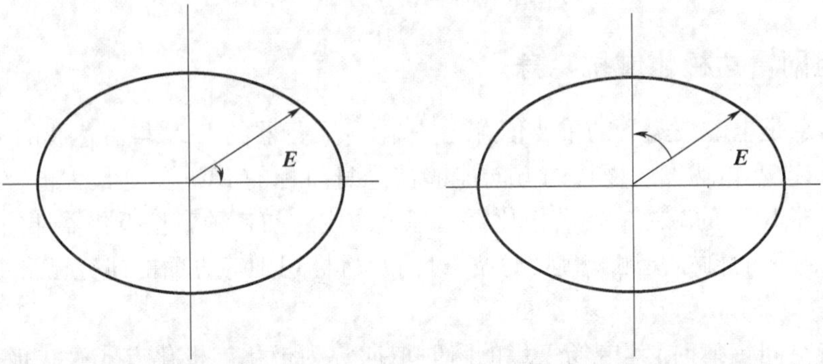

(a) 右旋椭圆极化　　(b) 左旋椭圆极化

图 6-7　椭圆极化方式

随着对极化研究的深入，在极化测量、极化滤波、极化增强和利用极化信息进行识别等方面都取得了一系列成果。极化滤波、极化增强等信息处理技术有效改善了雷达接收信杂比，从而使极化检测技术对于微弱目标（如隐身目标等）的探测具有特殊意义。从信息论角度来说，回波信号中提取的信息主要包括能量信息、极化信息和相位信息。能量信息反映了电磁波的强度信息，相位反映了电磁波的初始状态和目标属性，极化反映了电磁波的内部结构信息。隐身目标具有极化选择性，就是说目标的隐身特性也是对特定极化的电磁波而言的，目标对某一极化的雷达可能有良好的隐身效果，但对其他极化的雷达就未必有良好的隐身效果。一般雷达目标如飞机、导弹等的形状比较复杂，可以分解为简单几何形体的组合，而每一个简单形体的尺寸都可与雷达波长相比拟，因此电磁波在目标上的散射是主要机制，对单基地雷达则是后向散射。极化波被形状复杂的目标散射时，各极化分量都会引起同极化和正交极化的分量，因此各种物体在受到电磁波的照射后，其反射的电磁波的极化状态，一般不再与入射波的极化状态相同，这种极化状态的变换现象称为去极化或退极化。目标的极化特性，即是它对各种极化波的去极化作用的统称，当考虑目标的极化特性时，实际上已经不再将目标看成点目标，而是看成面目标、体目标或分布目标。由于雷达目标的极化特性，可认为它是一个极化变换器，它作用在入射波上，使反射波的极化和入射极化有复杂而又确定的关系，通常用目标极化散射矩阵来描述这种关系。因此，目标回波的极化状态由反射波的极化和目标的极化散射特性共同决定，即入射回波可由入射波和极化散射矩阵表征：

$$\begin{bmatrix} E_H^S \\ E_V^S \end{bmatrix} = \begin{bmatrix} S_{HH} & S_{HV} \\ S_{VH} & S_{VV} \end{bmatrix} \begin{bmatrix} E_H^i \\ E_V^i \end{bmatrix} \tag{6-9}$$

式中：$\begin{bmatrix} E_H^S \\ E_V^S \end{bmatrix}$为散射回波；$\begin{bmatrix} E_H^i \\ E_V^i \end{bmatrix}$为入射波；$\begin{bmatrix} S_{HH} & S_{HV} \\ S_{VH} & S_{VV} \end{bmatrix}$为目标极化散射矩阵。

在雷达探测过程中，被观测目标 RCS 越大，目标就越容易被检测。通过调整收发天线极化状态可改变目标 RCS，为提高雷达探测性能或抑制背景杂波，在极化域内搜索目标最大 RCS 或最小 RCS 对应的收发天线极化状态成为雷达界普遍关注的重要问题。根据发射信号的极化状态和目标极化散射矩阵计算出目标回波的极化特性，然后进行极化信息的调解，就能获得回波的极化序列。习惯上，人们采用天线接收功率代替目标 RCS 作为研究对象，因为忽略电磁波传播过程中变极化效应影响，天线接收功率可表示为收发天线极化状态的函数。此时，极化域内的最佳极化搜索就是天线接收功率极值问题，雷达极化中将对该问题的求解研究统称为目标特征极化理论。普通雷达一般只利用其中的 HH 极化通道，没有充分利用极化信息，造成了极化信息的浪费。针对该问题，文献[10]采用数据分析的方式获得了 B – X 隐身飞机 HH、HV、VH、VV 四种极化通道的 RCS 特性，如图 6 – 8所示。

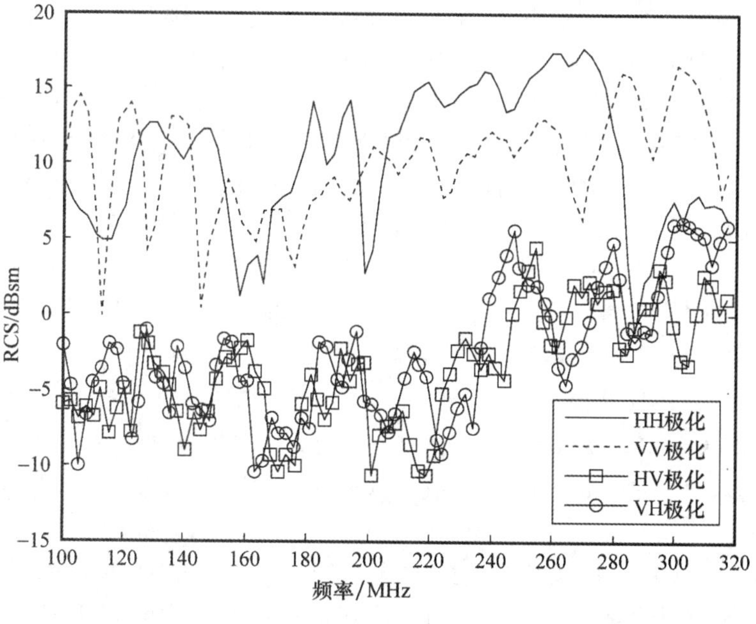

图 6 – 8　B – X 隐身目标在机头 0° ~ 10°方向的 RCS 值

从图 6 – 8 中可以看出：HH、VV 极化的雷达目标 RCS 都很大，变化范围为 0 ~ 17dB，HH 极化比 VV 极化平均略高，但有较多频率点 VV 极化高于 HH 极化；HV、VH 极化的变化范围主要集中在 – 10 ~ 5dB，比 HH、VV 极化平均小 10 ~ 12dB，也具有一定的利用价值。而由隐身目标不同极化通道的 RCS 频率特性知，利用多个极化通道进行反隐身是有益的。为了反隐身，雷达可以采用全极化工作模式，发射天线采用水平极化和垂直极化两组天线交替发射信号；接收天线采用水平极化和垂直极化两组天线同时接收信号；由收发组合可以获得全极化回波信息,当发射水平极化时,接收天线可以同时接收 HH、VH 极化通道回波数据,当发射垂直极化时,接收天线可以同时接收 VV 回波数据。文献[11]研究了窄带雷达目标的瞬态极化投影序列,提出了基于极化积累的微弱目标检测方法,利用隐身目标对电磁波极化特性的调制,采用极化信息处理方法来进行反隐身,极大地改善了雷达反隐身性能。

6.3.4 信号处理技术抗隐身

由于隐身目标采用了减缩 RCS 的各种隐身措施,使得雷达收到的回波信号的信噪比远远低于最小可检测信噪比,不可能探测到隐身目标。为了保持雷达作用距离不缩短,可以通过提高雷达灵敏度来降低雷达的最小可检测信噪比。提高雷达的功率,可以增大信号的强度,但是潜力有限且增加了雷达自身的暴露性,因此,不宜作为反隐身措施。

目前,采用雷达信号处理技术实现反隐身得到了人们的高度重视。由于隐身目标反射的回波信号能量相当弱,用传统的雷达积累与检测方法不能可靠地检测目标。为了检测这类隐身目标,必须得到更多的信号能量。采用先进的信号和数据处理方法,通过在时空域对目标回波的积累可实现隐身目标的检测和跟踪。在利用信号与数据处理技术探测和跟踪隐身目标方面已提出了许多算法,典型的是 TBD 技术。TBD 技术就是通过长时间的跟踪积累,用时间来换取信噪比,从而探测得到隐身目标的信息。目前的 TBD 技术往往是在某一种假定条件下得到的,实际上,在现代战场上由于隐身目标的大量应用,战场环境日益复杂多变,目标所处的噪声杂波环境在不断变化,隐身目标特性也随着它与雷达作用距离以及它的运动状态发生变化,这就需要 TBD 技术能根据环境的变化,利用实际测量数据自动适应环境变化,以更好地检测和跟踪隐身目标。近年来,TBD 技术受到越来越多的关注,尤其是在低信噪比条件下的隐身目标检测和跟踪等方面具有明显的优势,在现代军事领域获得了广泛的重视和应用,已经成为雷达发展的一个重要方向。但是,将 TBD 理论直接用于实践还存在困难,既受一些理想假设条件的制约,也受算法复杂性的限制。具有代表性的 TBD 算法主要有基于 Hough 变换的 TBD(HT-TBD)、基于动态规划的 TBD(DP-TBD)和基于粒子滤波的 TBD(PF-TBD)等。

1. 基于 HT-TBD 算法

Hough 变换是一种基于映射变换的批处理方法,它将量测数据空间中复杂的曲线检测问题转化为参数空间中的峰值提取问题,从而实现多帧量测信息在参数单元中的非相参积累。1994 年,Carlson 等把 Hough 变换应用于搜索雷达目标检测跟踪,提出了基于 HT-TBD算法,在此基础上,有学者构建了基于 Hough 变换的 CFAR 检测器、强杂波环境下基于 Hough 变换的目标检测、针对目标跨方位单元运动的极坐标 HT-TBD 方法等。采用 Hough 变换方法,将同一直线上的雷达回波进行积累,可以增强对雷达信号能量的利用,提高系统检测性能,在一定程度上弥补非相干雷达对微弱信号检测的不足。

如图 6-9 所示,首先在量测空间上设置第一阈值,使目标大多数的回波都能通过第一阈值,第一阈值的大小预先设置,超过第一阈值量测数据空间按坐标配准模型以当前可能的所有传播模式转换为状态数据空间(x,y)。状态数据空间规格化,得到规格化数据空间。将状态数据空间和参数空间分别离散化,形成一个个方格(单元);将规格化状态数据空间经 Hough 变换转换到参数空间,在参数空间的每个分辨单元做相应的幅值累积。在参数空间上设置第二阈值,积累幅值超过第二阈值的方格可认为是有效检测点,每一个检测点参数都对应数据空间中的一条“特征直线”,即该参数在数据空间所定义的直线。根据得到的参数空间检测点计算数据空间的直线参数,形成目标航迹,最终实现隐身弱小目标的检测。

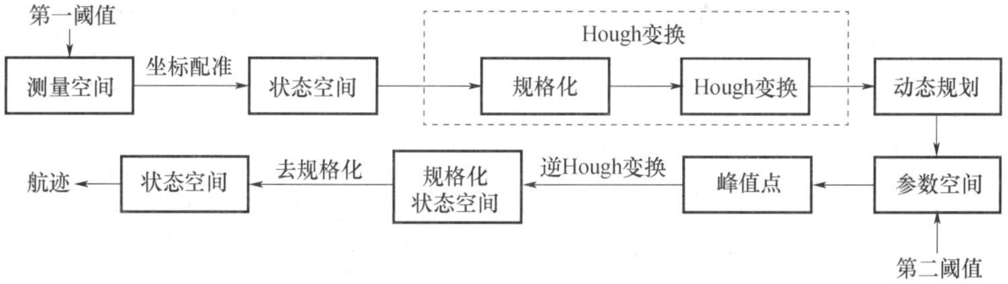

图 6 - 9　HT - TBD 检测结构

针对一个通用的单目标运动场景进行仿真。假设目标在 $x-y$ 平面内做匀速直线运动,其初始位置为(22km,23km),速度为(300m/s,120m/s),目标为非起伏目标,其雷达截面积 $\sigma_{RCS}=0.1m^2$。传感器参数设置:两坐标雷达处于坐标原点位置,扫描周期 $T=2s$,最大作用距离为 60km,发射功率 $P_t=5kW$,载波波长 $\lambda=0.1m$,雷达天线增益 $G=34dB$,雷达的距离分辨率为 150 m,角度分辨率为 0.5o。针对以上设置的参数,假设单脉冲回波 SNR 为 -14dB,分两种相参积累场景进行仿真。由于雷达在每一个驻留时间发射 5 个不同 PRF 的脉冲串,因此每一个 PRF 相参积累的脉冲数很少,两个场景中脉冲积累数分别设为 256 和 128,经过相参积累后目标的 SNR 分别提高到 10dB 和 7dB(在后续内容中除特别说明外,目标 SNR 均是指相参积累处理后的 SNR)。针对目标 SNR 分别为 10dB 和 7dB 两种场景,仿真 25 个扫描周期的数据。

图 6 - 10 为目标加噪声的实际仿真场景,其中目标的 SNR 分别取 10dB 和 7dB。在图中用灰度表示回波能量的强度,目标实际航迹位于白色四边形内;对比图 6 - 10(a)和(b)可以看出,在常规目标高 SNR 时可以很容易从噪声中发现目标轨迹,在隐身目标低 SNR 时目标量测逐渐淹没在背景噪声中,如果不预先知道目标的区域,很难从强噪声背景中发现目标,可见相参积累个数的减少对目标的检测性能影响很大。采用 HT - TBD 方法进行雷达测距模糊条件下的微弱目标检测与跟踪。

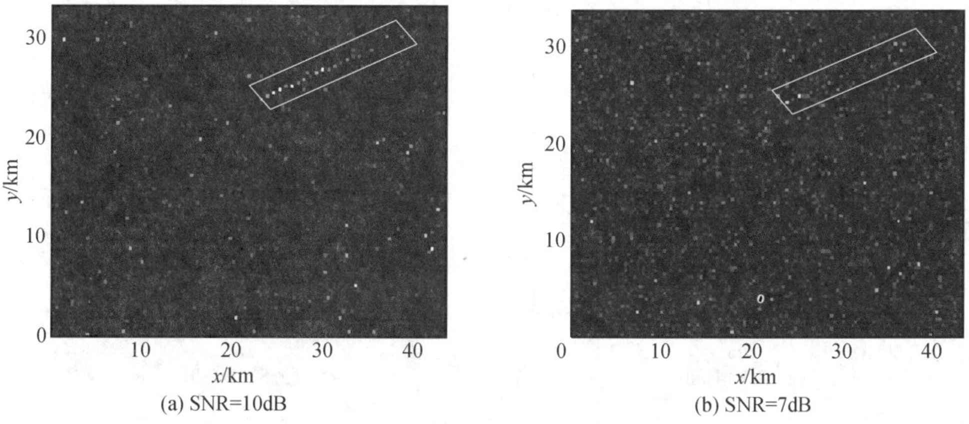

图 6 - 10　不同信噪比下仿真场景

图 6－11 给出了不同 SNR 下，经过 Hough 变换处理后参数单元能量积累直方图。为便于分析，图中能量经过了归一化处理，为了检测到目标，必须将参数单元的积累能量与阈值 δ 进行比较。假设积累期间 SNR 是恒定的，初始虚警概率为 0.1，Hough 参数空间中归一化第二阈值应取最大值的一个百分数，在虚警概率为10^{-4}时取检测阈值 $\delta=0.9$。超过平面的峰值被认为是可能目标，可以看出，SNR 降低会导致噪声干扰的积累升高，在图 6－11(a)中只有一个检测峰值，而图 6－11(b)中则存在多个峰值，从而产生虚警。

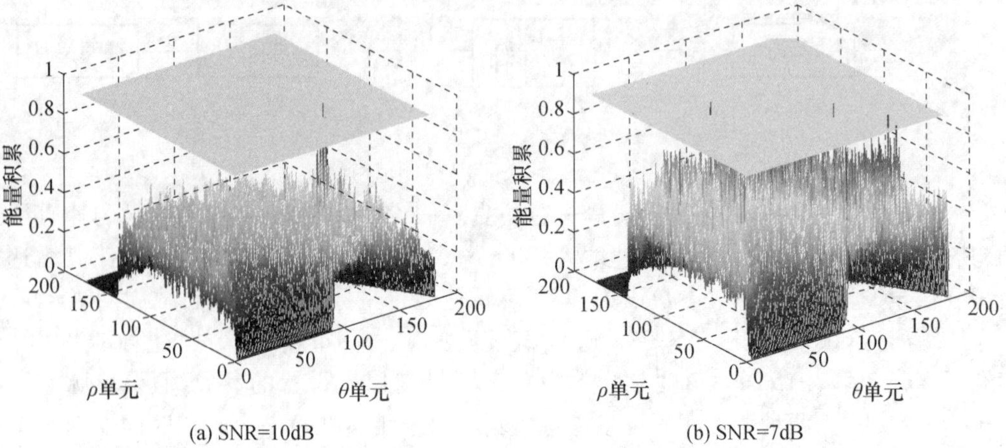

图 6－11　不同信噪比下能量积累

将峰值检测获得的可能目标通过逆 Hough 变换映射到量测空间，得到目标的可能航迹，如图 6－12 所示。由图可以看出，在高 SNR 下只检测到一条可能航迹，在低 SNR 时由于噪声干扰影响，算法检测到三条可能航迹。对比可能航迹和目标实际航迹可以看出，检测的可能航迹存在许多虚假点，这是因为 Hough 逆映射时没有考虑量测的时序关系，而是将量测空间中位于检测直线上的所有点都认定为目标的可能航迹。为了得到目标的真实航迹，必须对可能航迹进行航迹筛选和剔除。综合考虑量测的时序等先验信息后，可以从可能航迹中提取出目标的真实航迹，如图 6－13 所示。

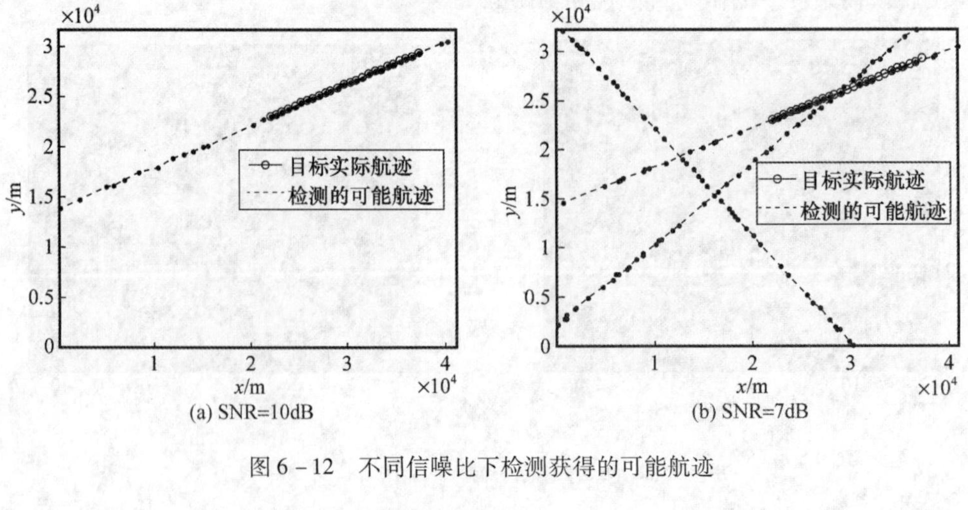

图 6－12　不同信噪比下检测获得的可能航迹

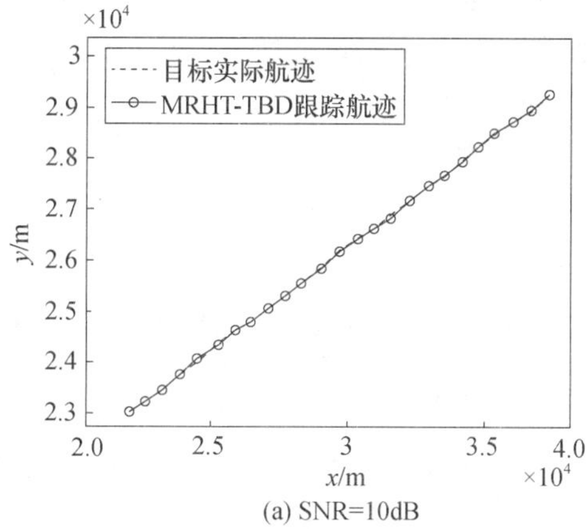

(a) SNR=10dB

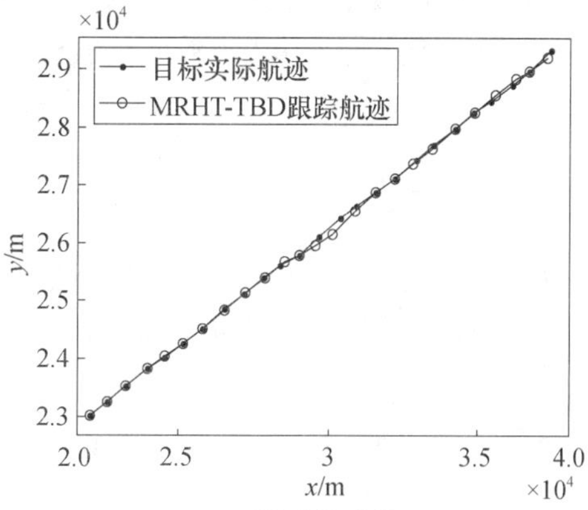

(b) SNR=7dB

图6-13　不同信噪比下最终航迹

2. 基于DP-TBD算法

动态规划是一种基于多阶段过程决策的等效穷尽搜索算法,它通过多阶段分级处理把一个多维优化搜索问题划分为几个单维优化搜索问题,在最佳路径的规划过程中实现多帧量测信息的积累,从而改善高目标SNR。1985年,Yair Barniv提出基于DP-TBD算法,该算法对各种可能候选航迹进行长时间积累,从而实现复杂路径的搜索,以得到目标的最佳航迹。基于DP-TBD算法可以部分地避免速度不匹配的问题,从而能处理慢机动目标,且计算比较简单。一些学者还研究了将低门限检测、卡尔曼滤波与动态规划算法相结合的TBD技术、改进动态规划与数学形态学相结合的TBD、将CFAR和动态规划联合检测的TBD等。

建立低信噪比条件下隐身目标检测环境,验证DP-TBD技术检测性能。假设目标初始距离雷达直线距离为10000m,远离雷达飞行,目标初始状态为(6000m,80m/s;8000m,60m/s),目标的运动速度为100m/s。雷达检测时间为20s。雷达回波图像如图6-14所示,图中不同颜色代表回波不同的能量强度,在信噪比为7dB的条件下,目标点航迹略微清晰,但噪声较多,采用传统方法不能准确跟踪定位。

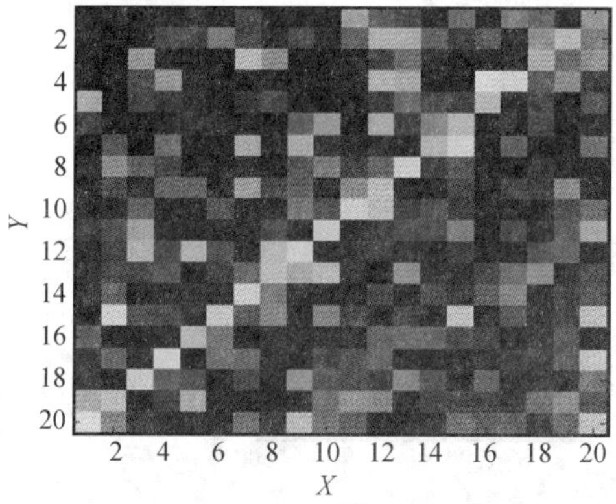

(a) 二维

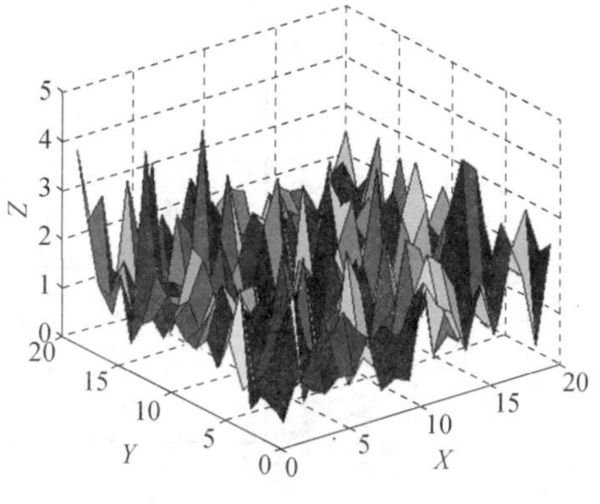

(b) 三维

图6-14　雷达回波图像

针对雷达回波信号进行动态规划算法处理,流程如下:

(1) 初始化:采用拟然函数或幅值构造值函数,对 $k=1$ 时刻的所有状态,有

$$\begin{cases} \boldsymbol{X}_{a,1}=[x_{a,1},\dot{x}_{a,1},y_{a,1},\dot{y}_{a,1}]^{\mathrm{T}} \\ I(\boldsymbol{X}_{a,1})=|z_{a,1}(i,j)| \\ \boldsymbol{\Psi}_1(\boldsymbol{X}_{a,1})=0 \end{cases} \tag{6-10}$$

式中:I 为值函数;ψ 为储存各帧之间的状态转移关系。

(2) 递推:$2\leqslant k\leqslant K$,根据目标起始状态建立目标状态方程,对下一时刻目标状态进行预测,即

$$\begin{cases} x_{p,k}=x_{p,k-1}+\dot{x}_{p,k-1} \\ y_{p,k}=y_{p,k-1}+\dot{y}_{p,k-1} \end{cases} \tag{6-11}$$

对 k 时刻所有状态$\boldsymbol{X}_{a,K}$,有

$$I(\boldsymbol{X}_{a,k})=\max_{X_{a,k-1}}[I(\boldsymbol{X}_{a,k-1})]+|\boldsymbol{Z}_{a,k}(i,j)| \tag{6-12}$$

$$\boldsymbol{\Psi}_{a,k}(\boldsymbol{X}_{a,k})=\underset{x_{a,k-1}}{\operatorname{argmax}}[I(\boldsymbol{X}_{a,k-1})] \tag{6-13}$$

(3) 结束:若目标出现概率大于某一阈值,则认为目标出现,对所有超过阈值的可能点位置进行加权,并比较得出其中信噪比加权值最高的轨迹确认为目标的真实轨迹

$$\{\hat{\boldsymbol{X}}_{a,K}\}=\{\boldsymbol{X}_{a,K}:I(\boldsymbol{X}_{a,K})>V_T\} \tag{6-14}$$

的终端状态$\boldsymbol{X}_{a,K}$。

(4) 回溯:航迹回溯对所有 $\hat{\boldsymbol{X}}_{a,K}$,当 $k=K-1,\cdots,1$ 得到估计航迹($\hat{\boldsymbol{X}}_{a,1},\hat{\boldsymbol{X}}_{a,2},\cdots,\hat{\boldsymbol{X}}_{a,K}$),即

$$\hat{\boldsymbol{X}}_{a,K}=\boldsymbol{\Psi}_{a,k+1}(\hat{\boldsymbol{X}}_{a,k+1}) \tag{6-15}$$

检测到目标运动轨迹如图 6-15 所示。图 6-15 中圆圈为雷达检测的坐标点,点是目标的真实航迹点。目标真实航迹点坐标与检测到的坐标准确一致,可见动态规划的 TBD 算法对隐身微弱目标的检测是有效、准确的。

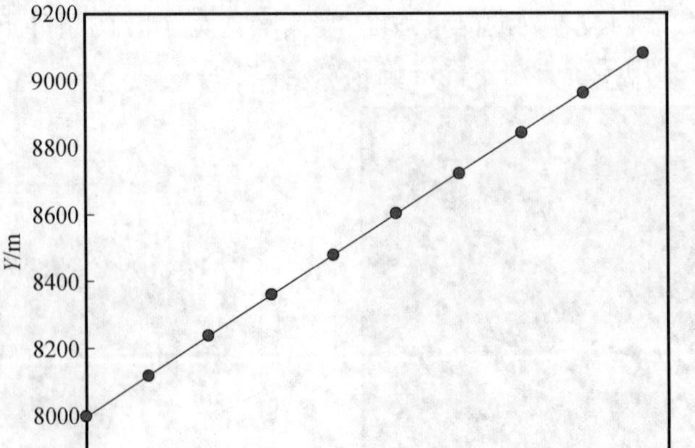

图 6-15　目标真实轨迹与检测坐标对比

3. 基于PF-TBD算法

基于PF-TBD算法是一种基于蒙特卡罗仿真的贝叶斯递推算法。其基本思想是利用一组带有相应权值的随机样本来构造目标状态的后验概率密度函数,从而充分利用雷达量测和目标运动模型的所有信息,实现对目标航迹的有效检测。一些学者提出了基于图像处理方法的PF-TBD算法、把贝叶斯理论和粒子滤波相结合的TBD算法、多隐身目标PF-TBD算法、基于粒子滤波的群目标TBD算法、基于多模型粒子滤波的TBD算法、基于辅助粒子滤波的TBD算法、基于粒子滤波的扩展目标TBD算法以及高PRF下隐身目标检测跟踪的TBD技术等。

由信号检测理论可知,最佳检测可以根据不同准则进行。不管采用哪一种准则,最佳判决都是将似然比与某一阈值进行比较。两个备选假设如下:

H_0:目标不出现

$$\boldsymbol{Z}_j=\boldsymbol{W}_j,\quad j=0,1,\cdots,k \tag{6-16}$$

H_1:目标出现

$$\boldsymbol{Z}_j=h_j(\boldsymbol{X}_j,\boldsymbol{W}_j),\quad j=0,1,\cdots,k \tag{6-17}$$

统计判决的实质是寻求一种最佳决策 d_i,使得平均代价最小。d_i 取值如下:

$$d_i=\begin{cases}d_1, & \text{做出 } H_1 \text{ 为真的判决}\\ d_0, & \text{做出 } H_0 \text{ 为真的判决}\end{cases} \tag{6-18}$$

为了表征目标存在与否情况,在目标状态向量$\boldsymbol{X}_k$中引入扩展变量 e_k,$e_k=0$ 表示时刻 k 目标不存在,$e_k=1$ 表示时刻 k 目标存在。设目标出现概率为 $P_{\rm b}$,消失概率为 $P_{\rm d}$,则

$$p(\boldsymbol{X}_k^i|\boldsymbol{X}_{k-1}^i)=\begin{cases}P_{\rm d} & (e_k^i=0,e_{k-1}^i=1)\\ P_{\rm b} & (e_k^i=1,e_{k-1}^i=0)\\ 1-P_{\rm d} & (e_k^i=1,e_{k-1}^i=1)\\ 1-P_{\rm b} & (e_k^i=0,e_{k-1}^i=0)\end{cases} \tag{6-19}$$

式中:$P_{\rm b}$、$P_{\rm d}$ 决定了算法的检测性能,通过调整 $P_{\rm b}$、$P_{\rm d}$ 的设定可以达到最佳检测性能。

PF-TBD算法具体实现步骤如下:

初始化,在 $k-1$ 时刻,从初始分布 $p(\boldsymbol{X}_0)$ 中抽取 N 个粒子 $\{\boldsymbol{X}_0^i,\boldsymbol{P}_0^i,e_0^i\}_{i=1}^N$;当 $k-1$ 时刻没有目标,k 时刻出现目标时,计算粒子状态的权值:从初始分布 $p(\boldsymbol{X}_0)$ 中抽取 $N_{\rm b}$ 个粒子 $\{\boldsymbol{X}_k^i,\boldsymbol{P}_k^i\}_{i=1}^{N_{\rm b}}$,其条件概率分布为

$$p(\boldsymbol{X}_k^i|e_{k-1}^i=0,e_k^i=1)=p(\boldsymbol{X}_0) \tag{6-20}$$

计算权值

$$\tilde{q}_k^{(b)}(i)\approx\frac{p(\boldsymbol{X}_k^i|e_{k-1}^i=0,e_k^i=1,\boldsymbol{Z}_{1:k})}{\pi(\boldsymbol{X}_k^i|e_{k-1}^i=0,e_k^i=1,\boldsymbol{Z}_{1:k})} \tag{6-21}$$

式中

$$\begin{aligned}p(\boldsymbol{X}_k^i|e_{k-1}^i=0,e_k^i=1,\boldsymbol{Z}_{1:k})&\propto p(\boldsymbol{Z}_k|\boldsymbol{X}_k^i,e_k^i=1)p(\boldsymbol{X}_k^i|e_{k-1}^i=0,e_k^i=1)\\&=p(\boldsymbol{Z}_k|\boldsymbol{X}_k^i,e_k^i=1)p(\boldsymbol{X}_0)\end{aligned} \tag{6-22}$$

重要性密度函数为

$$\pi(\boldsymbol{X}_k^i|e_{k-1}^i=0,e_k^i=1,\boldsymbol{Z}_{1:k})=\pi(\boldsymbol{X}_k^i|e_{k-1}^i=0,e_k^i=1,\boldsymbol{Z}_k) \tag{6-23}$$

则重要性权值为

$$\tilde{q}_k^{(b)}(i) \propto \frac{p(\boldsymbol{Z}_k | \boldsymbol{X}_k^i, e_k^i = 1) p(\boldsymbol{X}_0)}{\pi(\boldsymbol{X}_k^i | e_{k-1}^i = 0, e_k^i = 1, Z_k)} \tag{6-24}$$

对权值归一化

$$q_k^{(b)}(i) = \sum_{i=1}^{N_b} \tilde{q}_k^{(b)}(i), i = 1,2,\cdots,N_b \tag{6-25}$$

当 $k-1$ 时刻有目标，且 k 时刻目标也存在时，计算粒子状态的权值：根据 $\boldsymbol{X}_k^j = f_{k-1}(V_{k-1}, \boldsymbol{X}_{k-1}^j)$ 预测粒子状态，预测 k 时刻粒子状态 $\overline{\boldsymbol{X}}_k^j$ 和方差 $\overline{\boldsymbol{P}}_k^j$，则得到重要性密度函数为

$$\pi(\boldsymbol{X}_k^j | \boldsymbol{X}_{0:k-1}^j, \boldsymbol{Z}_{1:k}) = N(\overline{x}_k^j, \overline{P}_k^j) \tag{6-26}$$

从重要性密度函数采样，抽取 N_c 个粒子 $\{\boldsymbol{X}_k^j, \boldsymbol{P}_k^j\}_{j=1}^{N_c}$；计算权值

$$\tilde{q}_k^{(c)}(j) \approx \frac{p(\boldsymbol{Z}_k | \boldsymbol{X}_k^j) p(\boldsymbol{X}_k^j | \boldsymbol{X}_{k-1}^j)}{\pi(X_k^j | \boldsymbol{X}_{k-1}^j, \boldsymbol{Z}_k)} \tag{6-27}$$

对权值归一化

$$q_k^{(c)}(j) = \sum_{j=1}^{N_b} \tilde{q}_k^{(c)}(j), j = 1,2,\cdots,N_c \tag{6-28}$$

则 k 时刻粒子状态、协方差、存在状态和相对应权值为

$$\{\boldsymbol{X}_k^n, \boldsymbol{P}_k^n, E_k^n, q_k^n\}_{n=1}^N \tag{6-29}$$

重采样得到粒子更新 $\{\dot{\boldsymbol{X}}_k^n, \dot{\boldsymbol{P}}_k^i, \dot{E}_k^n, \dot{q}_k^n = 1/N\}_{n=1}^N$；估计目标状态

$$\hat{\boldsymbol{X}}_k = \frac{1}{N} \sum_{i=1}^N \dot{\boldsymbol{X}}_k^i \tag{6-30}$$

定义 k 时刻目标存在概率为

$$P_k^{ex} = \frac{1}{N} \sum_{n=1}^N \dot{E}_k^n \tag{6-31}$$

选取阈值 τ，则目标检测判决为

$$d_i = \begin{cases} d_1, & P_k^{ex} \geqslant \tau \\ d_0, & P_k^{ex} < \tau \end{cases} \tag{6-32}$$

式中：d_1、d_0 分别表示目标存在和目标不存在。

τ 由检测的虚警概率和漏警概率决定。采用 $\tau = 0.6$ 进行仿真验证。传感器参数设置：距离、多普勒、方位分辨单元个数分别为 100、80、5；目标回波功率平均值 $P_0 = 20P_u$（P_u 为归一化的能量功率）。观测噪声的方差 σ_n^2 由背景噪声信噪比决定，信噪比为 7dB、4dB 时，σ_n^2 分别为 1.2589、3.9811。目标参数设置：目标做匀速直线运动，雷达扫描周期 $T=1$s，共仿真 23 个扫描周期。目标在第 3 个扫描周期出现在距离雷达 89.6km 处，以200m/s 的速度向雷达方向匀速直线运动，一直持续到第 21 个扫描周期消失，目标初始状态 $\boldsymbol{X}_0 = [89.6, -0.2, 0, 0]^{\mathrm{T}}$。粒子滤波参数设置：粒子初始位置（$x_0, y_0$）在空间 $[85,90] \times [-0.1, 0.1]$ 内均匀分布，粒子初始速度（$\dot{x}, \dot{y}$）在空间 $[-0.34, -0.1] \times [-0.02, 0.02]$ 内均匀分布，粒子初始回波功率服从均匀分布，粒子数 $N = 2000$，粒子初始存在概率 $\mu_0 = 0.05$。信噪比分别为 7dB、4dB 时，基于非起伏目标模型和 Swerling I 型起伏目标模型的 PF-TBD 算法目标出现概率对比，如图 6-16 所示。图中目标检测阈值 $\tau = 0.6$，从图 6-16 中可以看出，信噪比为 7dB 时，两种模型都可以准确检测到目标，时刻 3 目标出现时都不需

积累能立刻检测到目标，当时刻 21 目标消失时两种模型的目标出现概率都没有延迟立刻降到检测阈值以下，在时刻 3 ~ 时刻 21 之间目标持续时，两种模型的目标出现概率都很高，但是 Swerling I 型起伏目标模型出现概率明显高于非起伏目标模型；信噪比为 4dB 时，随着信噪比的降低，两种模型的目标出现概率都减小，目标出现时两种模型的目标出现概率都需要积累几个时刻才能达到检测阈值，但是 Swerling I 型起伏目标模型检测到目标时积累的时刻少于非起伏目标模型。当目标消失时，Swerling I 型起伏目标模型出现概率能很快降下来，而非起伏目标模型则有延迟。

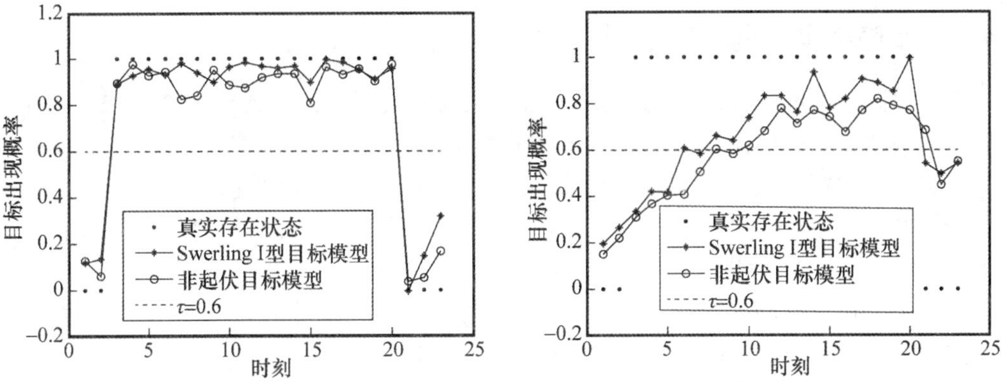

(a) 信噪比为 7dB　　(b) 信噪比为 4dB

图 6 – 16　目标出现概率

信噪比分别为 7dB、4dB 时，基于两种目标模型的位置均方根误差如图 6 – 17 所示。目标跟踪位置均方根误差计算公式为

$$\mathrm{RMS}_k = \sqrt{\frac{1}{N_{Mc}}\sum_{Mc=1}^{N_{Mc}} (x_k - \hat{x}_k)^2 + (y_k - \hat{y}_k)^2} \tag{6-33}$$

式中：Mc 为变量；N_{Mc} 为蒙特卡罗次数。

从图 6 – 17 中可以看出：信噪比为 7dB 时，Swerling I 型目标模型跟踪误差低于非起伏目标模型；信噪比为 4dB 时，两种模型的跟踪误差都增大，Swerling I 型目标模型跟踪性能的优势不再明显。这说明信噪比越高，两种模型的跟踪性能越好。信噪比较高时，Swerling I 型目标模型跟踪性能明显优于非起伏目标模型；信噪比较低时，两种模型跟踪性能接近，但 Swerling I 型目标模型跟踪性能稍微优于非起伏目标模型。

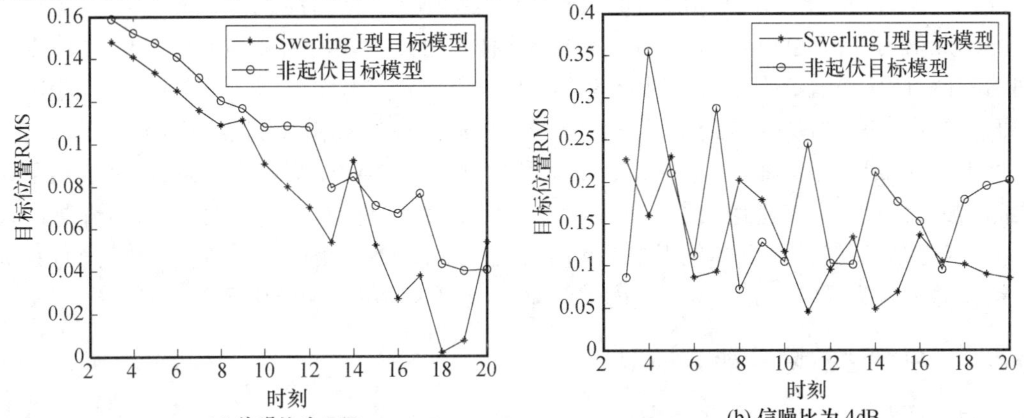

(a) 信噪比为 7dB　　(b) 信噪比为 4dB

图 6 – 17　目标位置均方根误差

6.4 反隐身雷达网系统模型

雷达组网过程中一般优先选择在时域、频域、极化域和空域等方面差异性较大的雷达,并保证组网雷达之间互不干扰,网内数据传输快,指控中心能控制各站雷达开关机发射功率、天线位置等。另外,雷达网通常还具有一定的重构能力,同时兼顾“四抗”能力要求选择合适的雷达,使该雷达系统成为一个有机整体,发挥雷达网的优势,完成作战任务。

6.4.1 反隐身雷达网配置原则

为了提高雷达网的探测性能,使网内各雷达均能发挥各自的效益,必须考虑雷达网系统的层次问题和不同体制雷达之间的合理配置问题:

(1) 采用远程警戒雷达与低空补盲雷达组成的双层雷达网结构,中高空警戒任务可采用传统的米波雷达或对其进行技术改造,以适应组网需要,低空补盲任务可采用线性调频体制的雷达或毫米波雷达。

(2) 可以在双层网的基础上,根据整个组网战术性能设计的要求,引入中程雷达站,对中空目标进行警戒,组成具有远、中、近三层探测能力的雷达网。

(3) 雷达组网数据处理:集中式处理结构。从保存信息的原则出发,集中式点迹处理比分布式航迹处理能提供更多的信息。对于两种处理方案的航迹起始与航迹终止概率的计算机仿真结果也表明,前者比后者具有更高的起始(终止)概率。因此,在反隐身雷达网系统中应优先考虑集中式点迹处理方案。

(4) 从探测隐身目标出发确定雷达优化布局。雷达网的优化布站是反隐身雷达网设计中很重要的问题。由于隐身目标的 RCS 在各个方向上有着非常大的差别,因此,针对目标的入侵方向,不同的空间布站方式将对各单站雷达的战术性能产生极大影响,从而决定着雷达网的工作方式、数据融合算法的选择及某一确定空域内雷达网的探测能力。如何优化布站,使雷达网获得最佳检测效益是反隐身技术中有待深入研究的课题。它需要在了解目标的 RCS 特性及入侵规律(可能的入侵方向、空域等)的基础上确定某种测度或标准进行系统性能的比较,推导出求解最佳组网的算法或准则。

为了防止雷达网出现对威胁目标漏报的情况,对雷达网布局时从最不利的隐身目标出发,即将雷达检测隐身目标所需的最小 RCS 随角度变化的曲线及该目标所能提供的 RCS 随照射角度变化的曲线画在同一坐标平面内,通过比较所需的与所能提供的 RCS 之间的差值,计算差值等于零时所对应的临界仰角和临界散射截面,并计算最大作用距离在地面上的投影距离,从而得到雷达对目标的可探测范围图。由探测范围图可确定出对雷达最不利的“纵向暴露距离”和对雷达最有利的“隐身穿越的最小横距”,从而确定出雷达之间的最大间距,即二雷达站之间的间距不能大于隐身目标对二雷达站的“隐身穿越的最小横距”之和。同时,当目标位于中层预警探测区时,应使 3 部雷达不同时处于隐身目标鼻锥方向 $\pm 3°$范围内。应用该方法的关键是绘制雷达的可探测范围图。

6.4.2 单雷达抗隐身能力模型

隐身目标降低了雷达反射截面积,在一定范围内难以被探测到目标。从雷达距离方程可知,通过增大发射功率 P_t、提高天线增益 G、降低噪声系数 F 来弥补目标雷达截面积的降低对雷达作用距离造成的损失。此外,通过控制脉冲驻留时间 T 可以增加脉冲积累个数,实现目标回波频域积累,提高目标 SNR;脉冲压缩体制的雷达采用低峰值功率、大脉冲宽度 τ 对目标回波进行空域积累也可以提高 SNR。可见单雷达抗隐身能力受到发射功率 P_t、天线增益 G、噪声系数 F、脉冲驻留时间 T 和脉冲宽度 τ5 个因素的影响。因此,单雷达抗隐身能力模型系数为[12]

$$S = P_t \cdot G \cdot T \cdot \tau / F \tag{6-34}$$

6.4.3　组网雷达频域抗隐身因子

目前,隐身目标的隐身频率范围为 1 ~ 20GHz,因此频域反隐身技术主要有单基地米波雷达、天波超视距雷达等,在组网雷达内合理部署雷达能够提高整个组网雷达的抗隐身能力。

1. 单基地米波雷达抗隐身系数

米波雷达工作于 VHF/UHF 频段。目前吸波材料尚不能覆盖米波及以下频段,且针对微波雷达的整形技术效果也会变差。如对尖锥体而言,在光学区和谐振区有 RCS $\propto \lambda^2$,即 $R_{max} \propto \lambda^{1/2}$,这表明,波长 1.0m 的雷达与波长 0.1m 的雷达比较,同一目标的 RCS 前者是后者的 100 倍(20dB),作用距离前者是后者的 3 倍以上。有关海湾战争的报道表明,英军的马可尼 1022 型 D 波段雷达在约 64km 远的海面识别并跟踪了 F-117A 隐身飞机。

假设共有 N 部雷达组成一个雷达网,其中 K 部米波雷达,则米波雷达频域抗隐身系数可定义为

$$\delta = \begin{cases} 1.0, K/N \leqslant 0.1 \\ 1.2, 0.1 < K/N \leqslant 0.4 \\ 1.5, 0.4 < K/N \leqslant 0.7 \\ 2.0, K/N > 0.7 \end{cases} \tag{6-35}$$

2. 超视距雷达抗隐身系数

超视距雷达工作于 HF 频段(5 ~ 300MHz),利用天波传播机制,可探测 900 ~ 4000km 的目标。超视距雷达工作于瑞利区或谐振区。这使目标 RCS 只取决于目标的体积或照射面积,从而使目标的隐身整形、吸波材料等隐身技术失效,也使阻抗加载隐身更加困难。此外,超视距雷达的天波传播机制避开了隐身飞行器的鼻锥方向,也可有效利用隐身飞行器的非鼻锥方向 RCS 的增强达到探测隐身的目的。超视距雷达数量系数可定义为

$$\gamma = \begin{cases} 1.0, & \text{无超视距雷达覆盖责任区} \\ 2.0, & \text{1 部超视距雷达覆盖责任区} \\ 4.0, & \text{2 部以上超视距雷达覆盖责任区} \end{cases} \tag{6-36}$$

综上,组网雷达频域抗隐身因子可以表示为

$$S_f = \delta + \gamma \tag{6-37}$$

6.4.4　组网雷达空域抗隐身因子

目前,隐身飞机的隐身能力主要表现在正前方 ±30°范围内的 RSC 值减缩较大,而其

他方向减缩不多,因此可以采用空域反隐身技术。目前常用的空域反隐身技术主要有双/多基地雷达、气球载或机载等空基雷达、单部雷达全方位布站组网等。

1. 覆盖系数

若隐身目标处于 2 部雷达的重叠范围内,且与 2 部雷达连线之间的夹角大于或等于 60°,则可保证隐身目标处于 1 部雷达的空域可视窗口。网内合理部署的雷达数目越多,隐身目标越可能处于多部雷达的空域可视窗口,且每部雷达之间的距离变小,在每部雷达作用距离减小的情形下对雷达网的覆盖空域影响不大,雷达网反隐身能力变强。由于部署雷达数量 M 越大,覆盖系数 ρ 越大,故用覆盖系数 ρ 代表雷达部署效能,即

$$\rho = \left[\left(\bigcup_{m=1}^{M} \beta_m\right) \bigcap \beta\right] / \beta \tag{6-38}$$

式中:β_m 为第 m 个雷达覆盖面积,$\beta_m = \pi R_m^2$;β 为雷达网责任区面积。

2. 双/多基地雷达

双/多基地雷达常由一个发射站和多个接收站构成,利用非后向散射机理工作,可使隐身失效,即使在微波频段工作也可保证作用距离不下降,缺点是低空和超低空性能较差。双/多基地雷达反隐身系数可定义为

$$\psi = \begin{cases} 1.0, \text{无双/多基地雷达} \\ 2.0, \text{部分部署双/多基地雷达} \\ 3.0, \text{全责任区部署双/多基地雷达} \end{cases} \tag{6-39}$$

3. 气球载或机载、星载预警等空基雷达

由于隐身飞机主要是降低鼻锥方向的 RCS,使用气球载或机载、星载预警等空基雷达对其探测时等同于普通目标,但该方式造价和技术困难还有待解决。若网内配有上述雷达,可提高雷达网反隐身能力。空基雷达反隐身系数可定义为

$$\xi = \begin{cases} 1.0, \text{无空基预警雷达} \\ 2.0, \text{有空基预警雷达} \end{cases} \tag{6-40}$$

综上,组网雷达空域抗隐身因子可以表示为

$$S_s = \psi + \xi \tag{6-41}$$

6.4.5 组网雷达信息融合抗隐身因子

信息融合处理方式一般可以分为集中式处理方式和分布式处理方式。采用集中式处理方式的优点是在较小的雷达反射截面积情况下仍然能够检测目标,提高定位跟踪精度,保持跟踪航迹的连续。因此,组网雷达信息融合抗隐身因子可以定义为

$$S_I = \begin{cases} 2, \text{集中式融合} \\ 1, \text{分散式融合} \end{cases} \tag{6-42}$$

6.4.6 综合抗隐身效果

隐身目标的出现给单部雷达检测和跟踪带来了挑战,通过多部不同类型雷达组网,可以带来一定的探测优势。雷达网抗隐身组网过程本质上是根据目标隐身特性确定组网雷达的发现概率、虚警概率、覆盖空域等指标,并根据这些设定指标值实现组网雷达效率最

大值的一个优化过程。综合所有单部雷达抗隐身能力系数和各影响因子,可得到雷达抗隐身能力度量公式,即

$$S_{\text{net}} = S_f S_s S_I \sum_{i=1}^{N} S_i \tag{6-43}$$

式中:S_i 为第 i 部雷达的抗隐身能力系数;S_f、S_s、S_I 分别为频域、空域和信息融合抗隐身因子;N 为用于组网的雷达数目。

6.5 雷达反隐身技术发展趋势

6.5.1 国外反隐身技术概况

反隐身技术是研究使隐身措施的效果降低甚至失效的技术。目前隐身技术的研究主要是针对雷达探测系统的,所以反隐身技术的发展重点也针对雷达。雷达实现反隐身的技术途径主要有三个方面:提高雷达本身的探测能力;利用隐身技术的局限性削弱隐身兵器的隐身效果;开发能摧毁隐身兵器的武器。目前,世界各国都在积极发展反隐身技术,并取得了一定进展。

1. 美国反隐身雷达系统

早在1986年,美国就部署了超视距雷达系统,主要用于探测与跟踪超低空突防的巡航导弹和隐身轰炸机。1991年,美国空间海上作战指挥部针对巡航导弹、高空高速飞机、高速掠海导弹等微弱目标的威胁特性,采用了多传感器信息融合技术,在一定程度上增强了对目标的探测效率。此外,1992—1997年,美国国防部投入了大量财力发展高灵敏度雷达,提高雷达的发射功率、接收机的信号处理能力和抗干扰能力等。美国海军研究机构从1998年开始建立较接近真实环境的试验平台,考虑了传感器的误差测量、大气反射、海面多径反射、非均匀杂波等环境特征。接近实战环境的数据融合技术的研究取得了对隐身目标探测的较好效果。

2004年,美国洛克希德·马丁公司收购了捷克生产“维拉”(VERA)2E无源探测雷达的工厂,开始研制技术更先进的“沉默哨兵”雷达。“沉默哨兵”雷达的核心是无源相控定位技术。“沉默哨兵”雷达自身不发射电磁波信号,它只是一个无源雷达信号接收站,通过截获商业调频无线电台和电视台发射的电磁波信号,检测和跟踪监视区内的运动目标。同时,由于“沉默哨兵”雷达没有雷达信号发出,也不会遭到反辐射导弹的袭击。该系统广泛采用了仿生学的原理,参考苍蝇360°“复眼”的构造,设计将四面尺寸在2.5m左右的天线安装在固定雷达站基座上,每面探测范围均为120°,合在一处可实现全方位全天候目标监视。“沉默哨兵”雷达不仅可以安装在地面上,而且可以装在飞机、车辆和舰船上。“沉默哨兵”雷达装有新式无源定位与识别(PLAID)系统,大大提高了其探测精度,能够对截获的雷达信号实施第二轮精确测量, PLAID系统的处理器中存有全球5.5万个商用电台、电视台和飞行器的位置、频率范围和信号特征,经过数据比对,彻底过滤掉干扰信号,从纷乱的电磁杂波中始终“揪住”隐身飞机的信号,直至将其击落。“沉默哨兵”雷达的早期试验证明,跟踪10m^{2}小目标的距离可达550km以上,美国战略空军的B-2隐身轰炸机在250km外曾被“沉默哨兵”雷达擒获。不仅如此,“沉默哨兵”雷达还可跟踪超低空直

升机、巡航导弹和弹道导弹。

美国自20世纪70年代开始研究到1994年完成设计定型的机载雷达组网关键设备——联合战术通信系统已装备了两个飞行中队,被动探测与定位成果已得到应用。其研制的机载预警雷达都有测角交叉无源定位的工作模式,许多机载雷达也都有被动探测工作模式,实现对干扰源的定位。美国已对成熟的情报雷达网、制导雷达网不断改进和完善。例如:用低空补盲雷达以抵御低空小目标突防;利用6部"爱国者"制导雷达组网作战,采用测向交汇或时差定位方式对空中干扰源进行加权定位。原有"爱国者"的均衡网、加权网经改善补充成为混编网,并把"霍克""小榭树"组进网里,提高了反低空、超低空入侵的能力,同时解决了各制导武器之间的相互支撑,提高了生存能力。美国空军和陆军有关专家普遍认为,组网是最有希望的反隐身、抗干扰途径。美国陆军已集中力量优先安排组网工作,改进其监视和作战能力。当前,美国已考虑组网作战实施对传统指挥式的变革,研究"即插即战"的指挥模式。

2. 俄罗斯反隐身雷达系统

20世纪80年代末苏联就开始研制的"铠甲"无源电子监视雷达系统,能侦察、分析及跟踪美国的隐身飞机。90年代俄罗斯对该系统进行大幅度现代化改造,升级为数字化的"铠甲"系统,其侦察范围增加了50%,达到600km。2004年,俄罗斯列装55Zh6-1"天空"三坐标雷达,该雷达是由高尔基无线电技术研究所研制的,它可能是世界上唯一工作在米波波段的数字相控阵天线雷达。尽管它的波长为米级,但分辨率非常高。据报道,距离分辨率为400m,方位分辨率为0.4°,该雷达具有360°。全方位扫描能力,转速为10r/min或20r/min。从理论上讲,在晴朗的白天或月光照耀的夜晚,这个精度足以使拦截武器看见要拦截的隐身飞机(如美国F-117A隐身战斗机),并用炮火击落。

3. 其他国家反隐身雷达系统

美国是隐身技术发展最早的国家,相继研发出了B-2隐身轰炸机、F-117和F-22隐身战斗机、联合攻击机(JSF),并在海湾战争中取得了不俗的战绩。面对这种潜在威胁,各军事大国一方面加紧研制第4代战机,同时也积极开展了一系列反隐身措施的研究。

意大利成功研制了地面效应远程反隐身无源雷达。该无源雷达可以探测并且发现F-22飞机的行踪。试验表明,3次发现并且模拟拦击F-22飞机都取得成功。机载作用距离达到140km,地面作用距离达到1800km。此外,意大利研制了被称为"安纳斯蒂之眼"的反隐身探测雷达。北约14国的联合防空体系,原是以"奈基"-Ⅱ和"霍克"为主的4层结构。近年来引进美国的18个"爱国者"连和原来的24个"霍克"连组成互补网,部分改动了"爱国者"的软件,使"爱国者"的数据处理结果送至"霍克"就能作战。"爱国者"的后续改进型PAC-3的一个主要设计思想是进一步增强其网络作战能力。捷克研发的"维拉"2E是一种反隐身无源雷达系统,在科索沃战争中与俄制"萨姆"-23防空导弹配合击落美国F-117"夜鹰"隐身战机。马来西亚通过向捷克采购"维拉"2E雷达系统来提高自己的反隐身能力。

6.5.2 国外反隐身技术趋势

随着隐身飞机、反辐射导弹的RCS越来越小,反隐身技术的研究也越来越深入、范围也越来越广。下面根据隐身目标的特性、所处环境分析未来反隐身技术的发展趋势。

（1）发展发射机和接收机分开的双站雷达，以探测低可观测飞机。双站防御利用成正方形的4部雷达，它们有时作为单站雷达，有时作为双站雷达。每部雷达都与其他雷达相连。这些雷达以双站方式互相协调工作，能够发现隐身目标。2部双站雷达提供4个通道，探测从监视空域飞行的隐身飞机的反射信号。一旦发现目标，雷达就接通单站方式，将从4个方向把探测到的微弱信号进行合成跟踪目标。将这些雷达建立在边长为100km的正方形地面上，该系统能监视10000m^2的区域。

（2）利用宽波段雷达有效对付隐身飞机。宽波段的应用可能产生被放大的回波，很像长波从弯曲边缘和圆锥形尖端、短波从平面和圆柱形反射的回波。

（3）发展天基雷达。一部天基雷达系统能够看见隐身飞机和导弹薄弱的顶部。此外，利用地球同步轨道通信卫星作为发射机已经进行了一系列的双站雷达试验，也能有效对付隐身飞机。

（4）研究探测隐身飞机尾流和废气的技术。飞机尾流和废气是不可能被消除的，这是雷达发现隐身飞机的又一种途径。

美国国家海洋和大气局研制了一种探测和跟踪旋涡的近程雷达。其原理是，旋涡内部高速流动形成的紊流和质量密度变化引起折射指数变化，使电磁辐射发生散射以产生雷达回波。这种机理也可以作为雷达反隐身技术。用飞机发动机的废气是潜在的隐身飞机致命弱点这一特性，选择雷达频率，能够开发异常散射，建立具有飞机尾气准确位置和尺度的大气电磁“空穴”。从电磁角度来讲，该“空穴”有真空特征，但是有特别高的吸收率。这些特征会引起雷达波的散射，雷达反射面积为0~10dBsm。美国利用这一特性正在开发激光雷达反隐身技术。

参考文献

[1] 钟华，李自力. 隐身技术——军事高技术的王牌[M]. 北京：国防工业出版社，1999.

[2] Fu L Q, Yang L S, Tang H, et al. Anti-stealth radar with spread spectrum technology[J]. Key Engineering Materials, 2011, 474: 2079-2084.

[3] 马勇. 多传感器组网及反隐身、抗干扰接力跟踪技术研究[D]. 哈尔滨：哈尔滨工业大学，2008.

[4] 万鹏飞，王明宇，王馨. 组网反隐身技术探讨[J]. 情报交流，2015(9): 69-72.

[5] Skolnik M I. 雷达系统导论[M]. 左群声，徐国良，马林，译. 北京：电子工业出版社，2010.

[6] 甘杰，张杰. 隐身目标探测技术现状与发展研究[J]. 现代雷达，2016(8): 13-17.

[7] 罗应. 隐身目标与雷达反隐身技术[J]. 舰船电子对抗，2007, 30(5): 48-53.

[8] 张文春. 反隐身技术[J]. 光电技术应用，1994(1): 20-25.

[9] 廖羽宇，何子述. 极化MIMO雷达隐身目标检测性能研究[J]. 计算机应用研究，2012, 29(1): 246-249.

[10] 张兴龙. 全极化米波雷达反隐身及极化信息处理研究[D]. 西安：西安电子科技大学，2010.

[11] 李永祯. 瞬态极化统计特性及处理的研究[D]. 长沙：国防科技大学，2004.

[12] 赵纯峰，徐子闻. 定量分析雷达网反隐身能力的方法[J]. 空军雷达学院学报，2003, 17(1): 45-46.

第7章　雷达组网抗摧毁技术

叙利亚战争中,俄军部署了S-400“凯旋”(图7-1)等先进地空导弹支持空中作战,这些防空导弹系统的应用,迫使北约认真思考如何对其进行压制[1]。

2014年北约峰会决定,自2025年起,北约欧洲成员国及加拿大必须承担北约50%的空中摧毁敌方地面防空火力(Suppression of Enemy Air Defences,SEAD)任务。目前,北约大部分SEAD能力(包括动能硬摧毁及电磁软杀伤)是由美国空军和海军提供的,使用的主要是空军F-16CJ“野鼬鼠”飞机、海军F/A-18系列战斗机和电子战飞机上携载的AGM-88E/F高速反辐射导弹(“哈姆”导弹,由雷声公司/轨道ATK公司生产),如图7-2所示。另外,北约欧洲成员国中的德国及意大利空军“狂风”-ECR战机也能提供一定的SEAD能力。

图7-1　S-400“凯旋”防空导弹系统

图7-2　AGM-88E/F“哈姆”反辐射导弹

在北约未来面临的作战环境中,雷达对于来袭飞机的探测范围将达到1000km,同时地空导弹的射程也将增加到500km。另外,探测雷达所使用的频率也正在向甚高频(VHF,3~30GHz)发展,使其对于隐身飞机的探测能力得以增强。相较目前雷达,现有机载电子战系统对于低频雷达的探测与定位更困难。

未来北约可以通过三种优选解决方案来对付这些新威胁，使用测试或试验中的电子战装备来达成摧毁、失效、欺骗、拒止及降级等作战效果。北约电子战专家认为：使用传统的反辐射导弹、常规武器、电子战及特种作战等动能手段，能够对威胁雷达进行摧毁；使用反辐射导弹、电子战手段，能够使敌一体化防空系统所依赖的雷达、无线电通信设备、计算机等电子系统失效；而网络攻击手段的引入，能够对电子系统加以欺骗、拒止与降级。

北约将与军工商以及科研机构就 SEAD 解决方案开展紧密合作。2015 年，北约要求欧洲导弹公司（MBDA）对“流星”超视距空空导弹作为未来反辐射导弹的可行性进行评估，如图 7 – 3 所示。该导弹是否能作为反辐射导弹发展目前没有明确消息，该导弹可能会搭载于“台风”战斗机、瑞典 JAS – 39 C/D/E“鹰狮”战斗机以及法国“阵风” – F3 B/C/D 战斗机上，使这些飞机成为真正的 SEAD 平台，而不是像以往那样使用常规武器去摧毁敌防空系统。除了德国空军、意大利空军的“狂风” – ECR 战机，北约欧洲成员国没有别的专用 SEAD 平台。

图 7 – 3　“流星”超视距空空导弹反雷达武器

案例分析：俄制 S – 400“凯旋”防空系统和美制 AGM – 88“哈姆”反辐射导弹是一对矛与盾的较量。反辐射武器存在的价值是通过对敌方防空系统的有效打击，最大限度地发挥隐身飞机、巡航导弹等现代化武器的作战效能。美国在 AGM – 88“哈姆”反辐射导弹的基础上，进一步开发出了多型反辐射武器，以期取得未来作战中制信息权的优势，对我预警防空系统具有重要威胁。可见，如何有效防御新型反辐射武器的威胁是当前雷达组网系统需要解决的重要问题。

7.1　现代雷达面临的反辐射武器

7.1.1　反辐射武器的定义

反辐射武器是指利用敌方发射的电磁辐射信号进行引导，摧毁敌方威胁辐射源的武器。其主要有反辐射导弹、反辐射无人机和反辐射炸弹。反辐射导弹也称为反雷达导弹，主要有空地型、空空型、地空型、地地型反辐射导弹。反辐射无人机是安装反辐射导引头和引信战斗部的无人机，可长时间在空间巡弋，伺机攻击。反辐射炸弹是安装反辐射导引头的炸弹，从空中投放，其制导方式简单，战斗部大，杀伤范围大；但攻击距离比较近，命中精度较低,装备比较少[2]。

7.1.2 反辐射武器的特点

1. 反辐射武器的优点

(1) 命中精度高。反辐射武器的精度取决于无源导引头或惯导系统,导引头采用数字式信号处理技术和复合制导方式进行制导,制导精度高,能自主寻的,直至命中目标[3]。

(2) 作战时间短。如今反辐射武器,尤其是反辐射导弹的飞行速度已高达马赫数 3,把作战时间缩为最短,雷达来不及关机就可能被直接摧毁。

(3) 适用范围广。反辐射导弹体积小、重量轻,反辐射炸弹控制简单,杀伤力大,均可挂载于多种型号的战机上。

(4) 隐蔽性能好。反辐射武器本身不发射信号,雷达有效反射面积小,难以被发现,有利于对敌实施突然攻击。

(5) 攻击目标多。反辐射武器导引头频率覆盖范围为 0.5 ~ 18MHz,可以攻击单脉冲雷达、脉冲压缩雷达、频率捷变雷达和连续波雷达。

2. 反辐射武器的弱点

(1) 对辐射源的依赖性强,导引头根据辐射源参数跟踪雷达信号引导反辐射武器飞行,当雷达关机时,只能按照最后记忆雷达位置进行攻击,并且不能有效辨别辐射源的真伪性,易被诱骗或诱偏。

(2) 导引头的动态范围、灵敏度、对信号的分选识别能力有限,因此探测辐射源的截获概率有限,影响反辐射武器的性能。

(3) 受体积限制,反辐射武器不装备信号分选与选择系统,且威力受限,难以摧毁雷达坚固的防护设施。

(4) 导引头的天线孔径受弹径限制,尺寸较小,对米波雷达或更长波段雷达无法精确定位。

(5) 导引头的角分辨力差,灵敏度及动态范围有限,对超低副瓣雷达跟踪困难。

(6) 反辐射武器通过导引头对雷达信号的无源探测和单脉冲角度跟踪引导飞行,反辐射武器离开载机后沿径向飞向雷达,这种从大目标分离后沿径向快速飞行的特点容易被雷达识别。

7.1.3 反辐射武器

1. 反辐射导弹

1) 第一代反辐射导弹

反辐射武器萌芽于第二次世界大战时期,在越南战争期间正式使用[4]。美军为应对越南从苏联引进的“萨姆” - 2 地空导弹的威胁,在“麻雀” - 3 空空导弹的基础上成功研制出第一代反辐射导弹“百舌鸟”(AGM - 45),如图 7 - 4 所示。“百舌鸟”作为第一代反辐射导弹,要攻击敌方的炮瞄雷达和地空导弹制导雷达,在越南战争中发挥了至关重要的作用。但该型导弹也存在一些致命缺陷:一是导引头覆盖频段太窄,“百舌鸟”早期型号依靠多达 18 种导引头才覆盖了 1 ~ 20GHz 频段;二是制导方式单一,只能沿着雷达发出的电磁波飞向目标，一旦对方雷达采取关机等措施，导弹就失去制导信息来源而无法命中目标；三是导引精度低、战斗部威力不足，即使对方没有采取对抗措施，“百舌鸟”的多数落点离目标的距离也超过 20m，对无装甲防护的软目标杀伤半径只有 5 ~ 15m。

图 7－4　“百舌鸟”反辐射导弹

2）第二代反辐射导弹

为了弥补“百舌鸟”反辐射导弹的不足，在越南战争后期，美军又在舰空导弹的基础上改装生产了第二代反辐射导弹“标准”（AGM－78），如图 7－5 所示。AGM－78A 使用德克萨斯仪器公司为“百舌鸟”AGM－45A－3 研制的导引头，AGM－78B/C/D 各型使用麦克逊电子公司研制的宽频带导引头，导引头天线与“百舌鸟”相同，为 4 臂螺旋天线，但装在陀螺环架上，能在 ±25°范围内跟踪目标，扩大载机搜索目标的机动范围，不要求载机像发射“百舌鸟”导弹那样必须俯冲攻击飞行。“标准”反辐射导弹与“百舌鸟”反辐射导弹相比，具有明显优势：一是射程远，飞行速度快；二是改善了系统抗干扰能力，装有位置记忆装置；三是战斗部杀伤威力也比“百舌鸟”提高 2 倍，有效杀伤半径增大（25 ~ 30m）；四是导引头覆盖频段显著改善，只需两种导引头，就可满足任务要求。然而，作为战争期间的一种应急装备，“标准”反辐射导弹也有明显缺陷：一是结构复杂，不易维护；二是体积笨重，达 620kg，是“百舌鸟”的 3.3 倍，不利于战斗机挂载；三是价格昂贵，成本为“百舌鸟”的 5 倍，不便于大规模使用。

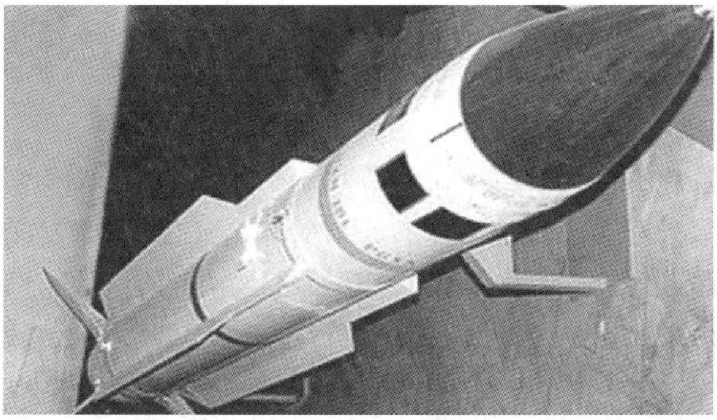

图 7－5　“标准”反辐射导弹

3）第三代反辐射导弹

20 世纪 80 年代，美国开始研制并生产第三代“哈姆”（AGM－88）反辐射导弹，如图 7－6 所示。“哈姆”反辐射导弹发展至今已经拥有了 AGM－88A/B/C/D/E 等多种型号。其作为第三代反辐射导弹，具有许多显著优点：一是导引头覆盖频段宽，虽然“哈姆”反辐射导弹只有一个宽带被动导引头，但频率覆盖范围达到0.8～20GHz；二是导引头灵敏度很高，除了能像“标准”反辐射导弹那样从对方雷达旁瓣进行攻击外，“哈姆”反辐射导弹甚至能从辐射最弱的尾部进行攻击，这使它更难被对方发现、识别和诱骗；三是采用雷达被动寻的制导以及红外和主动毫米波制导等复合制导模式，具有真正对抗雷达关机的能力；四是开始使用隐身技术，例如采用无烟发动机以减少红外特征信号，使其不易被红外寻的导弹发现和跟踪。

图7－6 “哈姆”反辐射导弹

4）第四代反辐射导弹

美军大力发展的第四代反辐射导弹——“先进”反辐射导弹（AARGM），用以对付21世纪更复杂的电子战环境。第四代反辐射导弹具有的优点：一是工作带宽大大拓宽，攻击范围更广，导引头频率覆盖范围扩展到0.1～40GHz，不仅能攻击固定雷达站，也能攻击运动中的雷达平台，并能有效对付相控阵、连续波等新体制雷达；二是采用全球定位系统（GPS）制导、惯性制导、雷达被动寻的、电视或红外制导相结合的复合制导方式，将大大提高抗双点源干扰、诱偏干扰的能力；三是采用隐身技术，减小雷达截面积和降低红外特征，提高其空间生存能力；四是速度更快，射程更远，使敌方雷达没有充足时间采取相应的对抗措施。

2. 反辐射无人机

反辐射无人机是综合反辐射导弹和无人驾驶飞机的优点并加以改进而研制出来的新一代武器。尽管反辐射导弹已成为主要的反辐射攻击武器，但是反辐射导弹在空中飞行时间短，只能攻击预先侦察到的固定目标，找不到目标便自行销毁，因此反辐射导弹无法对敌方雷达网进行持续压制，大大降低了反辐射攻击的效果。在这种背景下，20世纪70年代，美国和德国联合提出“蝗虫”（Locust）计划，旨在研制一种体积小、造价低的无人机，用于压制敌方防空雷达，但因资金不足而终止。20世纪80年代，在过往几次中东战争中，以色列的飞机大多被地空导弹击落，因此，在以色列军方强烈需求的推动下，以色列也开始秘密研制反辐射无人机，并命名为“哈比”（HARPY），如图7－7所示。1997年的巴黎航展上，“哈比”独特的工作方式引起各方的极大关注。此后，其他国家也纷纷开始研制反辐射无人机，典型的有美国的“勇敢者”、德国的“达尔”及南非的“云雀”等。

图7-7　“哈比”反辐射无人机

与目前广泛用于侦察、通信等用途的无人机不同，反辐射无人机集无人机和导弹技术于一体，是一种利用敌方雷达等辐射源辐射的电磁波信号搜索、跟踪并摧毁敌方辐射源的自主武器系统。它是一种特殊的无人攻击机，也可以看成是一种具有巡航能力的反辐射导弹。

3. 反辐射导弹和反辐射无人机作战能力对比

反辐射无人机与反辐射导弹作战能力的不同主要表现在以下几个方面[5]：

（1）反辐射无人机远程攻击能力强于反辐射导弹。反辐射无人机具有较长的滞空时间，可以在敌防空系统覆盖范围之外发射，依靠导航设备飞至目标区域，例如“哈比”的作战半径为400～500km；反辐射导弹的射程仅为几十千米，“哈姆”低空射程为25km，高空射程为80km，需要载机进行抵近发射，大大限制了其攻击距离。

（2）反辐射无人机对敌方辐射源的压制能力远远大于反辐射导弹。反辐射导弹飞行速度快，基本不具备巡航能力，难以实现对敌方辐射源的持续压制；反辐射无人机滞空时间大于4h，可以持续压制敌方的雷达等辐射源，对敌方雷达等操作人员起到震慑作用。

（3）反辐射无人机突防能力远远不及反辐射导弹。反辐射无人机飞行速度较慢、飞行高度低，给敌方的预警雷达较长的反应时间，很容易被敌防空火力摧毁；反辐射导弹可以随载机超低空突防并采用低空攻击方式对敌方辐射源进行打击，反辐射导弹的飞行速度可以达到马赫数3.5，远大于反辐射无人机的250km/h，使敌方防空系统无法在短时间内进行有效拦截。

（4）反辐射无人机对目标毁伤能力远小于反辐射导弹。“哈姆”的战斗部为质量68kg的WDU37/B，内装12845颗直径4.76mm的预制杀伤钨球，杀伤半径为25m左右，能攻击和摧毁有硬防护结构的雷达目标；“哈比”的战斗部为质量仅有约15kg的高能炸药，作战威力十分有限。

（5）反辐射无人机对发射条件的要求远远低于反辐射导弹。反辐射无人机不需要专门的发射跑道，可在卡车上发射，作战使用方便灵活；反辐射导弹发射前要用载机上的侦察设备测定目标辐射源的参数，为了提高反辐射导弹的实时打击效果，发射载机都必须配备相应的高精度辐射源探测系统，所以反辐射导弹对发射条件尤其是载机的要求十分高。

7.1.4　反辐射武器的作战过程

反辐射武器的作战过程可分为五个阶段[6]：

(1) 载机或其他搭载平台搜索、引导阶段。在导弹发射前,采用各种侦察手段对目标进行搜索,确定目标方位。

(2) 导弹瞄准发射阶段。确定目标方位后,立即向目标方向发射导弹,由导引头自行探测目标。

(3) 导弹自由飞行阶段。导引头截获目标前,按惯性飞行。

(4) 自动导引攻击阶段。导引头搜索捕获目标后,启动末段自动引导制导方式。

(5) 引信控制和引爆阶段。导弹锁定目标后,在特定距离上引信开始工作,并适时引爆战斗部。

7.2 雷达抗反辐射武器的对抗措施

7.2.1 反辐射武器告警

反辐射武器告警是抗硬杀伤武器的重要手段,它采用高分辨力、多普勒效应或光电效应等技术对来袭目标进行识别,并根据威胁程度进行告警。告警系统发现来袭目标之后,立即发出警告并控制被攻击的系统采取防护措施。告警技术包括雷达告警和光电告警两方面[7]。

1. 雷达告警

一般情况下,从载机发射的导弹通常以较高的径向速度指向雷达站,根据这个特点,可采用多普勒雷达或成像雷达等手段,识别出导弹的回波或图像,从而发现导弹,发出告警信号。美国的 AN/TPQ-44 脉冲多普勒雷达是一种反辐射导弹自动告警装置,已装备部队多年。

2. 光电告警

在导弹逼近告警中,光电告警设备占有极其重要的地位。目前,国外的光电告警设备已广泛装备部队,并在实战中成效显著。光电告警设备角分辨力高、体积小、重量轻、成本低,且无源工作,能准确引导干扰系统实施干扰,是对导弹进行告警的重要技术手段。光电告警设备可以采用红外告警、紫外告警和激光雷达告警等技术。

7.2.2 反辐射武器干扰

1. 对 GPS 制导武器的干扰

美国拥有全球定位卫星的控制权,其大多数精确制导武器都采用了 GPS 制导方式,并且利用惯性导航系统进行弹道校正。导弹发射后,GPS 会立刻对其飞行方向进行导引,使其飞向目标。在导弹飞行期间的某一特定时间里,弹载 GPS 接收机接收来自 GPS 卫星群传来的位置信息,并将其传输给弹载的惯性导航系统(INS),以调整导弹的飞行路线。因此,精确制导武器能够在防区外以较高的精度攻击目标,但是 GPS 较易受干扰。为了对付以 GPS 制导的精确制导武器的袭击,国外发展了 GPS 干扰机。其中,俄罗斯研制出的廉价的 GPS 干扰机,质量为 8 ~ 10kg,能对美国现有 GPS 的两个频段实施有效干扰。在 2003 年的伊拉克战争中,伊军方使用了从俄罗斯购买的 GPS 干扰机,干扰了数枚美军的

GPS精确制导巡航导弹，使其偏离了预先设定的攻击目标，降低了作战效能。

2. 对红外和激光制导武器的干扰

红外和激光制导的炸弹及导弹受能见度的影响较大，因此可利用云雾及烟尘干扰红外、激光、电视等制导的精确制导武器，使其偏离要攻击的目标，降低其作战效能。在2003年的伊拉克战争中，伊军为了对付美军的空袭，在巴士拉、巴格达等城市周围战壕内注入大量石油，战争爆发后，伊军一方面点燃了少量油井，另一方面点燃各城市周围壕沟内的石油，利用石油燃烧时放出的热量使红外制导的精确武器出现偏差，同时四面八方石油燃烧时冒出的滚滚浓烟降低了能见度，干扰了"小牛"导弹和激光制导炸弹。

3. 对反辐射武器的干扰

1）软杀伤

（1）有源诱饵及有源和无源干扰诱偏反辐射武器。以"天弓"Ⅱ型导弹系统为例，当其雷达受到反辐射武器攻击时，有源干扰车上的诱饵天线发射与雷达频率相似的信号，使反辐射武器跟踪产生误差，误把两辆有源干扰车和相控阵雷达之间的三角形空白地带作为攻击目标，从而保护雷达。诱饵引偏系统设备简单，造价便宜，可以在雷达工作状态下起到保护作用；但对真假辐射源参数一致性要求比较高。

（2）使用激光致盲武器对反辐射武器进行软杀伤。反辐射武器具有激光近炸引信等光电装置，所以可对其实施软杀伤。近年来，在激光武器的研制中，激光致盲武器因其造价低、能耗小、技术难度小而异军突起，发展较快，已成为最先装备部队的激光武器。专家们把激光致盲的作用统称为"致盲"。在激光致盲武器的瞄准系统中，已经采用了"猫眼效应"。美国、苏联、法国的科研人员提出激光武器可以利用这个原理，搜索作为攻击目标的敌方光学设备和光电传感器，确定其位置，实施准确攻击。例如，美国的Stingray激光武器系统和苏联的车载激光武器均采用低能激光脉冲进行扫描，当接收到敌方军用光学设备的反射激光时，再用高能激光进行攻击。

（3）使用有源干扰，扰乱导引头上的电子设备。在雷达频率上施放不同调制的有源干扰，如向反辐射武器方向施放双频干扰，将使导引头混频器输出端被干扰，这种干扰足以引起反辐射武器接收机过载，导致导引头跟踪中断。

2）硬杀伤

（1）高能激光武器。高能激光武器具有快速、灵活、精确、抗电子干扰和威力大等优点，是对付精确制导武器、空间武器，以及遏制大规模导弹进攻的战术与战略防御武器，对未来战争将产生重大影响。虽然高能激光武器的研制费用高，但其使用费用很低，在作战效果相同的情况下，高能激光武器每发射一次仅需几百到几千美元，而一枚"爱国者"导弹则高达数十万美元，所以高能激光武器以其高的效费比和良好的应用前景，促使世界各国投入巨资竞相研制。高能激光武器主要由高能激光器、精密瞄准跟踪系统和光束控制发射系统组成，其特点是"硬杀伤"。高能激光器的功率为几百千瓦至几兆瓦甚至更高，主要有化学激光器、自由电子激光器、CO_2气动激光器、X射线激光器和准分子激光器等。

（2）粒子束武器。这种武器的基本部件是电子、质子、中子等基本粒子加速器。美国海军专家认为：摧毁1km远的导弹，需要0.7～10MJ的脉冲能量；提前引爆2km远的导弹，需要0.1MJ的脉冲能量；破坏3km远处导弹的弹载设备，需要的脉冲能量为0.01MJ。

例如,舰载射束武器系统 ChareHaritige,能够在 0.5km 处引爆导弹战斗部,而破坏弹载电子设备的距离为 4.6km,发射速率为 6 次/s,系统质量为 100t。

(3)火炮密集阵系统。美国的密集阵系统由通用动力公司研制,该系统采用 Unlcan 格林 6 管火炮,每分钟发射 8000 发炮弹,火炮能以转速 86(°)/s 上升到 +80°和下降到 -25°。密集阵系统发射的炮弹形成一个扇面,足以拦截来袭的导弹。据称,台湾军方将在船上部署美国制造的 20mm 密集阵封闭武器系统(CIWS),用以保护其地面雷达设施。

7.2.3 雷达对反辐射武器的探测跟踪

1. 相参积累技术

信号相参积累作为提高目标检测性能的有效手段,已经在雷达目标检测领域广泛采用:一是波束形成通过阵元间的相参积累,可获取波束指向和目标信号在空域的能量聚集;二是脉冲压缩技术通过脉内采样的相参积累实现了信号能量在脉内聚集;三是多普勒滤波器进一步通过脉冲间的相参积累实现了信号能量在脉间的聚集。值得注意的是,在给定功率孔径积等硬件资源条件下,长时间相参积累是提高雷达目标探测性能的为数不多的有效手段之一,因此得到了学术界的广泛研究。然而,长时间积累和反辐射导弹的高速运动容易导致在积累期间目标跨距离门跨多普勒门甚至跨雷达波束,"三跨"问题给现有雷达信号处理技术提出了挑战。

根据相参积累处理的信号维度和信息域,雷达长时间相参积累检测可分为一维时域、二维时域和多维多域三大类方法。常规雷达的长时间相参积累采用一维时域的方法,即沿同一距离单元的不同脉冲采样完成相参积累。典型方法是基于多普勒滤波器组的 MTD 方法,其对短时间内有限脉冲通过 FFT 或 FIR 滤波器组完成相参积累。然而,在长时间下的信号虽然可能驻留在一个距离单元中,但是由于反辐射导弹的切向运动或非匀速运动,回波相位不可避免存在高阶调制。此时,需采用多项式相位信号(PPS)模型建模。目前,对 PPS 参数有效估计与积累检测主要有参数化和非参数化两条技术路线。其中,参数化方法又可分为两类:一类是直接基于最大似然函数的多维搜索方法;另一类是基于似然函数演化的方法。非参数化方法并不利用信号模型的先验信息,通过信号时频变换在时频空间中搜索信号参数,主要方法包括短时傅里叶变换、Wigner - Ville 变换、分数阶傅里叶变换等方法。显然,一维相参积累方法可解决目标跨多普勒门的问题,但没有补偿目标跨距离门问题,其性能严重受限。可见,有效实现对反辐射导弹的相参积累,首先解决距离徙动补偿和多普勒频率徙动补偿两个关键问题。

1)反辐射导弹的距离徙动补偿

在雷达目标检测领域中,对反辐射导弹进行信号处理时,对脉冲回波直接进行慢时间维 FFT,只能把同一距离单元的能量积累起来,信号总能量被分散到多个距离单元上,所得脉冲积累结果的峰值要比未发生距离徙动和距离弯曲时低得多,从而不能得到很好的检测结果,严重时甚至会丢失目标。已有研究介绍用 keystone 方法可以补偿目标距离徙动的影响,但只适用于匀速运动目标,针对目标高加速运动造成的距离弯曲问题采用二阶 keystone 变换进行补偿。

假设雷达发射如下线性调频信号:

$$s(t,\tau)=\mathrm{rect}\left(\frac{\tau}{T_p}\right)\exp(\mathrm{j}2\pi f_c t)\exp(\mathrm{j}\pi\gamma\tau^2) \tag{7-1}$$

式中：T_p 为脉冲宽度；f_c 为载频；γ 为调频率；τ 为快时间，$\tau=t-nT_r(n=0,1,\cdots,N-1)$，$N$ 是脉冲数，T_r 表示脉冲重复周期，$t_n=nT_r$ 为慢时间；$\mathrm{rect}(u)$ 为

$$\mathrm{rect}(u)=\begin{cases}1, |u|\leqslant\dfrac{1}{2}\\[2ex]0, |u|>\dfrac{1}{2}\end{cases} \tag{7-2}$$

雷达接收到的信号经过下变频之后可以表示为

$$s_r(t,\tau)=A_{\mathrm{input}}\mathrm{rect}\left(\frac{\tau-2r(t)/c}{T_p}\right)\times\exp\left[\mathrm{j}\pi\gamma\left(\tau-\frac{2r(t)}{c}\right)^2\right]\exp\left(-\mathrm{j}\frac{4\pi r(t)}{\lambda}\right) \tag{7-3}$$

式中：A_{input} 为幅度；c 为光速；λ 为波长，$\lambda=c/f_c$；$r(t)$ 为雷达到目标的瞬时径向距离。

脉冲压缩后信号在慢时间—距离频率（$t-f$）维可以表示为

$$\begin{aligned}S_r(t,f)\approx & A_0\ \mathrm{rect}\left(\frac{f}{B}\right)\exp\left[-\mathrm{j}\frac{2\pi(f+f_c)2R_0}{c}\right]\exp(\mathrm{j}2\pi(f+f_c)20nT/c)\\ &\cdot\exp(\mathrm{j}2\pi(f+f_c)a\ (nT)^2/c)\end{aligned} \tag{7-4}$$

式中：B 为信号带宽；f 为与快时间 τ 对应的距离频率；R_0 为雷达与目标的初始径向距离；a 为目标的径向加速度。

传统的一阶 keystone 变换是在慢时间维进行尺度变换 $m=nf_c/(f+f_c)$，二阶 keystone 变换也是在慢时间维进行尺度变换，其变换尺度 $m=\sqrt{f_c/f+f_c}$，其数据平面示意图如图7-8所示。

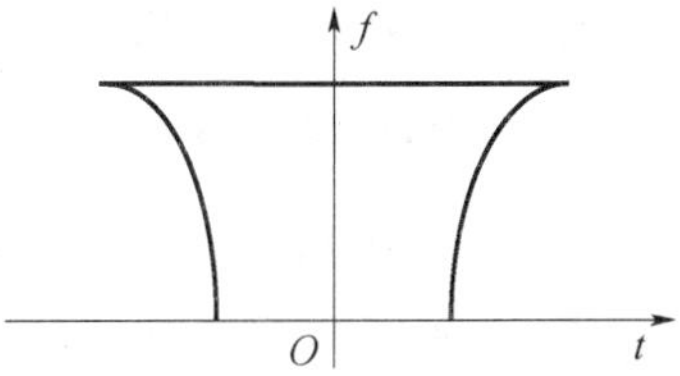

图7-8　广义二阶 keystone 变换后数据平面示意图

对式(7-4)进行二阶 keystone 变换，可得变换后信号为

$$\begin{aligned}O(n,f)=&\mathrm{rect}(f/B)\cdot\exp[-\mathrm{j}4\pi R_0(f_c+f)/c]\\ &\cdot\exp[\mathrm{j}4\pi(\sqrt{f_c}\sqrt{f_c+f})vnT/c]\end{aligned} \tag{7-5}$$

可以看出，经过广义二阶 keystone 变换，包络徙动的二次项已经消除。但是，由速度引起的线性距离徙动仍然没有得到补偿，因此需要用一阶 keystone 变换对剩下的徙动进行补偿。

2）反辐射导弹的多普勒频率徙动补偿

传统的多普勒频率徙动补偿算法只针对匀加速目标模型，而对反辐射导弹来说，其多普勒回波不能仅用线性调频信号描述。

传统的高速目标运动方程一般为时间的一阶或二阶形式，即

$$\frac{\mathrm{d}r}{\mathrm{d}t}=v \tag{7-6}$$

或

$$\begin{cases} \mathrm{d}^2 r/\mathrm{d}t^2 = a \\ \mathrm{d}r/\mathrm{d}t|_{t=0} = v_0 \end{cases} \tag{7-7}$$

图 7-9 和图 7-10 分别显示了匀速、存在加速度和存在加加速度等高阶运动形式下距离徙动及多普勒徙动变化示意图。由图可以看出,高阶运动参数会对长时间积累方法造成影响,在反辐射导弹机动的条件下需要考虑高阶运动参数。

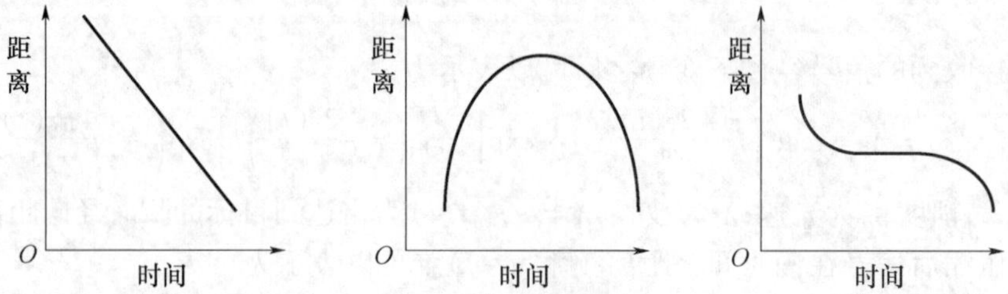

(a)匀速　(b)存在加速度　(c)存在加加速度

图 7-9　三种运动状态下距离徙动变化

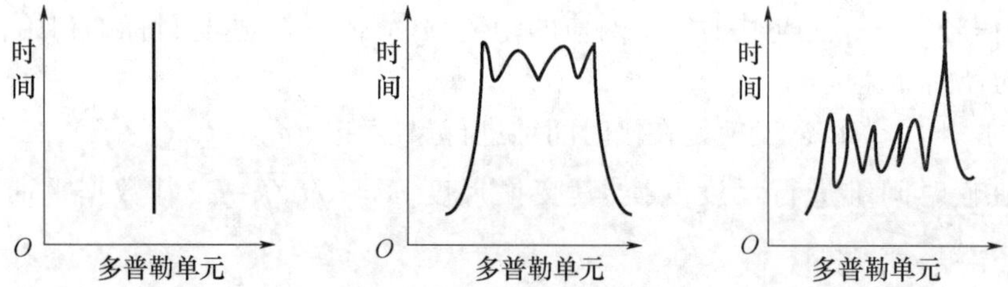

(a)匀速　(b)存在加速度　(c)存在加加速度

图 7-10　三种运动状态下多普勒徙动变化

采取的信号处理方法:首先快速估计各分量的调频率;然后对应各调频率做相应角度的稀疏分数傅里叶变换,搜索到分数域稀疏的大值点的位置和幅度;最后进行检测判断,输出各分量信号的多普勒频率、调频率、调频率变化率等参数。下面介绍调频率和调频率变化率的快速估计方法,采用多项式相位变换法对信号进行差分得到调频率,在此基础上再进行一次差分可估计得到调频率的变化率。下面着重介绍调频率估计方法。

对信号做稀疏分数傅里叶变换,首先遇到的技术难题是调频率的估计。采用二阶多项式相位变换法进行调频率的快速估计,该方法首先对信号进行差分:

$$\mathrm{DP}_2[s(n),\tau] = s(n)s^*(n-\tau) \tag{7-8}$$

式中:τ 为延时;“ * ”表示共轭。

然后对差分后的数据进行傅里叶变换。

对信号 $s(n) = \exp(\mathrm{j}\pi\mu(n\Delta t)^2)$,其二阶多项式相位变换为

$$\mathrm{DPT}_2[s(n),\omega,\tau] = \mathrm{DFT}\{\mathrm{DP}_2[s(n),\tau]\} = \mathrm{DFT}\{\mathrm{e}^{\mathrm{j}2\pi\mu\tau n(\Delta t)^2 - \mathrm{j}\pi\mu(\tau\Delta t)^2}\} \tag{7-9}$$

式中:Δt 为采样间隔。

信号在谱线 $\omega = \omega_0 = 2\pi\mu\tau\Delta t$ 时,$\mathrm{DPT}_2[s(n),\omega,\tau]$ 的能量最集中,通过谱峰检测可获得调频率 μ 的粗略估计,但估计精度受到信噪比的影响。

下面分析多分量线性调频信号,K 分量线性调频信号可以表示为

$$s(n)=\sum_{k=1}^{K}A_k e^{j2\pi f_k n\Delta t}\cdot e^{j\pi\mu_k(n\Delta t)^2}+w(n),n\in[0,N-1] \tag{7-10}$$

式中：A_k、f_k、μ_k 分别为第 k 个线性调频分量的幅值、初始频率和调频率；Δt 为采样间隔；N 为时域样本数；$w(n)$ 为功率为 σ^2 的复高斯加性白噪声。

式(7-10)所示的多分量信号，其二阶多项式相位变换结果为

$$\begin{aligned}
\mathrm{DPT}_2\{s(n),f,\tau\} &= \mathrm{DFT}\{s(n)s^*(n-\tau)\}\\
&= \mathrm{DFT}\Big\{\Big(\sum_{k=1}^{K}A_k e^{j2\pi f_k n\Delta t}e^{j\pi\mu_k(n\Delta t)^2}+w(n)\Big)\cdot\\
&\quad\Big(\sum_{k=1}^{K}A_k e^{-j2\pi f_k(n-\tau)\Delta t}e^{-j\pi\mu_k[(n-\tau)\Delta t]^2}+w^*(n-\tau)\Big)\Big\}\\
&= \mathrm{DFT}\Big\{\sum_{k=1}^{K}A_k^2 e^{j2\pi f_k\tau\Delta t-j\pi\mu_k\tau^2\Delta t^2}e^{j2\pi\mu_k\tau\Delta t(n\Delta t)}\\
&\quad+\sum_{p\neq q\in k}A_pA_q e^{j2\pi f_q\tau\Delta t-j\pi\mu_q\tau^2\Delta t^2}e^{j2\pi(f_p-f_q+\mu_q\tau\Delta t)(n\Delta t)+j\pi(\mu_p-\mu_q)(n\Delta t)^2}\\
&\quad+w(n)\cdot\sum_{k=1}^{K}A_k e^{-j2\pi f_k(n-\tau)\Delta t}e^{-j\pi\mu_k[(n-\tau)\Delta t]^2}\\
&\quad+w^*(n-\tau)\cdot\sum_{k=1}^{K}A_k e^{j2\pi f_k n\Delta t}e^{j\pi\mu_k(n\Delta t)^2}+w(n)\cdot w^*(n-\tau)\Big\}
\end{aligned}\tag{7-11}$$

式中：第一项求和表示各个分量信号；第二项求和表示交叉项；最后两项对应噪声项。

2. 非相参积累技术

1）目标回波部分相参条件下的快速最优能量积累

由于反辐射导弹在积累时间内并非完全相参，相参积累处理和非相参处理都不能达到使信噪比改善最大化的效果，因此将非相参积累和相参积累相结合进行混合相参处理，即将积累时间划分为若干个相参子回波段，在子回波段内进行相参处理，以充分利用相参积累对信噪比的改善效果，同时保证积累后的信噪比能够满足段间非相参积累对于最小信噪比的要求，如图 7-11 所示。

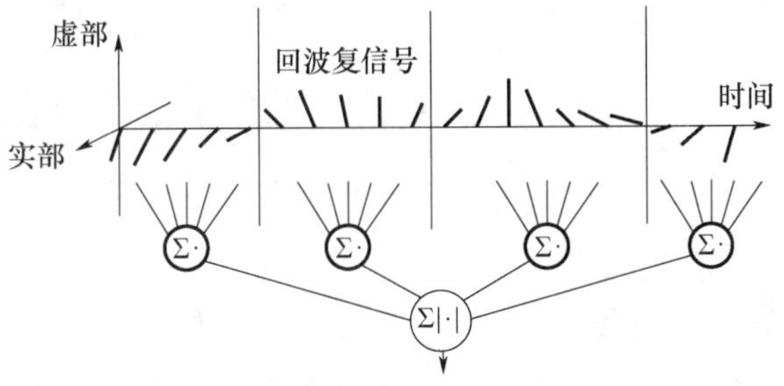

图 7-11　混合相参积累示意图

在实际中，目标回波的相参时间是随目标高度和速度变化的，由于目标实际飞行环境的复杂性，目标回波的相参时间是未知的，也难以根据模型进行估计。为了能够获得最优的积累效果，需要对相参时间进行搜索，即将回波序列用不同长度进行分段并进行多次混合积累处理（图 7-12），并在不同的分段条件下的积累结果中进行目标检测，确保不发生混合积累方式不匹配引起的目标丢失。

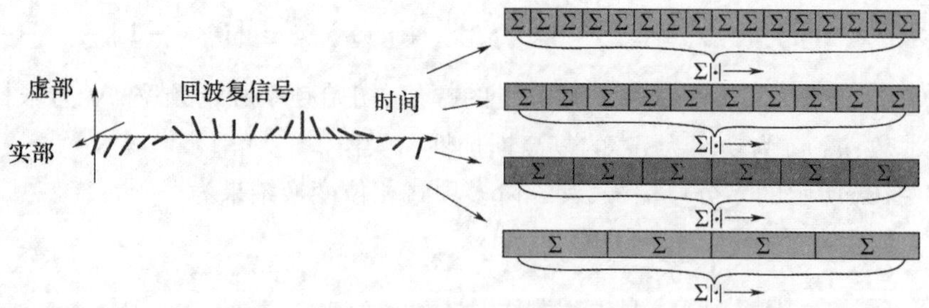

图 7-12　混合相参积累相参时间搜索示意图

但是，实现目标部分相参条件下的最优混合相参积累检测，需要对相参时间进行搜索，因此再加上此前还需要对目标的运动参数进行搜索，其运算量极大。为了减小运算量，需要研究能够对相参时间进行搜索的快速算法。这里采用方案如图 7-13 所示，不再分别用不同的分段长度对回波序列进行多次重复的混合积累，而是首先根据回波最小相参时间所对应的分段长度对回波序列进行分段，对段内的数据进行相参积累，而段间数据进行非相参积累；同时将两个相邻分段相参积累的输出数据再次进行相参积累，从而构成下一层数据，并将下一层数据中的各个数据进行非相参积累，该层数据中两个相邻的数据进行相参积累构成再下一层数据；重复上述操作直至该层数据对应的回波相参时间已达到最大相参时间为止。如此，只需要对最小相参时间所对应的分段模式下的相参积累结果进行不断的兼并即可替代原有的多次混合积累，从而降低运算量，实现快速的相参时间搜索。当然，此时分段长度增加的速率是固定的，难免会错过某些分段长度，从而影响检测结果。因此，可以将同一层数据相邻两个数据进行相参积累的方式改为相邻的三个进行积累，改变分段长度增加的速率，对不同的分段长度得到良好覆盖。

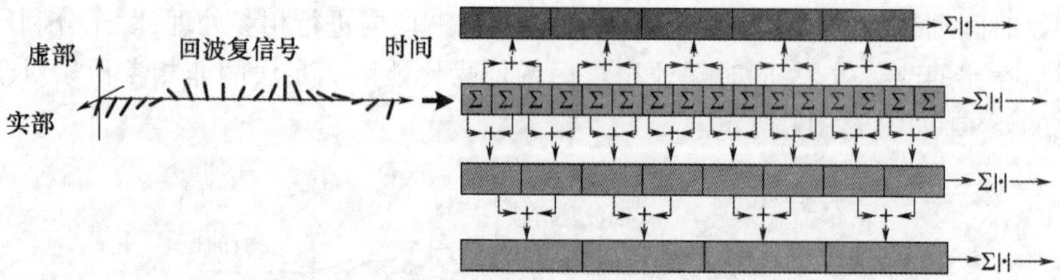

图 7-13　混合相参积累快速算法示意图

2）三维空间反辐射导弹的降维 HT-TBD

在对目标非相参积累的过程中，考虑到直接进行三维 Hough 变换会产生很大计算量和复杂性，这里利用分级降维的思想将三维量测点迹投影映射多个二维平面进行 Hough 变换，显著减少计算量和复杂性。由于目标径向距离和角度测量数据受距离影响很小，因此，为了最大限度地减小噪声积累以及远距离条件下角度误差引起的横向误差的不利影响，将雷达对三维空间的量测点迹投影至距离—时间、方位角—时间、仰角—时间平面进行三级 Hough 变换检测。

由于三级 Hough 变换的基本流程类似，仅以第一级为例阐述算法思想。

第一级 Hough 变换点迹筛选在 $t-r$ 平面进行，并同时完成能量积累过程：

$$\rho = t\cos\theta + r\sin\theta \tag{7-12}$$

为进一步提升参数空间积累性能，采用并行的非相参积累和二值积累的双重积累方式，只有同时满足功率积累值超过阈值 U_E 和票数积累值超过阈值 U_P 的参数单元对应的数据空间点迹才认为是可能的目标点迹。

第一级 Hough 变换原理框图如图 7－14 所示。

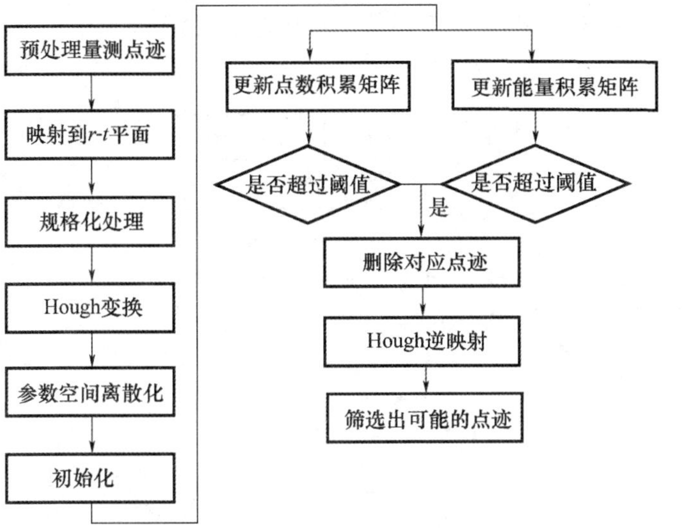

图 7－14　第一级 Hough 变换原理框图

假设任意三个时刻量测点分别为 $\boldsymbol{Z}_i$、$\boldsymbol{Z}_j$ 和 $\boldsymbol{Z}_k$，对应的三维空间距离矢量分别为 $\boldsymbol{b}_{ij}$、$\boldsymbol{b}_{jk}$。在三级 Hough 变换点迹筛选的基础上，引入速度、角度和加速度约束进一步精简航迹：

$$v_{\min} \leqslant \frac{|\boldsymbol{b}_{ij}|}{t_i - t_j} \leqslant v_{\max} \tag{7-13}$$

$$\arccos\left(\frac{\boldsymbol{b}_{ij} \cdot \boldsymbol{b}_{jk}}{|\boldsymbol{b}_{ij}| \cdot |\boldsymbol{b}_{jk}|}\right) \leqslant \beta_{\max} \tag{7-14}$$

$$\left|\frac{|\boldsymbol{b}_{ij}|}{t_i - t_j} - \frac{|\boldsymbol{b}_{jk}|}{t_j - t_k}\right| \leqslant a_{\max} \tag{7-15}$$

式中：$v_{\min}$、$v_{\max}$、$\beta_{\max}$、$a_{\max}$ 分别为根据先验信息设定的最小速度、最大速度、最大转向角和最大加速度。

运动约束平面图如图 7－15 所示。

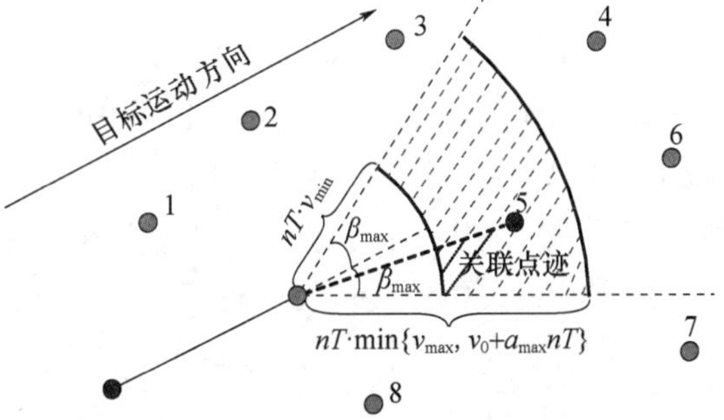

图 7－15　运动约束平面图

最后,在对检测出的同帧点迹两两比较的基础上,得到两条航迹相同点迹的个数 δ。如果 δ 超过某一阈值 δ_0,则合并这两条航迹。

3. 机动目标跟踪技术

考虑反辐射导弹观测误差大、机动特性强,且加速度突变的特性,这里利用基于目标特性分析的强跟踪滤波模型来有效解决这一问题,具体包括反辐射导弹自适应跟踪、目标跟踪特性分析、加速度突变检测和补偿、修正的强跟踪滤波模型设计四个部分,如图 7-16 所示。

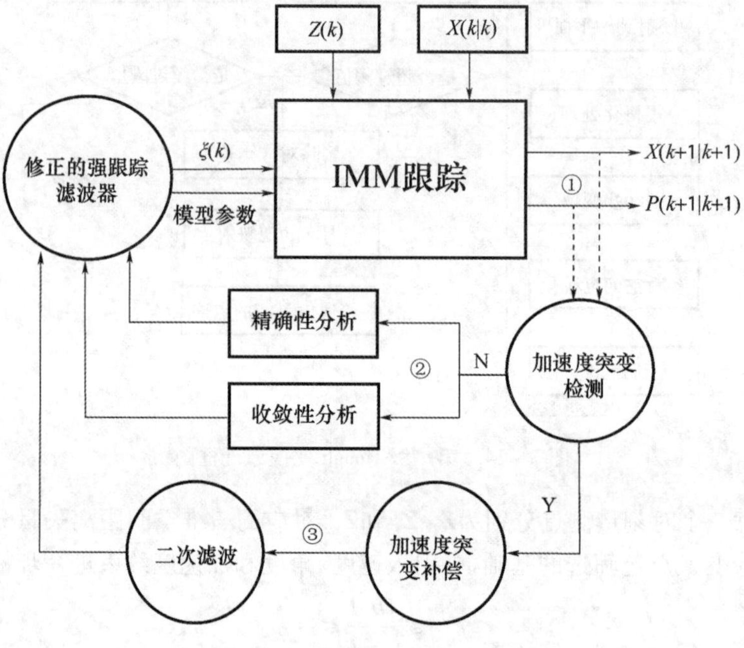

图 7-16 基于目标特性分析的强跟踪滤波模型图

1) 自适应跟踪

在获得目标量测的基础上,令状态向量

$$\boldsymbol{X}(k)=[x \quad v_x \quad a_x \quad y \quad v_y \quad a_y \quad z \quad v_z \quad a_z]^{\mathrm{T}} \tag{7-16}$$

则通过自适应跟踪的方法可有效实现反辐射导弹的定位跟踪。由于反辐射导弹具有较强的机动时变特性,通过 Singer 模型来实现对目标的自适应跟踪。假设 k 时刻反辐射导弹的状态向量和协方差分别为 $\boldsymbol{X}(k|k)$ 和 $\boldsymbol{P}(k|k)$,其状态和协方差的一步预测可对应表示为

$$\boldsymbol{X}(k+1|k)=\boldsymbol{\Phi}(k)\boldsymbol{X}(k|k) \tag{7-17}$$

$$\boldsymbol{P}(k+1|k)=\boldsymbol{\Phi}(k)\boldsymbol{P}(k|k)\boldsymbol{\Phi}^{\mathrm{T}}(k)+\boldsymbol{Q}(k) \tag{7-18}$$

式中:$\boldsymbol{Q}(k)$ 为过程噪声矩阵;$\boldsymbol{\Phi}(k)$ 为状态转移矩阵,且有

$$\boldsymbol{\Phi}(k)=\begin{bmatrix}\boldsymbol{\Phi}_1(k) & 0 & 0\\ 0 & \boldsymbol{\Phi}_1(k) & 0\\ 0 & 0 & \boldsymbol{\Phi}_1(k)\end{bmatrix},\boldsymbol{\Phi}_1(k)=\begin{bmatrix}1 & T & (\alpha T-1+\mathrm{e}^{-\alpha T})/\alpha^2\\ 0 & 1 & (1-\mathrm{e}^{-\alpha T})/\alpha\\ 0 & 0 & \mathrm{e}^{-\alpha T}\end{bmatrix} \tag{7-19}$$

式中：T 为采样间隔；α 为机动时间常数的导数。

量测的预测为

$$\boldsymbol{Z}(k+1|k)=\boldsymbol{H}(k+1)\boldsymbol{X}(k+1|k) \tag{7-20}$$

式中：$\boldsymbol{H}(k+1)$ 为量测矩阵。

假设 $\boldsymbol{Z}(k+1)$ 为 $k+1$ 时刻的目标量测，则新息及其协方差可分别为

$$\boldsymbol{V}(k+1)=\boldsymbol{Z}(k+1)-\boldsymbol{Z}(k+1|k) \tag{7-21}$$

$$\boldsymbol{S}(k+1)=\boldsymbol{H}(k+1)\boldsymbol{P}(k+1|k)\boldsymbol{H}^{\mathrm{T}}(k+1)+\boldsymbol{R}(k+1) \tag{7-22}$$

增益为

$$\boldsymbol{K}(k+1)=\boldsymbol{P}(k+1|k)\boldsymbol{H}^{\mathrm{T}}(k+1)\boldsymbol{S}^{-1}(k+1) \tag{7-23}$$

状态和协方差更新分别为

$$\boldsymbol{X}(k+1|k+1)=\boldsymbol{X}(k+1|k)+\boldsymbol{K}(k+1)\boldsymbol{V}(k+1) \tag{7-24}$$

$$\boldsymbol{P}(k+1|k+1)=\boldsymbol{P}(k+1|k)-\boldsymbol{K}(k+1)\boldsymbol{S}(k+1)\boldsymbol{K}^{\mathrm{T}}(k+1) \tag{7-25}$$

2）目标跟踪特性分析

在对反辐射导弹自适应跟踪的条件下，由于雷达相对目标的测量误差大，且加速度具有较强的时变特性，目标跟踪往往会由于跟踪模型的失配导致滤波发散。针对这一情况，这里通过对协方差记忆的合理衰减，来有效提高目标跟踪的收敛速度和速度、加速度估计精度。

$$\boldsymbol{P}_1(k+1|k)=\xi(k)\boldsymbol{\Phi}(k)\boldsymbol{P}(k|k)\boldsymbol{\Phi}^{\mathrm{T}}(k)+\boldsymbol{Q}(k)_1,\quad \xi(k)>1 \tag{7-26}$$

然而，在跟踪收敛的条件下，协方差记忆的衰减又不可避免地会造成距离跟踪精度降低。针对这一情况，构建加速度统计量和位置统计量来有效实现反辐射导弹跟踪的智能调节：

$$\eta_1(k)=\frac{\boldsymbol{A}(k+1|k+1)-\boldsymbol{A}(k+1|k)}{\boldsymbol{P}_{\mathrm{A}}(k+1|k+1)+\boldsymbol{P}_{\mathrm{A}}(k+1|k)} \tag{7-27}$$

$$\eta_2(k)=\frac{\boldsymbol{B}(k+1|k+1)-\boldsymbol{B}(k+1|k)}{\boldsymbol{P}_{\mathrm{B}}(k+1|k+1)+\boldsymbol{P}_{\mathrm{B}}(k+1|k)} \tag{7-28}$$

式中：$\boldsymbol{A}(k+1|k+1)$ 和 $\boldsymbol{A}(k+1|k)$ 分别为 $k+1$ 时刻目标状态更新和一步预测的加速度分量，$\boldsymbol{B}(k+1|k+1)$ 和 $\boldsymbol{B}(k+1|k)$ 分别为 $k+1$ 时刻目标状态更新和一步预测的位置分量，$\boldsymbol{P}_{\mathrm{A}}(k+1|k+1)$、$\boldsymbol{P}_{\mathrm{A}}(k+1|k)$、$\boldsymbol{P}_{\mathrm{B}}(k+1|k+1)$ 和 $\boldsymbol{P}_{\mathrm{B}}(k+1|k)$ 为其对应的协方差。

反辐射导弹精确跟踪的问题可做如下判决：

（1）若 $\eta_1(k)>\lambda_1$，则确认反辐射导弹跟踪不收敛，需增大目标跟踪波门来有效减小量测误差对目标跟踪的影响，以实现目标速度和加速度估计精度的提高。

（2）若 $\eta_1(k)\leqslant\lambda_1$ 且 $\eta_1(k)\leqslant\lambda_2$（式中：$\lambda_1=\chi_\beta^2(n)$ 为收敛标志位；β 为显著性水平；$n=3$ 为自由度，$\lambda_2=\chi_\beta^2(n)$ 为稳定判决阈值），则确认反辐射导弹跟踪收敛但不稳定，继续对目标进行自适应跟踪。

（3）若 $\eta_1(k)\leqslant\lambda_1$ 且 $\eta_1(k)>\lambda_2$，则确认反辐射导弹跟踪稳定，需减小目标跟踪波门并调节 Singer 模型参数来进一步提高反辐射导弹的距离跟踪精度。

$$\boldsymbol{P}_2(k+1|k)=\xi(k)\boldsymbol{\Phi}(k)\boldsymbol{P}(k|k)\boldsymbol{\Phi}^{\mathrm{T}}(k)+\boldsymbol{Q}(k),\xi(k)<1 \tag{7-29}$$

3）加速度突变检测和补偿

（1）加速度突变检测。在对反辐射导弹稳定跟踪的条件下，考虑到反辐射导弹具有

加速度突变的特性,故构造检验统计量

$$\eta_3(k) = \| \boldsymbol{A}(k+1|k+1) - \boldsymbol{A}(k+1|k) \|_2 \tag{7-30}$$

则反辐射导弹加速度突变的问题可用如下的假设检验做进一步的快速判决:

H_0:若 $\eta_3(k) > \lambda_3$,则判决反辐射导弹发生加速度突变。

H_1:若 $\eta_3(k) \leqslant \lambda_3$,则判决反辐射导弹没有发生加速度突变。

其中,λ_3 为加速度突变判决阈值。

(2) 加速度突变补偿。在目标加速度突变的过程中,其位置和速度并没有发生改变,进而 k 时刻目标的状态向量和协方差可近似补偿为

$$\boldsymbol{X}_2(k|k) = \boldsymbol{X}_1(k|k) + \Delta\boldsymbol{A}(k) \tag{7-31}$$

$$\boldsymbol{P}_2(k|k) = \boldsymbol{P}_1(k|k) + \Delta\boldsymbol{P}(k) \tag{7-32}$$

式中:$\boldsymbol{X}_1(k|k)$和$\boldsymbol{X}_2(k|k)$分别为 k 时刻补偿前后的目标状态;$\Delta\boldsymbol{A}(k)$、$\Delta\boldsymbol{P}(k)$分别为目标加速度补偿及其对应的协方差补偿,且有

$$\Delta\boldsymbol{A}(k) = \boldsymbol{A}(k+1|k+1) - \boldsymbol{A}(k+1|k) \tag{7-33}$$

$$\Delta\boldsymbol{P}(k) = \boldsymbol{P}_A(k+1|k+1) - \boldsymbol{P}_A(k+1|k) \tag{7-34}$$

(3) 二次滤波。在对 k 时刻目标状态和协方差近似补偿的基础上,利用 Singer 模型对目标跟踪进行二次滤波,实现加速度突变补偿后反辐射导弹的精确跟踪。

4) 修正的强跟踪滤波器

在对反辐射导弹特性充分分析的基础上,设计修正的强跟踪滤波器,实现对反辐射导弹的自适应跟踪。由图 7-16 可知,修正的强跟踪滤波器具有三个输入和两个输出,三个输入分别为目标稳定性分析 $\eta_1(k)$、精确性分析 $\eta_2(k)$和加速度突变检测 $\eta_3(k)$,两个输出为协方差增益系数 $\xi(k)$和 Singer 模型参数(机动时间常数 $1/\sigma$、极大加速度 a_M 及其概率 p_M)。

当目标跟踪不稳定,速度加速度误差较大时,协方差增益系数 $\xi(k) > 1$,并加大 Singer 模型参数的机动性能(增大 $1/\sigma$、a_M 和 p_M);当目标跟踪精度较差时,协方差增益系数 $\xi(k) < 1$,并减小 Singer 模型参数的机动性能(减小 $1/\alpha$、a_M 和 p_M);当目标加速度发生突变时,对目标加速度及其协方差进行补偿,并进行二次滤波。

7.3 组网雷达对反辐射武器的对抗措施

7.3.1 组网雷达抗反辐射武器的优势

1. 空间优势

分布地域广泛是组网雷达的空间优势,组网雷达一般由空间上分布广泛的多部雷达组成,延续纵深大、海拔跨度高。这样,ARM 的被动雷达导引头(PRS)要在空间上完成一次对组网雷达系统的搜索,其耗时是可想而知的。对于机动雷达站而言,由于 PRS 截获跟踪机动辐射源的能力有限,机动站相当于 PRS 的空间隐蔽性更为增强。除了地面单一雷达组网之外,还有空间平台雷达组网,这种大纵深、大跨度的雷达组网方式使得战场纵深和空中平台雷达在 ARM 面前显得相对安全。这都是因为 ARM 的射程有限,跟踪机动辐射源的性能较差,对敌后方雷达和空基雷达望尘莫及[8]。

2. 时间优势

ARM 的 PRS 依赖于目标辐射源辐射的电磁波工作,如果目标辐射源不工作或者减少了开机时间,PRS 的工作就会受到影响,甚至变得一筹莫展。组网雷达的各雷达站在指挥控制中心的协调指挥下分时工作,使得它在 ARM 间虽然减少了单机工作时间,即降低了单机暴露的概率,使得它在 ARM 面前相对“寂静”。组网雷达中单部雷达的工作时间虽然减少了,但是不会影响其对信息的获取,这对单部雷达而言是解决不了的矛盾。

3. 频率优势

组网雷达的一个重要特征是占有的频段多,从米波雷达到毫米波雷达,覆盖的频率范围极其宽广。由于网内雷达互相配合工作,有些雷达只在战时工作或者某些频段作为战时专用频段不用,这样就大大减少了雷达频段的暴露概率。而 ARM 的 PRS 主要依靠方位和频率搜索目标辐射源,组网雷达的频率隐蔽性使得它在 ARM 面前获得了顽强的生命力。目前由于体积的限制,还没有米波或者 UHF 频段的 ARM 问世。

4. 功率优势

由于组网雷达的空域覆盖有一定的重叠度,因此减小单部雷达的辐射功率,通过空间功率叠加,仍然能够获得良好的目标信息,系统的整体性能仍然可以满足作战的需要。对于单部雷达而言,减小辐射功率即降低了 PRS 的侦察距离,增强了雷达的低截获性能。如果 PRS 不能够或者很难截获到雷达信号,ARM 也就无从或者偏离攻击目标雷达,其作战效能大大降低。

5. 信号优势

组网雷达的雷达体制多样,信号类型也很丰富。相对于单部雷达而言,组网雷达的信号密度明显提高,而且信号类型复杂多样,因此反辐射武器面临的电磁环境异常复杂。由于受体积的限制,反辐射导引头对信号的分选识别能力有限,加上组网雷达复杂的电磁环境,使得 PRS 对雷达信号的分选识别变得困难,一定程度上破坏了 ARM 攻击的侦察环节,降低了其作战效能。

7.3.2 组网雷达抗反辐射武器的工作模式

组网雷达利用 PRS 分辨角比较大的缺陷,可以使组网雷达式产生抗反辐射摧毁的功效。网内雷达在指挥控制雷达的控制下,使 ARM 无法跟踪任何一部雷达 PRS 导引头跟踪误差,最终将 ARM 引向无害区,从而保护雷达本身。组网雷达抗 ARM 工作模式主要有网内雷达闪光轮换工作和同步、同参数工作。

1. 闪光轮换工作

ARM 的局限性之一是对辐射源的高度依赖性,早期的雷达关机对抗 ARM 攻击就是根据 ARM 的这一局限性而采取的措施。随着 PRS 技术的发展,雷达关机抗 ARM 攻击的效果越来越差,但将这种措施运用到组网雷达中,仍然能够起到较好的效果。组网雷达的这种工作模式称为闪光轮换工作模式,它是指网内雷达在指挥控制中心或者中心雷达的协调控制下,分时工作,信息共享,共同完成空域的警戒引导任务。这在计算机和网络通信技术高度发展的今天是可行的[9]。

1）单部火控雷达间歇式目标跟踪

图 7-17 为单部火控雷达间歇式工作原理图，脉冲宽度为 τ，采样时间间隔为 ΔT_i，对应的脉冲个数为 N_i，平均重复周期 $T_i=\Delta T_i/N$。正常工作时，上述参量均为固定值，脉冲信号以固定重复周期进行发射，同时将一定时间间隔 ΔT_i 对应的采样数据送到融合中心进行处理。而在间歇工作时，火控雷达在一定跟踪精度范围内，尽量增大脉冲的平均重复周期 T_i，以求最大限度地降低信号的被截获概率。假定雷达工作时间内，间歇工作状态相对于正常工作状态取得的时间优势为间歇时间 T'_i，雷达的总间歇时间为 t_i，则有

$$t_i=T'_i \tag{7-35}$$

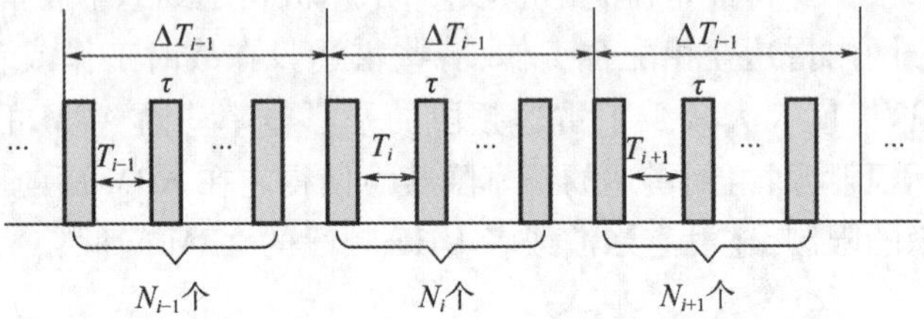

图 7-17 单部火控雷达间歇式工作原理图

假定每个采样时间间隔 ΔT_i 内脉冲的发射个数为固定值 N，则可以认为间歇式目标跟踪就是根据跟踪精度的要求，自适应变化 ΔT_i，从而增大 T_i 以获得更长的间歇时间，得到更高的低截获性能。

火控雷达通常采用自动角度测量方法实现对目标的快速连续跟踪。为达到此目的，需保证目标方向偏离天线轴向的夹角在波束的测角范围内，从而脉冲重复周期需满足

$$T_i\leqslant\min\left(\frac{R}{|v_1|}\tan\theta_0,\frac{R}{|v_2|}\tan\theta_0\right) \tag{7-36}$$

式中：T_i 为脉冲重复周期；R 为雷达距离目标的径向安全距离；θ_0 为雷达波束宽度；v_1 为方位角平面内的平均切向速度；V_2 为俯仰角平面内的平均切向速度。

此外，为满足火控系统对目标信息数据率的要求，脉冲重复周期还需要满足

$$T_i\leqslant\frac{1}{f_0} \tag{7-37}$$

式中：f_0 为火控系统要求的目标信息数据率每秒更新的次数。

可以看出，正常工作时的脉冲重复周期较小，很容易满足式(7-36)和式(7-37)的要求。然而，当雷达处于间歇跟踪状态时，过大的 T_i 可能无法满足上述要求而造成目标的失踪。由此可见，采用单部火控雷达进行间歇式目标跟踪是有局限性的。

2）组网火控雷达间歇式目标跟踪

组网间歇辐射实质上是对雷达进行辐射控制的结果，从窗口函数的理论出发，相当于在原有雷达脉冲窗口函数的基础上再附加一个辐射时间控制窗口。如图 7-18 所示，假设由 3 部火控雷达进行组网，各雷达进行间歇工作，而各个雷达的工作时间由融合中心进行控制。可以看出，在每一个辐射控制周期 T_c 内只有 1 部雷达工作，当前雷达停止工作后，经过 T_m 时长的调整，下部雷达开始工作以继续跟踪目标，如此循环进行，融合中心将得到完整的目标信息。在一个循环周期内，组网系统中单部雷达的间歇时间可表示为

$$t_i = T'_i + \sum_{j=1}^{3} T'_j + \sum_{m=1}^{3} T_m \quad (i,j,m = 1,2,3;j \neq i) \tag{7-38}$$

式中：t_i 为第 i 部雷达的总间歇时间；T'_i 为 i 部雷达的自身间歇时间；T'_j 为第 j 部雷达的工作时间；T_m 为每 2 部相邻雷达转换时的调整时间。

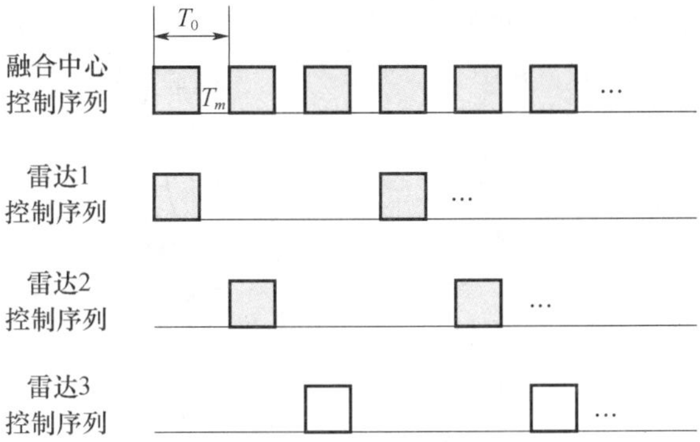

图 7-18　组网火控雷达间歇式工作原理图

系统中的单部雷达，其间歇过程不仅包括自身工作时间内的间歇，也包括其他雷达工作时的相对间歇和调整间歇。相对于单部火控雷达间歇工作而言，组网条件下单部雷达能够获得更长的间歇时间，得到更高的低截获性能。

2. 同步、同参数工作

ARM 的局限性之二是 PRS 的分辨角较大，多点源诱骗干扰抗 ARM 攻击就是根据 ARM 的这一局限性而采取的措施。多点源诱骗系统由雷达和若干诱饵组成，达到保护雷达的目的。它使得 ARM 的 PRS 跟踪误差增大，达到保护雷达的目的。组网雷达的同步、同参数工作模式，是指网内相邻雷达在指挥控制中心或者中心雷达的协调控制下，以相同的工作参数同步工作，信息共享共同完成某空域的警戒引导任务。

当网内雷达分布较近，向同一空间同步辐射同参数的电磁波时，因为组网雷达相互同步，频率稳定，各雷达采用互不相关的幅度或相位编码，所以它们同时工作却互不影响；反之，它们对 PRS 引入大范围的角度起伏变化或者雷达角噪声，从而造成 PRS 产生错误控制，致使二 ARM 失效。组网多雷达诱骗抗 ARM 与单站设置诱饵诱骗抗 ARM 相比，其主要优点如下：

（1）雷达诱饵耗费功率，但是它对探测目标毫无益处，而多雷达诱骗方式，每部雷达对探测目标都有贡献；

（2）雷达发射机和雷达诱饵在辐射场特性上有明显差别，下一代 ARM 有可能识别它们，而多雷达诱骗系统却可以对抗下一代 ARM；

（3）多雷达系统互为备份，提高了系统的可靠性，但是多雷达诱骗系统投资巨大。

7.3.3　组网雷达抗反辐射武器的方法

1. 组网雷达抗反辐射导弹的闪烁诱偏方法

考虑到反辐射导弹在运动过程中所要跟踪的目标始终是处于辐射状态的雷达，随着反辐射导弹与雷达的空间相对位置的变化，其攻击方向和导引头实测方向也将发生相应变化。在导引信号的作用下,反辐射导弹将由实际攻击方向向导引头实测方向调整,调整程度由导弹的速度、最大过载和允许调整时间决定。设反辐射导弹的速度恒定为 V,最大过载为 J_m,相比导弹自身过载,重力的影响较小,为讨论方便,忽略重力加速度,反辐射导弹将做圆弧运动,圆心为 O,转弯半径为 R。从 t_k 时刻到 t_{k+1} 时刻反辐射导弹的运动过程如图 7-19 所示。

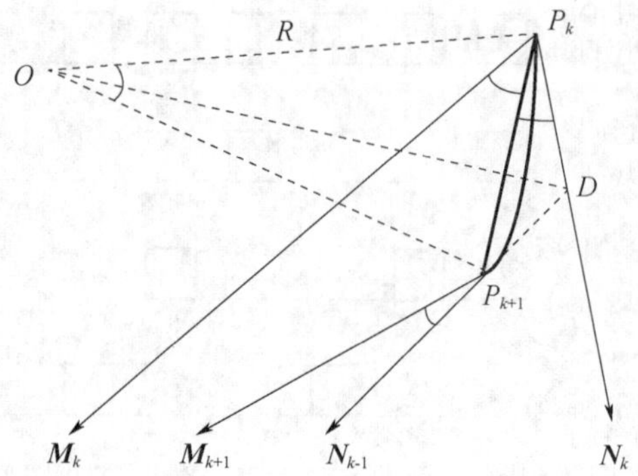

图 7-19 反辐射导弹运动过程示意图

设 t_k 时刻反辐射导弹的位置为 $P_k(x_k,y_k,z_k)$,运动速度方向矢量为 $\overrightarrow{P_k N_k}$,导引头实测辐射源的方向矢量为 $\overrightarrow{P_k M_k}$,速度方向矢量与导引头实测方向矢量间的夹角为 $\angle M_k P_k N_k$。令 $\Delta t_k = t_{k+1} - t_k$,则经过时间 Δt 后,反辐射导弹在 t_{k+1} 时刻的位置为 $P_{k+1}(x_{k+1},y_{k+1},z_{k+1})$,运动速度方向矢量为 $\overrightarrow{P_{k+1}N_{k+1}}$,导引头实测辐射源的方向矢量为 $\overrightarrow{P_{k+1}M_{k+1}}$。此时,速度方向与导引头实测方向间的夹角为 $\angle M_{k+1}P_{k+1}N_{k+1}$。由于忽略重力加速度的影响,反辐射导弹在从 P_k 点到 P_{k+1} 点过程中,将做以 O 为圆心、R 为转弯半径的圆弧运动。设 t_k 时刻反辐射导弹的位置、速度方向矢量和导引头实测辐射源方向均已知,则根据几何关系可以确定反辐射导弹在 t_{k+1} 时刻的位置和速度方向矢量。并且,根据导弹与辐射源的空间位置关系,可以确定该时刻被动导引头实测辐射源的方向。

对于一个部署形式确定的雷达组网系统,$M_k(x_{M_k},y_{M_k},z_{M_k})$ 和 $M_{k+1}(x_{M_{k+1}},y_{M_{k+1}},z_{M_{k+1}})$ 分别表示在 t_k 和 t_{k+1} 时刻处于辐射状态的雷达所在的位置,且有 $z_{M_k}=z_{M_{k+1}}=0$。可见,M_k 在每一时刻的取值隶属于一个已知的雷达位置集。从而,P_kM_k 方向用矢量形式可表示为

$$\overrightarrow{P_k M_k} = (x_{Mk}-x_k)\boldsymbol{i} + (y_{Mk}-y_k)\boldsymbol{j} + (z_{Mk}-z_k)\boldsymbol{k} \tag{7-39}$$

用单位矢量表示速度方向 $\overrightarrow{P_k N_k}$,可得

$$\overrightarrow{P_k N_k} = \alpha_k \boldsymbol{i} + \beta_k \boldsymbol{j} + \gamma_k \boldsymbol{k} \tag{7-40}$$

其中,α_k、β_k 和 γ_k 均已知,且有 $|\overrightarrow{P_k N_k}| = \sqrt{\alpha_k^2+\beta_k^2+\gamma_k^2}=1$。从而在 t_k 时刻,反辐射导弹速度方向和导引头实测方向与二者间夹角的关系可表示为

$$\mu = \angle M_k P_k N_k = \arccos \frac{\overrightarrow{P_k M_k}\,\overrightarrow{P_k N_k}}{|\overrightarrow{P_k M_k}|\,|\overrightarrow{P_k N_k}|} \tag{7-41}$$

反辐射导弹从 P_k 运动到 P_{k+1} 过程中,由导弹的速度和最大过载可以计算出其在 Δt_k 时间内转过的最大角度

$$\mu_m = J_m \Delta t_k / V \tag{7-42}$$

若 $\mu_m \geqslant \mu$ 成立，表示反辐射导弹在 Δt_k 时间内可以调整其速度矢量方向到导引头实测方向，此时，实际转向过载选择为 $J = V\mu/\Delta t_k$；若 $\mu_m < \mu$ 成立，反辐射导弹在 Δt_k 时间内无法调整其速度矢量方向到导引头实测方向，此时只能以最大过载 J_m 调整其速度矢量方向。

依据图 7－19 所示的几何关系，以及 t_k 时刻反辐射导弹的位置参数和速度方向矢量参数，可以计算得到 t_{k+1} 时刻反辐射导弹的位置 P_{k+1}。令 $\overrightarrow{P_k P_{k+1}} = a\boldsymbol{i} + b\boldsymbol{j} + c\boldsymbol{k}$，依据图 7－19所示的几何关系，由余弦定理可得

$$|\overrightarrow{P_k P_{k+1}}|^2 = OP_k^2 + OP_{k+1}^2 - 2OP_kOP_{k+1}\cos\angle P_kOP_{k+1} \tag{7-43}$$

根据 $\overrightarrow{P_k P_{k+1}}$ 与 t_k 时刻反辐射导弹的速度方向和导引头实测方向的夹角关系，可得

$$\frac{\overrightarrow{P_k P_{k+1}}\overrightarrow{P_k N_k}}{|\overrightarrow{P_k P_{k+1}}||\overrightarrow{P_k N_k}|} = \cos\angle P_{k+1}P_kN_k \tag{7-44}$$

$$\frac{\overrightarrow{P_k P_{k+1}}\overrightarrow{P_k M_k}}{|\overrightarrow{P_k P_{k+1}}||\overrightarrow{P_k M_k}|} = \cos\angle P_{k+1}P_kM_k \tag{7-45}$$

联立式(7－41)～式(7－45)可得，t_{k+1} 时刻反辐射导弹的位置 P_{k+1} 为

$$\begin{cases} x_{k+1} = x_k + a \\ y_{k+1} = y_k + b \\ z_{k+1} = z_k + c \end{cases} \tag{7-46}$$

在确定了 t_{k+1} 时刻导弹的位置之后，还需要确定 t_{k+1} 时刻反辐射导弹的速度方向。进而可求得矢量 $\overrightarrow{P_kD}$ 的模为

$$|\overrightarrow{P_kD}| = R\tan\left(\frac{1}{2}\angle P_kOP_{k+1}\right) = \frac{V^2}{J}\tan\left(\frac{1}{2}\frac{J\Delta t_k}{V}\right) \tag{7-47}$$

联合式(7－40)和式(7－47)，并结合 P_k 的位置，可计算得到 D 点的位置为

$$\begin{cases} x_D = x_k + \alpha_k|\overrightarrow{P_kD}| \\ y_D = y_k + \beta_k|\overrightarrow{P_kD}| \\ z_D = z_k + \lambda_k|\overrightarrow{P_kD}| \end{cases} \tag{7-48}$$

由式(7－46)和式(7－48)可以确定 t_{k+1} 时刻反辐射导弹速度方向的单位矢量为

$$\overrightarrow{P_{k+1}N_{k+1}} = \alpha_{k+1}\boldsymbol{i} + \beta_{k+1}\boldsymbol{j} + \gamma_{k+1}\boldsymbol{k} = \frac{(x_{k+1} - x_D)\boldsymbol{i} + (y_{k+1} - y_D)\boldsymbol{j} + (z_{k+1} - z_D)\boldsymbol{k}}{|\overrightarrow{P_{k+1}N_{k+1}}|} \tag{7-49}$$

通过以上方法可以计算出任意时刻反辐射导弹的轨迹点和速度方向，可以实现对反辐射导弹失控前运动过程的近似模拟。

为了方便对闪烁诱偏的效果进行统计和评估，需要计算导弹的落点位置。通常，导弹在到达失控距离之后，自导过程结束，导弹将沿着失控前的速度方向运动，直到引爆。反辐射导弹失控后的落点位置如图 7－20 所示。

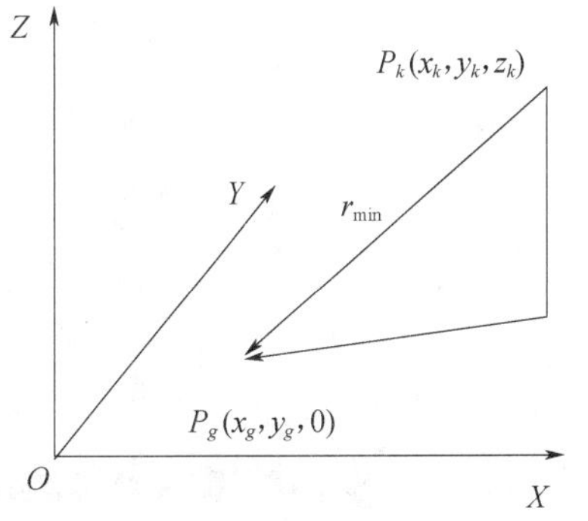

图 7－20　反辐射导弹失控后的落点位置

设反辐射导弹的最小失控距离为 $r_{\min}$，t_k 时

刻导弹到达失控位置 $P_k(x_k,y_k,z_k)$，此时反辐射导弹的速度方向单位矢量为$\overrightarrow{P_kN_k}=\alpha_k\boldsymbol{i}+\beta_k\boldsymbol{j}+\gamma_k\boldsymbol{k}$。另外，设反辐射导弹在地面的最终落点位置为 $P_g(x_g,y_g,0)$，则根据矢量计算方法，t_k 时刻反辐射导弹的速度方向单位矢量还可以表示为

$$\overrightarrow{P_kN_k}=\frac{(x_g-x_k)\boldsymbol{i}+(y_g-y_k)\boldsymbol{j}+(0-z_k)\boldsymbol{k}}{|\overrightarrow{P_kN_k}|} \tag{7-50}$$

综合上述分析结果，可得

$$\begin{cases}x_g-x_k=\alpha_k|\overrightarrow{P_kN_k}|\\ y_g-y_k=\beta_k|\overrightarrow{P_kN_k}|\\ -z_k=\gamma_k|\overrightarrow{P_kN_k}|\end{cases} \tag{7-51}$$

进而可得

$$x_g=x_k-\alpha_kz_k/\gamma_k,\ y_g=y_k-\beta_kz_k/\gamma_k \tag{7-52}$$

即反辐射导弹的最终落点位置的坐标。

2. 雷达与诱饵组网抗反辐射导弹方法

采用有源诱饵和雷达共同组成有源诱偏系统来对抗 ARM 是一种经济有效的方法，它能保证 ARM 来袭时无法瞄准雷达或诱饵，不能摧毁目标。这里主要讨论处于不同高度的三点源的诱偏系统，这种情况下，当 ARM 偏向一个点源时，其他点源由于高度的差别，安全系数是很高的[10]。

ARM 的被动导引头的分辨角是一定的，可以将 ARM 攻击诱偏系统过程分成两个阶段：第一阶段是在其离诱偏系统比较远时，分辨不开各个点源，ARM 朝着功率质心点飞行；第二阶段是当 ARM 的被动导引头能分辨开各点源时，ARM 会以一定的过载攻击某一个点源。

1）ARM 攻击诱偏系统的第一阶段

假设雷达和 n 个有源诱饵构成多点源有源诱偏系统，雷达的坐标为(x_0,y_0,z_0)，第 i 个诱饵的坐标为$(x_i,y_i,z_i)$$(i=1,2,\cdots,n)$。开始时所有点源均处于 ARM 的不可分辨角度范围内，但随着 ARM 的临近，到某一时刻时就可以对各点源进行分辨，并记该时刻 ARM 的坐标为(x_A,y_A,z_A)。多点源有源诱偏系统其中一点源与 ARM 的空间位置关系如图 7－21 所示。

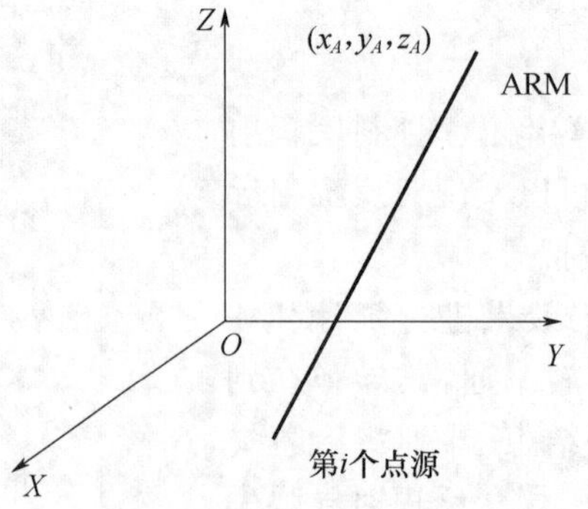

图 7－21　有源诱偏系统与 ARM 的空间位置关系

ARM 接收到的第 i 个点源的信号为

$$E_{mi}=E_{mi}\cos\left(\omega_i t-\frac{2\pi}{\lambda}R_i+\varphi_{i0}\right)+\mathrm{i}E_{mi}\sin\left(\omega_i t-\frac{2\pi}{\lambda}R_i+\varphi_{i0}\right) \tag{7-53}$$

式中：E_{mi}为第 i 个点源的电场强度峰值；ω_i 为第 i 个点源的电场角频率；t 为时间变量；λ 为各点源的波长；φ_{i0}为第 i 个点源的电场初始相位；R_i 为第 i 个点源距 ARM 的距离，且有

$$R_i=\sqrt{(x_A-x_i)^2+(y_A-y_i)^2+(z_A-z_i)^2} \tag{7-54}$$

在 ARM 导引头处合成场相位为

$$\varphi=\arctan\frac{\sum_{i=0}^{n}E_{mi}\sin\varphi_i}{\sum_{i=0}^{n}E_{mi}\cos\varphi_i} \tag{7-55}$$

在 ARM 导引头处合成场幅度为

$$E=\sqrt{\left(\sum_{i=0}^{n}E_{mi}\sin\varphi_i\right)^2+\left(\sum_{i=0}^{n}E_{mi}\cos\varphi_i\right)^2} \tag{7-56}$$

式中

$$\varphi_i=\omega_i t-\frac{2\pi}{\lambda_i}R_i+\varphi_{i0} \tag{7-57}$$

合成波波阵面法线方程为

$$\frac{x-x_A}{\varphi'_{xA}}=\frac{y-y_A}{\varphi'_{yA}}=\frac{z-z_A}{\varphi'_{zA}} \tag{7-58}$$

式中

$$\varphi'_{xA}=\frac{\partial\varphi}{\partial x_A} \tag{7-59}$$

$$\varphi'_{yA}=\frac{\partial\varphi}{\partial y_A} \tag{7-60}$$

$$\varphi'_{zA}=\frac{\partial\varphi}{\partial z_A} \tag{7-61}$$

联立式(7－55)～式(7－61)，可以求出 ARM 寻的头瞄准轴同高度为 z 的平面内的交点坐标：

$$x=\frac{\sum_{i=0}^{n}\sum_{j=0}^{n}E_{mi}E_{mj}\frac{(x_j z_A-x_A z_j)+z(x_A-x_j)}{R_j\lambda}\cos(\varphi_i-\varphi_j)}{\sum_{i=0}^{n}\sum_{j=0}^{n}E_{mi}E_{mj}\frac{(z_A-z_j)}{R_j\lambda}\cos(\varphi_i-\varphi_j)} \tag{7-62}$$

$$y=\frac{\sum_{i=0}^{n}\sum_{j=0}^{n}E_{mi}E_{mj}\frac{(y_j z_A-y_A z_j)+z(y_A-y_j)}{R_j\lambda}\cos(\varphi_i-\varphi_j)}{\sum_{i=0}^{n}\sum_{j=0}^{n}E_{mi}E_{mj}\frac{(z_A-z_j)}{R_j\lambda}\cos(\varphi_i-\varphi_j)} \tag{7-63}$$

式(7－62)和式(7－63)是在 ARM 刚好能分辨开点源时，导引头指向在高度为 z 的平面上的位置公式。

2）ARM 攻击诱偏系统的第二阶段

在 ARM 到达分辨角后，ARM 的运动轨迹如图 7－22 所示，O 点是 ARM 没有分辨开各点源时指向在高度为 z 的平面上的位置，O' 是 ARM 实际的打击地点，图中弧线是 ARM 的实际运动路径。

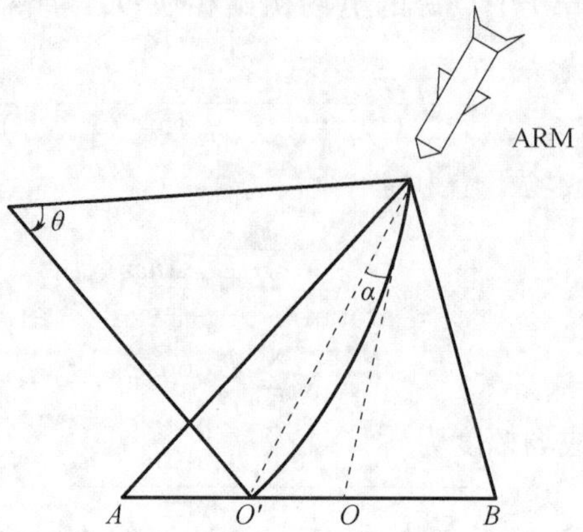

图 7－22　ARM 打击点示意图

为了便于讨论，先讨论两点源的情况，忽略重力加速度的影响，ARM 将作圆弧运动，先假设这时 ARM 会以最大过载运动，如果 ARM 的最大过载为 $J_{\max}$，其末端速度为 V_{rel}，则圆弧运动的半径为

$$R_{\mathrm{ARM}} = \frac{V_{\mathrm{rel}}^2}{J_{\max}} \tag{7-64}$$

假设 ARM 到 O' 点的距离为 R_{AO}，其近似等于 ARM 到 O 点的距离，则有

$$\theta = \frac{R_{AO}}{R_{\mathrm{ARM}}} \tag{7-65}$$

$$\alpha = \frac{\theta}{2} \tag{7-66}$$

即

$$\alpha = \frac{R_{AO} J_{\max}}{2V_{\mathrm{rel}}^2} \tag{7-67}$$

式中：θ 为 ARM 圆弧运动对应的圆心角；α 为 ARM 到 O 点连线与 ARM 到 O' 点连线的夹角。

O 到 O' 之间的距离，即修正量为

$$\Delta_0 = \frac{R_{AO}^2 J_{\max}}{2V_{\mathrm{rel}}^2} = \alpha R_{AO} \tag{7-68}$$

式(7－68)是在 ARM 分辨开两个点源后，跟踪某一点源，由于本身的过载而产生的修正量。如果计算得到的 Δ_0 大于 AO 的距离，这是过修正的情况。这种情况不会发生，因为这里是以最大加速度计算出的数值。事实上，这种情况下，ARM 会以较小的过载进行修正航迹，所以这种情况是肯定会集中 A 目标的。

三点源系统中，在 ARM 运动过程中它不会突然把三个点源同时分辨开，而是先分辨

出一个点源,但对于三个点源的发射机参数相同的情况,两个点源的合成信号强度要大于一个点源的信号强度,它会朝两点源合成的方向运动。再过一段时间,ARM 又会把这两个点分辨开来,这时还是两点源的情况,因此三点源的情况可以转化为两点源的情况进行分析。

参考文献

[1] 北约加强对敌防空压制能力建设[EB/OL]. 国际电子战,2018-06-22.

[2] 雷达关机也没用,反辐射导弹又有新能耐[EB/OL]. 兵工科技,2017-04-05.

[3] 段刚,王哲,彭志刚. 雷达抗反辐射摧毁技术分析[J]. 科技信息,2009,33:835-836.

[4] 宋伟,伍晓华,徐世龙. 反辐射导弹的发展及对抗措施[J]. 科技导报,2019,37(4):26-29.

[5] 刘培宾,盛怀洁. 反辐射无人机与反辐射导弹作战能力对比分析[J]. 海鹰瞭望,2019(1):16-19.

[6] 汤永涛,厉春生,涂拥军. 抗反辐射导弹技术综述[J]. 制导与引信,2016,37(4):1-5.

[7] 周苑,陆汝玉. 预警探测雷达装备抗摧毁技术研究[J]. 现代雷达,2005,27(6):1-4.

[8] 吴巍,王国宏,薛冰. 多传感器协同管理与辐射控制技术[M]. 北京:国防工业出版社,2019.

[9] 熊久良,徐宏,韩壮志,等. 基于组网的火控雷达间歇式目标跟踪技术研究[J]. 现代雷达,2011,33(8):13-16.

[10] 徐宏,尚朝轩,韩壮志,等. 组网火控雷达抗反辐射导弹的闪烁诱偏方法[J]. 系统工程与电子技术,2011,33(5):1146-1150.

第 8 章　雷达组网反低空突防技术

有一句名言："自知之明最难得。"但是，知道你最清楚的往往不是自己，而是你的敌人，所以在军事圈，向敌人学习是一个极佳的办法，这也是冷战期间美国俄罗斯军事技术发展如此之快的原因之一，相互取长补短共同进步。中国也不例外，从战略上，中国最大的敌人源于西方敌对势力，但是中国"最好的老师"也是西方敌对势力，尤其在军事领域，西方敌对势力成为了一个名副其实的标杆，引领全世界进步，不管是盟友还是敌人，都是如此[1]。

图 8－1　某型战斗机挂载鹰击 91 反雷达导弹出击图

图 8－2　某型战斗机双机编队低空出击图

最近网上公布了一系列某型战斗机训练图片，如图 8－1 和图 8－2 所示。这些图片清楚的表明：即使飞机稍有落后，未来前途也是不可限量的。这些照片最大的进步是，某型战斗机开始大幅度加强低空突防训练，配合挂载的先进空对地导弹，可以给敌人致命一击。

在中国空军进入隐身时代的今天，非隐身的战斗机低空高速训练是否还有必要？从技术层面来回答，对于非隐身飞机来说，低空飞行一直是一个最有效的突防措施，通过低空飞行，将飞机反射雷达波淹没在地面杂波之中，这是一个通用的做法，而且在某些时候空中预警机也存在地形遮挡的死角，攻击机从低空出击，借助地形的掩蔽，抓住时机高速接敌，快速发射导弹，歼灭敌人，尽量缩短敌人的反应时间。

图8-3　某型战机大幅度增加低空高速突防科目

某型战机大幅度增加低空高速突防科目，大大提高了战斗力，如图8-3所示。战斗机采用低空飞行策略，大幅度提高了攻击突然性，但是这也给飞行员带来了巨大的挑战，低空飞行的最大难题就是容易撞地，出现险情几乎没有反应时间。美国人在越南战争后30多年，几乎所有军机都狂练低空高速突防，损失几十架飞机。迄今为止，即使美国拥有了500架隐身飞机，美国空军也一直坚持低空高速突防科目训练，甚至连B2隐身轰炸机也不放过。

某型战斗机进行低空训练，这是新时代空军转型的一个信号。从过去的被动防御转向积极进攻，从飞机技术来说，某型战斗机并不是特别适合低空飞行，原因是飞机气动设计容差小，机翼比较容易失速，外加飞机空重大，推力小，和苏27相比加速和爬升不强，所以更进一步增加了飞行员的负担。而且现在空军不仅要求低空高速飞行，而且提出更贴近实战的不对称挂载（原因是，真实作战过程中，不可能一直保持比较理想的对称挂载，不对称挂载也给飞行员带来了不少操纵的困难）。

从技术水平来说，某型战斗机远远赶不上欧洲“狂风”变后掠翼战斗机，也赶不上美国F-15E战斗轰炸机，但是我们还是应当将现有装备用好用精，并不一味等待先进设备的到来。

案例分析：低空突防训练能增加隐蔽侵入库和侦察的效果，大大提高了某型战机的作战效能。反过来讲，低空突防目标也是我防空雷达系统面临的重要威胁。低空突防目标利用地球曲率和地形起伏所造成的防空体系盲区，可有效回避雷达探测，对我重要设施进行重点打击。可见，如何应对低空突防目标的威胁是我防空雷达系统急需解决的关键问题。

8.1　现代雷达面临的低空突防威胁

8.1.1　低空突防的技术特点

就技术层面讲，为增加各种航空兵器的低空/超低空突防性能，各军事强国广泛采用适于低空/超低空飞行的气动布局、先进的导航/制导技术和隐身技术等一些新技术、新装备[3]。

1. 低空/超低空飞行的气动布局

适于低空/超低空飞行的气动布局是保证航空兵器低空/超低空性能的基础。实施低空/超低空战术一般要求航空兵器具有速度范围大、机动性好等特点,既要满足在中、高空巡航的高速要求,也要满足在低空/超低空突防时的低速要求,同时还必须具备在低空/超低空突防区域的复杂地形环境中具有高机动性飞行的性能。因此,高性能的低空/超低空突防航空兵器一般采用适于低空/超低空飞行的气动布局,尤其是战斗/轰炸机对这方面的要求更高。例如,欧洲的“狂风”、美国的 FB－111、B1－B 和俄罗斯的图－160 轰炸机均采用变后掠翼来满足其低空/超低空突防性能和中、高空高速巡航性能的要求。

2. 先进的导航/制导技术

先进的导航/制导技术和设备是保证航空兵器低空/超低空性能的关键。没有先进的导航/制导技术和设备作保障,就无法保障航空兵器在低空/超低空突防时按照预定的规划航线进行飞行,也无法保证其在低空复杂的地形环境下安全地航行,更无法保证最终打击的精确性和作战任务完成的效果。因此,为了有效实现低空/超低空突防,各军事强国广泛地把高精度导航定位设备,自动、实时、逼真的地图显示设备,地形跟随/地形回避/回避威胁等先进技术和设备应用于低空/超低空突防航空兵器。例如,执行低空/超低空突防作战任务的战斗/轰炸机大都装备有先进的地形跟踪雷达;巡航导弹大都采用惯性导航＋地形匹配/景象匹配的导航/制导方式。

3. 隐身技术

隐身技术是增强航空兵器低空/超低空突防性能的又一法宝。早期的低空/超低空突防航空兵器大都没有采用这一技术,这既与当时的隐身技术不够先进有关,也与当时雷达探测系统的低空探测能力较弱有关,突防时只需要利用安全的航线规划、地形掩护和雷达盲区就可以完成突防任务。但是,随着雷达探测技术的不断发展,各种先进的雷达系统的低空探测能力得到提高,探测盲区也更小,这种情况下单纯依靠战术就很难完成突防任务,且危险系数较高。因此,各军事强国进一步把隐身技术应用到了低空/超低空突防航空兵器上,在减小其雷达散射面积的基础上进一步降低突防时的被检测概率。例如,美国的 B1－B 和俄罗斯的图－160 战略轰炸机、“战斧”式巡航导弹、RAH－66“科曼奇”武装直升机都在一定程度上采用了隐身技术。

8.1.2 低空突防的战术特点

就战术层面讲,为提高低空/超低空突防的执行效果,各军事强国在突防战术训练、突防航线规划和其他作战手段配合支援上都进行了大量演练,并在实战中得到了体现和检验[4]。

1. 突防战术训练

从军事理论和战争实践的发展来看,任何一种战术都必须经过严格的训练才能在实战中体现出良好的作战效果。低空/超低空突防则更是如此,由于该战术执行时的危险系数大,需要各飞行编队之间的精准配合,对飞行员的驾驶技巧和战术素养要求极高,因此,如果没有平时严格的训练,在实战中不能发挥良好的作战效果,反而会出现遇到敌方难以对抗的问题。一些主要空军强国已把低空/超低空突防列为主要训练科目,美国、英国、法国等国家空军即使在装备具有良好低空飞行性能的航空兵器的情况下,飞行员也均受过非常严格的低空/超低空突防和攻击训练,并且对各型作战飞机飞行员的低空飞行训练时间都有明确规定,美国的 F－16 飞行员每年要低空飞行 95h,德国的“狂风”飞机的飞行员每年有 50% 的训练时间用于低空/超低空突防训练,英国空军规定攻击机飞行员低空飞行训练时间每年不少于 90h,训练内容有沿沟谷、贴海岸线起伏机动飞行,多机种协同飞行,海外机动作战以及带各种战术背景的训练。

2. 突防航线规划

良好的航路规划是实现低空/超低空突防的又一关键因素。航路规划的目的就是要充分利用地形和敌情等信息,规划出兼顾生存概率和突防概率的飞行器突防航路,如图 8－4 所示。由于航空兵器在进行低空/超低空突防时,既要躲避对方的雷达探测系统和地面防空火力,又要面对复杂的地形环境条件,因此,如何进行航路规划对突防任务的完成起着关键作用。例如,在伊拉克战争中,经过航路规划的“战斧”式巡航导弹绕过伊拉克的防空火力,实现了对目标的精确打击。

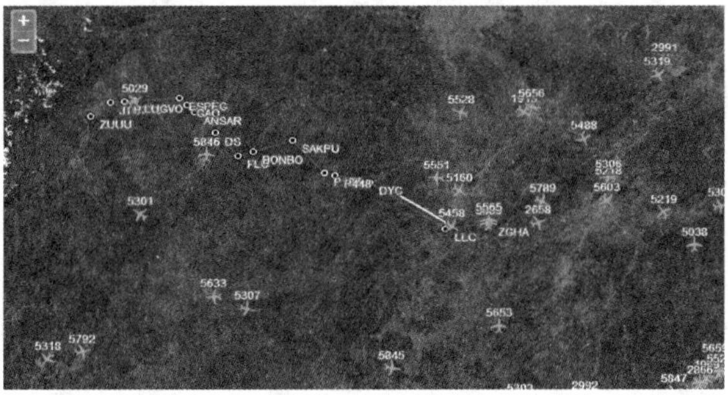

图 8－4　低空突防航路规划

航路规划是任务规划系统的核心,是提高作战效能的重要环节之一。航路规划是在分析复杂战场信息后,在满足飞行器的各项限制条件前提下,为飞行器规划出一条能够规避地形、雷达、高炮等威胁的航路,提高飞行器的生存概率,为任务的成功完成提供保障。在未来空战中,航路规划对飞行器作战效能的提高具有很大的意义,在恰当的航路规划的前提下,飞行器能够突破敌方防空系统,对远方的目标进行精确的打击。然而,传统的航路规划都是针对单个飞行器进行的,伴随的科技的推动以及战场态势瞬息万变,传统的单机飞行已经不能满足任务需求。多机协同作战相对于单机执行任务来说,具有突防能力强、完成任务概率高等优点,因而被广泛采用。多机协同作战时多架飞行器相互配合,相互协作执行任务,如常见的多机协同执行护航、打击、侦察等任务。在多机协同作战的形势下,不同的任务需求对航路规划有不同的要求,有的作战任务对队形有要求,有的作战任务对时间有严格要求,故需要在多机协同航路规划中引入时间的约束,让多架飞行器保持队形或是从各自的出发地出发同时到达任务区对同一目标进行打击,增强突破敌方防空体系的概率,增加命中概率,增强杀伤率,对顺利完成任务有重大的意义。

3. 其他作战手段配合支援

其他作战手段的配合是完成低空/超低空突防的重要保障。现代高科技背景下的低空/超低空突防,往往伴随着前期准备阶段的敌情侦察和对敌重要防空设施的摧毁,实施阶段的电子干扰、预警、空中加油等多种配合支援手段,如图 8-5 所示。例如,美军在现代作战中,首先利用“哈姆”反辐射导弹对敌防空导弹阵地进行摧毁;接着,利用海外空军基地的 SR-71 战略侦察机在敌上空不分昼夜地进行侦察监视;同时,利用无人机在空中飞行,以吸引敌防空火力班组的注意力,诱使导弹发射阵地雷达开机;在具体突防作战中,集歼击/轰炸机、电子干扰机、空中加油机于一体进行突袭。以上这些作战手段的配合支援都为低空/超低空突防任务的完成提供了重要保障。

图 8-5 低空突防其他手段配合支援

8.1.3 低空突防武器

低空/超低空突防在实施对敌打击时的优势及其相关技术在近几十年多次战争中的广泛应用,极大促进了一大批高性能低空/超低空航空兵器的发展和应用。当前,高性能低空/超低空航空兵器以战斗/轰炸机、巡航导弹和直升机为主要代表。

1. 战斗/轰炸机

战斗/轰炸机有其独特的优势:与直升机相比,其飞行距离更远、速度更快、载弹量更大,更适用于对敌实施远距离、大规模的战略打击;与巡航导弹相比,其在实际的低空/超低空战术实施中灵活性更强,由于是有人驾驶,因此在规避对方雷达探测和防空火力打击方面能力更强,也有利于根据实际情况更改作战计划,应对战场实时变化,更重要的是可以实现多次重复使用,这样一旦突防成功,就可以使其所载的普通炸弹实现巡航导航的效果。

目前,在各国低空/超低空突防性能出色的战斗/轰炸机中,以欧洲的“狂风”(图 8-6)、美国的 B-2 和俄罗斯的图-160 为主要代表。其中,“狂风”在执行低空近距打击和对地支援方面具有优异的性能;B-2 和图-160 是具有低空/超低空突防性能战略轰炸机的杰出代表。此外,美国的 F-16 战斗机可对任何地形保持 60m 高度突袭小目标,俄罗斯的“鞭挞者”米格-23、米格-27、米格-29 和苏-27 等都具有出色的低空/超低空突防性能。与此同时,随着高科技战争形态和战争理念的发展和变化,多用途战机已经成为军用飞机发展的一个主要方向,这些战机将不再以执行单一任务为主要目标,可以适应多种作战条件,在适合高度、高速巡航的同时,也适合低空/超低空突防,美国的 F-35 隐身多用途战斗机就是其杰出的代表。

图 8－6　欧洲“狂风”战斗机

2. 巡航导弹

由于巡航导弹具有突防性能强、命中精度高、技术上易于实现和造价低等优点而备受各国重视，已经发展成为现代战争中实现低空/超低空突防的重要武器。巡航导弹射程远，最大射程可达 2000km，若利用战略轰炸机发射，可达洲际导弹的效果；飞行高度低，利用地形跟踪技术进行低空/超低空突防，在海上或平原上的飞行高度为 5～20m，丘陵地区为 50m，山地为 100m；发动机火焰温度低，红外特征不明显，雷达反射面仅为 0.05～0.1m^2，不易被雷达发现，即使被发现，留给防空系统的反应时间也很短，不易被拦截。

目前，各种巡航导弹中，以美国的巡航导弹最为典型。美国的巡航导弹主要有 BGM－109“战斧式”舰载巡航导弹和 AGM－86B/C/D 空射巡航导弹，可从敌方防空火力圈外发射，攻击纵深目标，进行纵深摧毁性打击，如图 8－7 和图 8－8 所示。从近年来美军参与的几场局部战争看，巡航导弹的作用呈现上升趋势，巡航导弹特有的优势使其成为现代战场上实现低空/超低空突防的佼佼者。

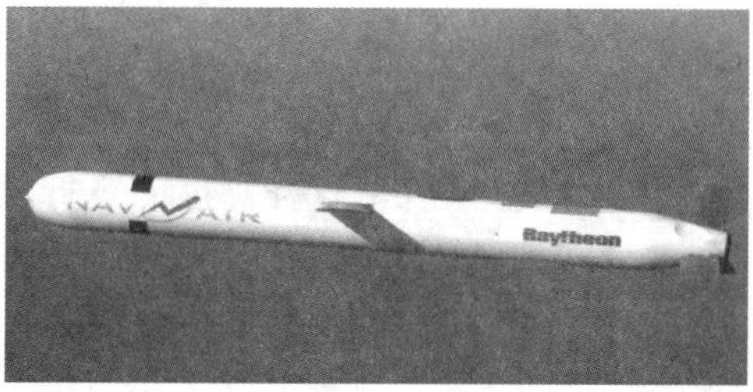

图 8－7　BGM－109“战斧式”舰载巡航导弹

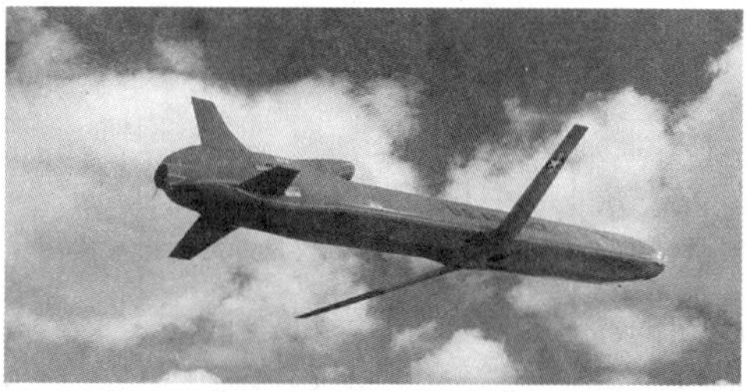

图 8－8　AGM－86B/C/D 空射巡航导弹

3. 直升机

直升机是实现低空/超低空突防的又一利器，虽然其既没有战斗/轰炸机远距、高速、大载弹量和大规模打击的优势，也没有巡航导弹低空/超低空突防并精确打击的作战效果，但凭借其低空、低速和目标小不易探测的优势，实施低空/超低空突防时灵活性更强，在近距对地支援作战中发挥着重要作用。目前，以美国的 AH－64“阿帕奇”和 RAH“科曼奇”为杰出代表，突防高度均可在 100m 以下，如图 8－9 和图 8－10 所示。

图 8-9 AH-64"阿帕奇"直升机

图 8-10 RAH"科曼奇"直升机

8.1.4 低空突防的威胁

尽管中远程警戒雷达采取了反固定目标回波技术，但是只能够发现一小部分低空飞行目标，甚至不能够发现目标，其主要原因是受到许多因素的制约和影响，比较突出的是地物反射干扰、地球曲率限制、地形地物遮蔽和地球多径效应等[5]。

1. 地物反射干扰

低空飞行器能在高于地面 50~100m 的飞行高度内作战。探测低空目标的雷达有一部分发射能量照射到被搜索目标下面的地物上。因此，雷达在探测这样高度的飞行目标时，极其强烈的地物反射回波伴随飞行目标回波一起进入雷达接收机，使活动目标淹没在固定目标回波之中。飞行目标在固定物体信号环境中的可见度度量是杂波内的可见度，它规定了同时存在的固定物体信号的能量可以比要计算的飞机目标能量强多少时仍然能够看见飞机。一般而言，杂波可见度为 25~35dB，这已经远远不能满足要求，需要 60dB 以上的杂波可见度才能够清晰地看到活动目标。为此，需要将脉冲多普勒、频率捷变、脉冲压缩以及数字动目标显示等多项技术加以综合运用。

2. 地球曲率限制

由于地球曲率的限制，直线传播的雷达电磁波只能在一定的视距范围内发现目标[6]。雷达通常只能观察到视距内的目标，而提高雷达天线的高度可以扩展视距。设雷达视距为 R'，目标飞行高度为 H，雷达天线高度为 h，大气层正常折射，则三者之间的关系表示为

$$R' = 4.12(\sqrt{h} + \sqrt{H}) \quad (8-1)$$

表 8－1 列出了天线高度为 20m 的情况下，不同低空目标所对应的雷达视距。

表 8－1　雷达直视距离

雷达天线高度/m	目标飞行高度/m	雷达视距/m
20	40	44.48
	60	50.34
	80	55.28
	100	59.62
	200	76.69
	500	110.55
	1000	148.71

由表 8－1 可以看出，随着目标飞行高度的降低，雷达视距也明显下降。当目标进行低空突防时，特别是 100m 以下的低空、超低空目标，雷达作用距离下降，发现概率显著降低。

3. 地形地物遮蔽

在多山丘陵地带，山脉、丘陵、森林等障碍物会对雷达探测距离产生影响[7]。遮蔽角 α 与雷达的探测距离 D(km)和目标飞行高度 H(km)的关系可以表示为

$$\alpha = \arcsin\left(\frac{H}{D} - \frac{D}{2R_0}\right) \tag{8-2}$$

式中：R_0 为地球半径，$R_0 = 6370\text{km}$。

将式(8－2)变换后，可得探测距离的简化二次方程为

$$D^2 + 2R_0 D\sin\alpha - 2R_0 H = 0 \tag{8-3}$$

解方程可得探测距离为

$$D = \sqrt{(R_0\sin\alpha)^2 + 2R_0 H} - R_0\sin\alpha \tag{8-4}$$

在给定各种遮蔽角和目标飞行高度后，可以计算出相应的雷达探测距离，如表 8－2 所列。

表 8－2　雷达探测距离　　单位：m

遮蔽角	目标飞行高度/km							
	0.1	0.2	0.3	0.4	0.6	0.8	1.0	2.0
0′	41	58	71	82	100	116	130	183
15′	18	32	43	52	70	84	98	150
30′	11	20	28	35	50	62	75	120
1^0	6	11	17	21	32	40	49	90
2°	3	6	8	11	16	22	27	52
3°	2	4	6	8	13	16	19	38

由于电磁波在大气层中会发生折射，因此对低空目标的探测距离比表 8－2 中所列出的探测距离有所增大。但是可以明显地看出：目标飞行高度越低，雷达发现距离越小；而

遮蔽角越大,雷达的发现距离显著地下降。因此,地形地物遮蔽能有效地降低低空突防目标的发现概率。

4. 地球多径效应

当雷达跟踪超低空飞行目标时,除目标直接反射的一回波外,经地/海面反射的多路径信号也从天线主瓣进入接收机。多路径信号可以看成是镜面反射分量和散射分量的合成,它直接影响雷达在低角跟踪时的精度,严重时可以使雷达丢失目标。当雷达捕获或者跟踪低空突防目标时,由于存在多径影响,使目标回波和镜像回波发生干涉,造成雷达接收的目标回波信号变强或者变弱,它是天线架高、目标高度、地/海面反射系数、雷达工作波长、目标距离等的函数。

8.2 雷达反低空突防武器的对抗措施

8.2.1 提高雷达的探测性能

雷达要在复杂背景下检测雷达反射面积会很小的高速低空突防目标,必须有抑制杂波的能力,同时由于雷达波束投向引起的多路径效应导致波束分裂现象,在某些距离上形成盲区。克服这些缺陷,一般采用动目标显示和双波束天线技术。但是,由于中频限幅和非最佳化处理引起的信号损失,接收机灵敏度降低,雷达作用距离将减小 10% ~20%。为此,现在普遍采用数字动目标选择滤波器、自适应干扰抑制器,并采用 FFT 进行信号处理,先进的数字动目标显示(DMTI)技术有逐渐取代动目标显示技术的趋势。利用窄带多普勒滤波器提高抑制杂波能力的脉冲多普勒体制雷达在国外上已有装备,是一种有发展前途的雷达技术体制。例如:美国海军根据“反舰导弹防御”计划研制的 AN/SPS - 58 雷达采用了 DMTI 和脉冲多普勒技术,能在任何环境下探测高速小型低空目标;AN/SPS - 65(V)雷达采用了 DMTI、脉冲压缩和频率捷变技术,能在严重的杂波环境下探测低空和超低空目标;英国海军所用的“海狼”/GWS - 25 新型近程防空导弹快速反应系统中的 L 波段 967 对空警戒雷达和 S 波段 968 对海警戒雷达,在新设计中,已被“S685N”的 S 波段频率捷变 - 脉冲压缩雷达和“S810P”X 波段警戒雷达所更换。其主要原因是前者的低空性能差,后者是为对付低空目标而专门设计的,因此它对高速掠海反舰导弹具有更好的检测能力[8]。

8.2.2 发展低空补盲雷达

低空补盲雷达的主要问题是建立合理的探测覆盖区域。一般二维探测在方位上为窄波束,仰角上为余割平方波束,如图 8 - 11 所示。近几年来新研制的低空补盲雷达,如 Pluto 和 Tiger 雷达则采用超余割平方波束,这种波束形状下沿陡削平直,能进一步减少地物和海杂波的影响,提高了低空探测性能。新型天线采用理想的图钉形方向性天线,通过能量管理后能在仰角上形成电扫描超余割平方覆盖区域。这样,不仅可以提高测角性能和抗干扰性能,而且具有 - 30dB 的副瓣,这对于从强杂波背景中提取低空飞行器的信息是极其有效的。

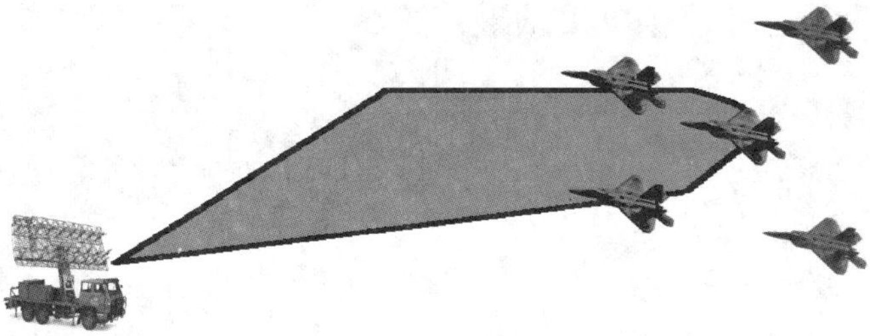

图 8－11　余割平方波束

8.2.3　机载预警雷达

由于地面警戒雷达的天线架设高度有限，视距不远，低空探测性能差，不能提供足够的预警时间，加之机动性也较差，易受敌方攻击，因此不能够确有把握地完成低空防御任务。据计算，地面雷达天线的离地高度为 100m 时，其视距约为 41km；若将雷达天线装在 10000m 高空的飞机上，则该机载雷达的视距可以增大到 400km 以上，而且飞机的机动性强、生存力较高。国外早就着手研制并大力发展机载预警雷达，即预警飞机来对付低空/超低空目标，空警 2000 预警机如图 8－12 所示。

图 8－12　空警 2000 预警机

8.2.4　超视距雷达

为了增加对低空和超低空目标的探测距离，提供足够的预警时间，国外除了改善常规雷达、发展预警飞机外，也研制试验超视距雷达。该雷达利用电离层对电波的反射作用或者电磁波在地球表面的绕射来探测目标，克服雷达作用距离的局限性，如图 8－13 所示。超视距雷达的作用距离远达数千千米，可以看到无线电视距以外的低空目标，在战术使用上有很大潜力。据悉，超视距雷达可以用来探测洲际弹道导弹的发射、部分轨道轰炸系统、超远距离上的低空飞机、巡航导弹、远洋舰船等，还可以用来实施交通管制，发现违法飞行以及坠落定位等。科学技术发达的国家早在 20 世纪 50 年代就开始研究超视距雷达。

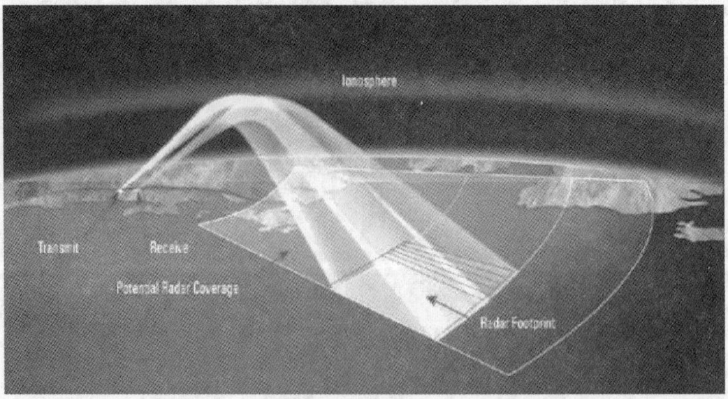

图 8-13　超视距雷达

8.2.5　气球载雷达

系留气球载警戒雷达系统是利用地面或者舰船上的系留设施，将载有警戒雷达的气球悬浮在空间一定高度上，以扩大雷达对地面或者海面低空飞行器的探测范围，其探测信息经电缆传送到地面或者舰艇上。系留气球分大、中、小三种类型，可以升空 750～4000m，探测半径为 110～250km。若配置 2 部相距 400km 的气球载雷达系统，其警戒距离可达 900km，相当于 20 多部地面雷达的探测覆盖面积。

气球载警戒雷达系统是机载预警雷达和地面雷达网的补充，其独特优点如下：

（1）成本低，经济性好。大型气球载雷达的运转费用为 300 美元/h，而小型气球载雷达则小于 100 美元/h，其研制、采购和维护使用等费用仅为预警机的 1/100。

（2）生存能力强，利用率高。由于气球的雷达反射截面积小，无热辐射，不易遭受导弹攻击，生存能力强。加上气球的使用寿命一般可 7～10 年，1 年内将有 98% 以上时间留空工作。

（3）探测距离远，覆盖面积大。大型气球载雷达升空 3657m 探测距离约 250km；小型气球载雷达升空 914.4m 探测距离为 120km；系留在 3000m 高度气球上的一部警戒雷达探测覆盖面积可达 $78205km^2$，相当于 13 部地面同类雷达的覆盖面积。

（4）与固定翼或者旋转翼飞机相比，气球载雷达系统对平台移动、冲击、振动和环境温度等要求相对较低，所载雷达不需要采用复杂的波抑制技术，可以简化稳定装置和机械结构，用现有的地面雷达经改装后即可满足要求。

8.2.6　双/多基地雷达组网

双/多基地雷达系统，由于收发分离，发射机可部署在远离战场的安全部位，接收机是无源工作的，可部署在战区的前沿。如将不同频段双/多基地雷达组成雷达网，不仅扩大了雷达的覆盖范围，而且增强了对隐身目标的探测和跟踪能力，是一种有效的反隐身技术途径；同时，也增强了抗有源干扰和抗反辐射导弹的能力。

8.3　组网雷达对低空突防武器的对抗措施

8.3.1　组网雷达反低空突防武器的优势

面临低空突防的挑战,组网雷达综合集成了低空补盲雷达、空中预警机或气球载雷达、多基地雷达来应对。同时发展数据融合技术、杂波抑制技术、综合布站技术,集多种反低空措施于一体,具备较好的捕获低空目标的能力。

1. 低空补盲雷达能有效延长低空目标预警时间

在雷达网中,低空补盲雷达可为固定站或车载站,通常部署于雷达网最前沿。超前沿的部署可以大大地增加对低空目标的预警时间。低空补盲雷达一般采用频率分集、脉冲压缩和脉冲多普勒等新体制,天线采取余割双波束或余割平方波束,使得低空补盲的 SCV 可以高达 35 ~ 60dB,能有效地提高低空目标的发现概率。

2. 空基雷达能克服地球曲率影响

升高雷达平台可以有效地克服地球曲率的限制。在组网雷达中,空中预警机、气球载雷达、星载雷达天线位置很高,对低空目标的直视距离可达 400 ~ 600km,因此基本上不影响对低空目标的发现,使得组网雷达反低空突防具备了先决条件。此外,空基雷达对低空目标属于俯视照射,反射截面积较大的一面暴露在雷达视野内,RCS 相对增大,有效地增加了对低空目标的发现概率。

3. 数据融合技术能增强反低空性能

组网雷达一般由雷达传感器、通信链路和数据融合中心三部分组成。雷达网通常由多部不同类型的雷达组成,各雷达之间通过数据链路将各雷达获得的情报融合。数据融合技术能够改善和提高雷达系统的跟踪精度和可靠性。针对低空目标来说,虽然各雷达具有不同的性能参数,但将所有雷达捕获的信息传送至数据融合中心处理之后,组网雷达的反低空突防能力将得到改善。由于数据融合中心得出的目标信息将比任何一部单站雷达捕获的信息更加真实和精确,因此数据融合技术使得组网雷达的反低空性能得到了显著提升。

4. 杂波抑制技术改善反低空性能

由于低空突防的目标能进行掠地或掠海飞行,强烈的杂波将同目标一起被雷达天线接收,极大地影响了目标的发现概率。为了应对低空突防目标的威胁,急需提高雷达杂波背景下的目标检测能力。组网雷达一般采用动目标显示、动目标检测和脉冲多普勒等技术体制。由于不同的运动速度将引起不同的多普勒频移,可以从频率上滤除大部分杂波;同时在动目标显示(MTI)和动目标检测(MTD)中使用各种滤波器,可在杂波中提取弱目标,有效地提高了雷达抗强杂波的能力。

8.3.2　组网雷达反低空突防效能模式

1. 单部雷达对低空目标的发现概率

组网雷达集多种反低空措施于一体,能在强杂波背景下及早捕获低空目标。首先探讨低空目标的主要杂波情况。

1）机载雷达地杂波

机载雷达探测目标时主瓣杂波和旁瓣杂波是主要的地杂波来源。假设地面杂波单元的雷达截面积已知，在距离 R 处的一个距离门 τ 内总的主瓣杂波功率为

$$P_{\mathrm{mlc}}(R)=\frac{P_{\mathrm{t}}G_{\mathrm{ml}}^{2}\lambda^{2}\gamma H\theta_{3\mathrm{dB}}c\tau}{2(4\pi)^{3}R^{4}L_{\mathrm{c}}} \tag{8-5}$$

式中：P_{t} 为发射功率；λ 为雷达工作波长；γ 为极化损耗；G_{ml}为天线主瓣增益；H 为雷达平台高度；$\theta_{3\mathrm{dB}}$为方位波束宽度；R 为杂波区中心距离；c 为光速；L_{c} 为系统对杂波总损耗因子。

旁瓣杂波功率为

$$P_{\mathrm{slc}}(R)=\frac{P_{\mathrm{t}}G_{\mathrm{sl}}^{2}\lambda^{2}\gamma Hc\tau}{(8\pi)^{2}R^{4}L_{\mathrm{c}}} \tag{8-6}$$

式中：G_{sl}为系统对杂波总损耗因子。

因此，机载雷达的地杂波功率为

$$P_{\mathrm{c}}=P_{\mathrm{mlc}}(R)+P_{\mathrm{slc}}(R) \tag{8-7}$$

2）舰载雷达海杂波

海杂波是一个随机变化过程，无法用确定的功率模型来进行计算。海杂波功率取决于雷达频率、极化方式、擦地角等；同时与当时的风向、风速、浪涌等因素有关。目前对海杂波描述的常用模型有瑞利分布、对数正态分布、威布尔分布、K 分布等。威布尔分布能在很宽的条件范围内较好地描述海杂波，其分布函数为

$$P(\sigma_{\mathrm{c}})=\frac{\alpha\ln 2}{\sigma_{\mathrm{m}}}\left(\frac{\sigma_{\mathrm{c}}}{\sigma_{\mathrm{m}}}\right)\exp\left[-\ln 2\left(\frac{\sigma_{\mathrm{c}}}{\sigma_{\mathrm{m}}}\right)^{\alpha}\right] \tag{8-8}$$

式中：σ_{c} 为海杂波的幅度；α 为威布尔分布的斜偏度；σ_{m} 为 σ_{c} 的均值，表示威布尔分布的中位数。

3）地面雷达海杂波

当地面雷达以擦地角照射地面时，方位波束宽度决定了照射面积的宽度，雷达脉冲宽度和仰角波束宽度决定了它沿距离方向的长度。在距离 R 处一个距离门 τ 内总的地面雷达的杂波功率计算式为

$$P_{\mathrm{c}}=\frac{P_{\mathrm{t}}GA_{\mathrm{c}}\sigma_{0}\theta_{3\mathrm{dB}}c\tau\sec\varphi}{2(4\pi)^{2}R^{3}L_{\mathrm{g}}} \tag{8-9}$$

式中：P_{t} 为发射功率；G 为天线主瓣增益；σ_0 为杂波单位面积的雷达截面积；A_{c} 为天线有效孔径；φ 为擦地角；$\theta_{3\mathrm{dB}}$为方位波束宽度；c 为光速；R 为杂波区中心距离；L_{g} 为系统对杂波总损耗因子。

4）单部雷达对低空目标的发现概率

建立了地杂波功率模型后，则单部警戒雷达对低空目标的发现概率为

$$P_{\mathrm{d}}=\exp\left[-\frac{4.75}{\sqrt{n}S/N}\right] \tag{8-10}$$

式中：S/N 为单个脉冲的信噪比；n 为 1 次扫描中脉冲的积累数。且有

$$S/N=\frac{P_{\mathrm{S}}}{P_{\mathrm{N}}+P_{\mathrm{C}}} \tag{8-11}$$

$$n = \frac{\theta_{0.5}}{\Omega} f_g$$

其中：$\theta_{0.5}$为天线半功率波束宽度；f_g 为重复频率；Ω 为天线扫描角速度；P_N 为热噪声功率；P_S 为回波功率；P_C 为地杂波功率。

2. 组网雷达对低空目标的融合发现概率

组网雷达通常由多部雷达按一定的分布规则综合布局而成。由于每部雷达体制不同，对微弱信号的检测能力、对低空目标的捕获能力不同，因此，在雷达网内必须按照某种统计检测规律对各雷达的信息进行融合。

假设某雷达网内有 N 部雷达，各雷达独立搜索目标，对目标的融合发现概率采用 K 融合规则，当网内雷达探测到目标的雷达数量大于检测阈值 K 时，即判定为发现目标，如图 8－14 所示。

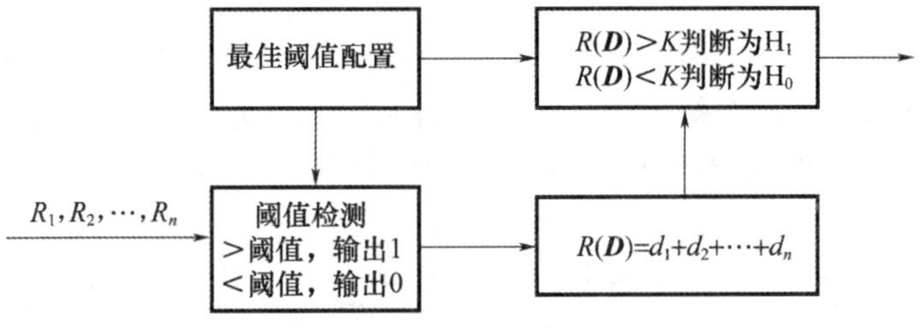

图 8－14　融合判决流程

二元假设：H_1 为目标出现，H_0 为目标不出现。

二种判决：D_1 为选择假设 H_1，D_2 为选择假设 H_0。

假设 N 部雷达之间互不相关，第 n 部雷达的检测概率 $P_{dn} = P(D_1/H_1)$，虚警概率为 $P_{fn} = P(D_1/H_0)$，则判定矢量 $\boldsymbol{D} = (d_1, d_2, \cdots, d_N)$。

每部雷达对低空目标做出“0”或“1”的硬判决 d_n：

$$d_n = \begin{cases} 1, \text{第 } n \text{ 部雷达的判决为} H_1 \\ 0, \text{第 } n \text{ 部雷达的判决为} H_0 \end{cases} \tag{8-12}$$

各雷达判决的结果通过通信网络送到组网中心进行数据融合，数据融合对接收到的各雷达的判定矢量进行全局判定，则 $\boldsymbol{D}$ 有 2^N 种可能：

$$\begin{cases} \boldsymbol{D}_1 = (0, 0, \cdots, 0) \\ \boldsymbol{D}_2 = (1, 0, \cdots, 0) \\ \vdots \\ \boldsymbol{D}_n = (1, 1, \cdots, 1) \end{cases} \tag{8-13}$$

假设数据融合采用并行融合结构，融合判定规则如下：

$$\mathrm{R}(\boldsymbol{D}) = \begin{cases} 1, \text{若 } d_n \geqslant K, \text{则判定为} H_1 \\ 0, \text{若 } d_n < K, \text{则判定为} H_0 \end{cases} \tag{8-14}$$

则雷达信息融合后的总发现概率可表示为

$$P_D = \sum_{D} \left[R(\boldsymbol{D}) \prod_{D_0} (1 - P_{dn}) \prod_{D_1} P_{dn} \right] \tag{8-15}$$

式中：$\boldsymbol{D}$ 为判决空间；D_0 表示判决为 H_0 的雷达集合；D_1 表示判决为 H_1 的雷达集合。

假设雷达网由3部雷达组成,各雷达虚警概率、检测概率、对秩 K 融合规则的典型值计算结果如表8-3所列。

表8-3 组网雷达秩 K 融合规则性能比较

K	融合后的虚警概率	融合后的检测概率
1	3.000×10^{-5}	0.999
2	3.000×10^{-10}	0.972
3	1.000×10^{-15}	0.728

从表8-3可以看出:当 $K=1$ 时,虚警概率太大,导致误报率提高;当 $K=3$ 时,检测概率太小,可能导致目标丢失。综合考虑,$K=2$ 时作战效果最佳。

8.3.3 组网雷达反低空突防武器的方法

考虑低空突防目标的低信噪比特性,基于 Hough 变换的检测前跟踪算法是对低空突防目标进行检测跟踪的有效手段。但是,目前的 HT-TBD 算法均是针对帧数较少的单批量测数据进行处理,随着对目标探测时间的增长,处理帧数较多时,现有算法主要存在两点不足:①在对目标进行检测时存在检测延时的问题。例如,对长度为7帧的 HT-TBD 检测,若目标在第5帧量测时出现并被雷达探测到,当采用4/7准则进行判别时,则目标会由于最多只有3帧量测而使该目标无法被检测到,只有在下一个批处理时段(8~14帧量测)时,才有可能被检测到,造成目标检测的延时。②现有的 HT-TBD 技术还会出现目标漏检的问题。例如,设第5帧到第10帧量测时目标进行直线运动,而从11帧目标开始曲线机动,由于 HT-TBD 技术是对直线航迹进行积累,而1~7帧和8~14帧两个批处理区段均只有3帧量测可以进行有效积累,均无法实现对目标的检测,从而导致目标漏检。

针对现有基于 HT-TBD 技术无法实现对低空突防目标进行实时检测且部分目标可能存在漏检的问题,提出了一种基于自适应实时递推的低空突防目标 RTHT-TBD 算法:首先利用 RTHT-TBD 技术对前 n 帧量测数据进行非相参积累检测,得到初始积累矩阵以及存储阵列;然后再对 $2\sim n+1, 3\sim n+2, \cdots$ 帧的数据依次进行递推处理;最后针对递推过程中参数空间积累矩阵发生变化无法正常积累的问题,采用自适应技术对参数空间进行调整,实现各时刻的递推检测。

1. 目标模型

1)目标状态模型

考虑点目标运动场景,设 k 时刻目标状态向量为

$$\boldsymbol{X}_k=[x_k,\dot{x}_k,\ddot{x}_k,y_k,\dot{y}_k,\ddot{y}_k]^{\mathrm{T}} \tag{8-16}$$

式中:x_k、y_k 表示 k 时刻目标位置信息;$\dot{x}_k$、$\dot{y}_k$ 表示 k 时刻目标速度信息;$\ddot{x}_k$、$\ddot{y}_k$ 表示 k 时刻目标加速度信息,$k=1,2,\cdots,K$,K 表示总量测数据帧数。

则目标运动方程可表示为

$$\boldsymbol{X}_{k+1}=\boldsymbol{F}\boldsymbol{X}_k+\boldsymbol{V}_k \tag{8-17}$$

式中:$\boldsymbol{V}_k$ 为零均值、白色高斯过程噪声序列;$\boldsymbol{F}$ 为状态转移矩阵,且有

$$\boldsymbol{F}=\begin{bmatrix}1 & T & T^2/2\\ 0 & 1 & T\\ 0 & 0 & 1\end{bmatrix}\otimes\boldsymbol{I}_2 \tag{8-18}$$

其中：T 为雷达量测周期；$\boldsymbol{I}_2$ 为 2×2 的单位矩阵；"$\otimes$"表示克罗内克乘积。

根据目标运动方程，当 $\ddot{x}_k=0,\ddot{y}_k=0$ 时，目标做匀速直线运动；当 $\ddot{x}_k\neq0,\ddot{y}_k\neq0$ 且目标初始速度方向与加速度方向相同时，目标做匀加速直线运动；而当 $\ddot{x}_k\neq0,\ddot{y}_k\neq0$ 且目标初始速度方向与加速度方向不相同时，则目标做匀加速曲线运动。

2）目标量测模型

对于 k 时刻的目标状态向量 $\boldsymbol{X}_k$，雷达测得目标的径向距离为

$$r_k=r'_k+\mathrm{d}r \tag{8-19}$$

式中：$r'_k=\sqrt{x_k^2+y_k^2}$；$\mathrm{d}r$ 为雷达测距误差，且 $\mathrm{d}r\sim N(0,\sigma_\mathrm{r}^2)$。

方位角为

$$\theta_k=\theta'_k+\mathrm{d}\theta \tag{8-20}$$

式中：$\theta_k=\arctan(y_k/x_k)$；$\mathrm{d}\theta$ 为雷达测角误差，且 $\mathrm{d}\theta\sim N(0,\sigma_\theta^2)$。

令 γ_{ik} 表示 k 时刻量测点 i 的回波能量信息，则 γ_{ik} 定义为

$$\gamma_{ik}=\begin{cases}\delta_{ik}, & \text{不存在目标}\\ S_k+\delta_{ik}, & \text{存在目标}\end{cases} \tag{8-21}$$

式中：δ_{ik} 为高斯白噪声，各量测点间相互独立，满足 $\delta_{ik}\sim N(0,\sigma^2)$；$S_k$ 为目标在量测时刻 k 对该量测点的强度贡献值。

对于雷达接收到的 k 帧量测数据，各帧雷达量测数据的集合可表示为

$$\boldsymbol{Z}_k=\{z_{ik}=[r_{ik},\theta_{ik},\gamma_{ik}]^\mathrm{T}\mid i=1,2,\cdots,N_k\} \tag{8-22}$$

式中：z_{ik} 表示第 k 帧量测数据中第 i 个量测点的量测信息；r_{ik}、θ_{ik}、γ_{ik} 分别表示该量测点的径向距离信息、方位角信息和回波能量信息；N_k 表示第 k 帧量测所包含的量测点总数。

2. 基于自适应实时递推的 RTHT－TBD 算法

算法从处理过程上可分为三部分：首先需要利用第 1 批初始量测数据进行 RTHT－TBD 处理，得到初始积累矩阵及存储阵列；然后对后续数据进行自适应实时递推处理；最后通过对各时刻检测结果进行航迹合并，得到目标航迹，实现对目标的检测跟踪。算法的总体流程图如图 8－15 所示。

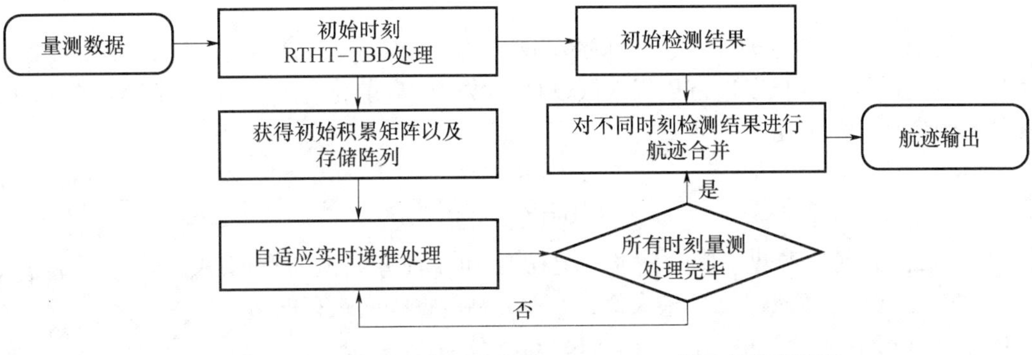

图 8－15　基于自适应实时递推的 RTHT－TBD 算法总体流程图

1）初始时刻 RTHT－TBD 处理

算法首先需要利用 m/n 准则的 RTHT－TBD 技术对前 n 帧量测数据进行非相参积累检测，以得到初始点数积累矩阵、能量积累矩阵以及相应的存储阵列，为后续递推处理进行数据准备。

这里采用时间—径向距离平面量测数据进行 Hough 变换（RTHT），且目标在时间－径向距离平面的运动轨迹可表示为

$$\rho = t\cos\theta + r\sin\theta \tag{8-23}$$

虽然经过 RTHT 处理后，可以实现对目标的有效检测，但受杂波影响，Hough 变换后得到的可能航迹中仍有可能包含虚假航迹和杂波点，为进一步剔除虚假航迹和航迹内杂波点，需要利用角度、速度等信息对候选航迹进行进一步筛选，并对属于同一目标的航迹进行合并，实现对目标航迹的输出，得到最终确认航迹。

2）后续自适应递推处理

对初始第 1 批 n 帧量测数据进行 RTHT－TBD 处理后，可以得到初始的点数积累矩阵 $\boldsymbol{D}_0$、能量积累矩阵 $\boldsymbol{E}_0$ 以及相应的存储矩阵 $\boldsymbol{F}_0$。对于其后 $2\sim n+1$，$3\sim n+2$，…各批数据采用实时递推技术进行处理。通过分析可知，对于相邻的两次递推处理，其量测数据之间有 $n-1$ 帧数据是重复的，此时若对平移后的 n 帧数据重新进行 Hough 变换，则会造成大量的重复计算，降低算法的运算效率。因此，这里不对平移后的 n 帧数据重新进行 Hough 变换，而是通过对上一批数据中第 1 帧数据进行剔除，保留中间 $n-1$ 帧数据，只对下一批数据中的单帧新数据进行积累存储的方法，实现对积累矩阵 $\boldsymbol{D}_i$、$\boldsymbol{E}_i$ 和存储阵列 $\boldsymbol{F}_i$ 的更新，完成各时刻的递推检测，有效降低了计算量，提高了方法的运算效率。递推处理过程如图 8－16 所示。

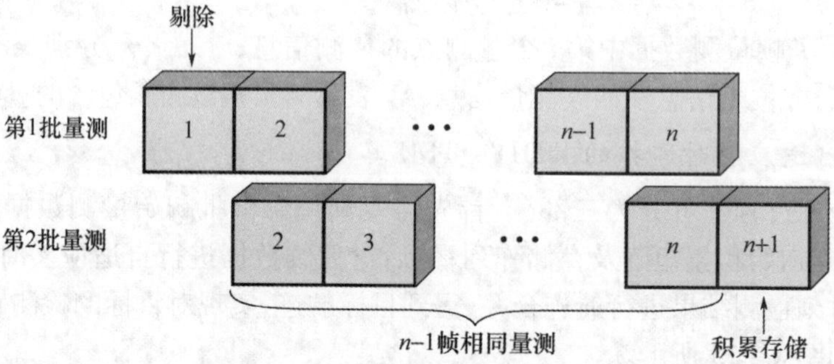

图 8－16　递推处理过程示意图

根据 Hough 变换原理，将数据空间量测数据通过式（8－23）映射至参数空间后，需要对参数空间进行离散化以进行积累。假设将参数空间离散化为 $n_{\text{rou}} \times n_{\text{theta}}$ 个分辨单元，则参数空间离散化的方法为

$$\Delta\theta = 180°/n_\theta \tag{8-24}$$

$$\Delta\rho = 2\rho_{\max}/n_\rho \tag{8-25}$$

式中：$\Delta\theta$、$\Delta\rho$ 分别为参数空间分辨单元在 θ 轴和 ρ 轴方向上的宽度；$\rho_{\max} = \sqrt{t_{\max}^2 + r_{\max}^2}$，$t_{\max}$ 为处理当批量测数据中 t 的最大值，$r_{\max}$ 为量测数据径向距离的最大值。

通过对公式 $\rho_{\max} = \sqrt{t_{\max}^2 + r_{\max}^2}$ 的分析可知，$r_{\max}$ 为有界值，且 $r_{\max} \leqslant L$，L 为雷达量程；而

t_{max}则会随着递推时刻的不断增长而增大。因此,对于不同递推时刻,由于 t_{max} 发生变化,导致 ρ_{max} 发生变化,从而使得前后两次 Hough 变换中的 $\Delta\rho_1 \neq \Delta\rho_2$。此时由于前后积累矩阵的变化,使得相邻两批数据中间的 $n-1$ 帧相同量测不能被后一递推处理直接使用,无法进行有效检测。

针对上述问题,为使前后两次递推处理过程中中间 $n-1$ 帧相同时刻数据对应的积累矩阵和存储阵列不发生变化,可以在递推处理中直接运用,采用自适应方法对参数空间进行实时调整:通过对式(8-25)进行分析,鉴于 ρ_{max} 会随着递推时刻的变化而改变,因此想要保持前后两次递推过程中 $\Delta\rho$ 不变(中间相同时刻数据对应的积累矩阵和存储阵列不发生变化),则需要使得 n_ρ 的值实时进行调整。通过计算,各递推时刻间进行处理时,θ 轴方向分辨单元不发生变化,而 ρ 轴方向分辨单元会随着递推时刻的增加向两头延拓。因此,可以根据最新时刻量测数据对参数空间积累矩阵和存储阵列采取左平移右延拓的方法进行调整,实现各时刻的递推检测。自适应处理原理如图 8-17 所示。

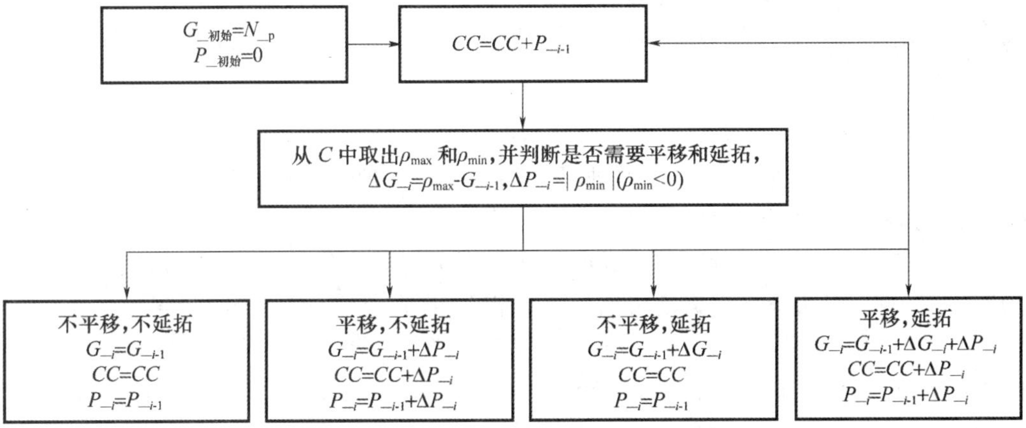

图 8-17　自适应处理原理

在图 8-17 中,$G_{\_i}$ 表示第 i 次递推处理参数空间中 ρ 轴分辨单元数,$\Delta G_{\_i}$ 表示此次需要延拓的单元数,$P_{\_i}$ 表示前 i 次递推处理分辨单元的平移总数,$\Delta P_{\_i}$ 表示此次需要平移的单元数,C 表示该递推时刻各量测点变换至参数空间对应的曲线集合,CC 表示此次递推处理的积累矩阵和存储阵列,ρ_{max} 和 ρ_{min} 表示该递推时刻数据未平移延拓前参数空间中 ρ 轴分辨单元的最大值和最小值。

3)航迹合并

经过自适应实时递推的 RTHT-TBD 处理后,可以得到初始第 1 批以及递推各批 n 帧量测数据的检测结果,下面需要对各批数据的检测结果进行处理,对属于同一目标的航迹进行合并,得到最终 K 帧量测数据的检测结果,进行航迹输出。

根据自适应递推处理原理可知,相邻两批量测数据中有 $n-1$ 帧相同量测,因此对于同一目标,在理想情况下其相邻两批量测数据检测结果中对应该目标的航迹中应有 $n-1$ 帧航迹重合。利用这一特性,可以对不同批次的检测结果进行航迹合并,得到最终确认航迹。

虽然在理想情况下,同一目标相邻两批数据检测结果中对应的航迹应有 $n-1$ 帧重合,但考虑单次检测过程中可能存在部分帧目标量测漏检以及航迹内可能存在杂波点的情况,算法设置阈值 η,通过对相邻两批数据检测输出的航迹进行两两比较,当两航迹中相同点个数超过阈值 η 时,则认为两条航迹对应同一目标,需要进行航迹合并。进行航迹合并时,对于相同时刻的不同量测点,算法选取回波能量较大的点作为该时刻的目标量测点。

对于各批 n 帧量测数据,定义阈值 η 为

$$\eta = \begin{cases} \dfrac{n}{2}, & n \text{ 为偶数} \\ \left[\dfrac{n}{2}\right] + 1, & n \text{ 为奇数} \end{cases} \tag{8-26}$$

式中:[·]表示取整运算。

算法对各批数据检测结果进行航迹合并,不但是对各分段航迹的整合,还可以实现以下两点作用:首先,通过航迹合并可以使两航迹重叠部分进行航迹互补,避免了单一航迹可能出现的部分帧目标量测漏检的情况;其次,对于同一目标,单次量测只有一个量测点,当两航迹相同时刻对应量测点不同时,必然有杂波点混入,通过航迹合并,可有效剔除航迹内杂波点。

3. 算法实现

步骤1:对前 n 帧雷达量测数据进行 RTHT - TBD 处理,获得初始积累矩阵和存储阵列,并得到前 n 帧数据检测结果。具体过程如下:

(1) 对前 n 帧量测中的时间—径向距离数据进行规格化处理,防止数量级相差悬殊造成的时间维信息丢失。根据规格化系数 $\boldsymbol{\tau}$,得到处理后的时间—径向距离数据$(t, r/\boldsymbol{\tau})$。

$$\boldsymbol{\tau} = 10^{[\lg(|r_{\max}/t_{\max}|)]} \tag{8-27}$$

式中:$r_{\max}$、$t_{\max}$ 表示前 n 帧量测中径向距离与时间数据的最大值;$[\lg(|r_{\max}/t_{\max}|)]$表示大于 $\lg(|r_{\max}/t_{\max}|)$的最小整数。

(2) 将参数空间离散化为 $n_{\text{rou}} \times n_{\text{theta}}$ 个分辨单元,每个分辨单元的中心点为

$$\rho_i = \left(i - \frac{1}{2}\right)\Delta\rho, \quad i = 1, 2, \cdots, n_\rho \tag{8-28}$$

$$\theta_i = \left(i - \frac{1}{2}\right)\Delta\theta, \quad i = 1, 2, \cdots, n_\theta \tag{8-29}$$

式中:$\Delta\rho$、$\Delta\theta$ 表示分辨单元的大小。

(3) 建立参数空间积累矩阵和存储阵列,并对其进行初始化。

(4) 依次选取前 n 帧量测数据,通过式(8 - 27)将各量测点映射到参数空间,得到对应的参数曲线 ξ。对曲线 ξ 经过的参数空间分辨单元进行点数和能量积累,并对存储阵列进行相应赋值。

(5) 重复(3)和(4),直到前 n 帧量测数据全部处理完毕,得到初始点数积累矩阵 $\boldsymbol{D}_0$,能量积累矩阵 $\boldsymbol{E}_0$ 以及相应的存储矩阵 $\boldsymbol{F}_0$。

(6) 设置参数空间点数和能量积累阈值,进行峰值检测,当参数空间分辨单元的点数积累值与能量积累值均超过相应阈值时,认为是有效检测,对过阈值点集进行 Hough 逆映射,得到可能航迹。

(7) 对 Hough 逆映射输出的可能航迹进行速度约束。利用可能航迹中两时刻目标的

位置(x_k, y_k)、(x_{k+1}, y_{k+1})以及目标飞行时的最大速度 $V_{\max}$ 和最小速度 $V_{\min}$ 建立环形波门进行速度约束，约束条件为

$$v_{\min} \leqslant \frac{\sqrt{[x_{k+1} - x_k]^2 + [y_{k+1} - y_k]^2}}{t_{k+1} - t_k} \leqslant v_{\max} \tag{8-30}$$

式中：$x_k = r_k\cos\theta_k$，$y_k = r_k\sin\theta_k$。同理可得 x_{k+1} 与 y_{k+1}，且 $k, k+1 \in [1, n]$。

（8）对经速度约束后的输出航迹进行航向约束，得到前 n 帧数据检测结果。假设 k 时刻目标位置为(x_k, y_k)，其后 $k+1$ 与 $k+2$ 两个时刻的目标位置分别为(x_{k+1}, y_{k+1})、(x_{k+2}, y_{k+2})，定义向量 $\boldsymbol{R}_{k,k+1} = [x_{k+1} - x_k, y_{k+1} - y_k]^{\mathrm{T}}$，$\boldsymbol{R}_{k+1,k+2} = [x_{k+2} - x_{k+1}, y_{k+2} - y_{k+1}]^{\mathrm{T}}$，则目标航向角定义为

$$\beta_{k,k+1,k+2} = \arccos\left(\frac{\boldsymbol{R}_{k,k+1}^{\mathrm{T}}\boldsymbol{R}_{k+1,k+2}}{\|\boldsymbol{R}_{k,k+1}\|_2 \; \|\boldsymbol{R}_{k+1,k+2}\|_2}\right) \tag{8-31}$$

定义目标最大机动角为 β_0，则航向约束条件为

$$|\beta_{k,k+1,k+2}| \leqslant \beta_0 \tag{8-32}$$

步骤 2：对从 $n+1$ 帧量测数据起的后续量测进行自适应递推处理。具体过程如下：

（1）对规格化处理后的最新一帧量测数据进行 Hough 变换，得到各量测点对应的参数空间变换曲线集合 C。

（2）从 C 中取出参数空间 ρ 的最大值 $\rho_{\max}$ 和最小值 $\rho_{\min}$，并根据 $\rho_{\max}$ 和 $\rho_{\min}$ 对积累矩阵和存储阵列进行平移和延拓。

（3）从积累矩阵和存储阵列中剔除前批量测数据中第 1 帧数据的积累和存储值。

（4）根据变换结果对最新一帧量测数据进行点数、能量积累和数据存储。

（5）利用更新后的积累矩阵与存储阵列，进行峰值检测和航迹约束，获得此次递推处理 n 帧量测的检测结果。

步骤 3：重复步骤 2，直至全部 k 帧量测数据全部处理完毕。

步骤 4：对各批数据的检测结果进行处理，对属于同一目标的航迹进行合并，得到最终检测结果，进行航迹输出。

参考文献

[1] 某军战机加强低空突防训练，高难动作已直逼美军[EB/OL]. 新浪军事，2019－05－01.

[2] 低空突防与电子战[EB/OL]. 国际电子战，2016－10－07.

[3] 杨亚波，陈欣. 超低空突防对雷达的影响分析[J]. 机电信息，2010(12)：47－48.

[4] 马井军，马维军，赵明波，等. 低空/超低空突防及其雷达对抗措施[J]. 国防科技，2011(3)：26－35.

[5] 林存坤，张小宽，庄亚强，等. 巡航导弹低空突防对雷达探测效能的影响[J]. 制导与引信，2014，35(4)：41－43.

[6] Wen N F, Zhao L L, Su X H, et al. UAV online path planning algorithm in a low altitude dangerous environment[J]. IEEE/CAA Journal of Automatica Sinica, 2015, 2(2): 173－185.

[7] Andrzej K, Janusz M, Joanna K. An analytical model of ELF radiowave propagation in ground－ionosphere waveguides with a multilayered ground [J]. IEEE Transactions on Antennas and Propagation, 2013, 61(9): 4803－4809.

[8] Wang C Q, Liang X K, Zhang S, et al. Motion parallax estimation for ultra low altitude obstacle avoidance

[C]. IEEE International Conference on Unmanned Systems, Beijing, China, 2019:17 – 19.

[9] 谢永亮,胡辉,刘尚富. 组网雷达反低空突防效能分析[J]. 雷达科学与技术,2016,14(6):574 – 578.

[10] Li L, Wang G H, Zhang X Y, et al. Adaptive real – time recursive radial distance – time plane Hough transform track – before – target algorithm for hypersonic target[J]. IET Radar, Sonar & Navigation, 2020, 14(1):138 – 146.